The Same Planet
同一颗星球

SAME
The Same Planet
同一颗星球
PLANET

刘 东 主编

政治理论
与全球气候变化

[美]史蒂夫·范德海登 (Steve Vanderheiden) 主编

殷培红 冯相昭 等译

Political Theory
and Global Climate Change

江苏人民出版社

总　序

这套书的选题,我已经默默准备很多年了,就连眼下的这篇总序,也是早在六年前就已起草了。

无论从什么角度讲,当代中国遭遇的环境危机,都绝对是最让自己长期忧心的问题,甚至可以说,这种人与自然的尖锐矛盾,由于更涉及长时段的阴影,就比任何单纯人世的腐恶,更让自己愁肠百结、夜不成寐,因为它注定会带来更为深重的,甚至根本无法再挽回的影响。换句话说,如果政治哲学所能关心的,还只是在一代人中间的公平问题,那么生态哲学所要关切的,则属于更加长远的代际公平问题。从这个角度看,如果偏是在我们这一代手中,只因为日益膨胀的消费物欲,就把原应递相授受、永续共享的家园,糟蹋成了永远无法修复的、连物种也已大都灭绝的环境,那么,我们还有何脸面去见列祖列宗?我们又让子孙后代去哪里安身?

正因为这样,早在尚且不管不顾的 20 世纪末,我就大声疾呼这方面的"观念转变"了:"……作为一个鲜明而典型的案例,剥夺了起码生趣的大气污染,挥之不去地刺痛着我们:其实现代性的种种负面效应,并不是离我们还远,而是构成了身边的基本事实——不管我们是否承认,它都早已被大多数国民所体认,被陡然上升的死亡率所证实。准此,它就不可能再被轻轻放过,而必须被投以全力的警觉,就像当年全力捍卫'改革'时一样。"①

---

① 刘东:《别以为那离我们还远》,载《理论与心智》,杭州:浙江大学出版社,2015 年,第 89 页。

的确,面对这铺天盖地的有毒雾霾,乃至危如累卵的整个生态,作为长期惯于书斋生活的学者,除了去束手或搓手之外,要是觉得还能做点什么的话,也无非是去推动新一轮的阅读,以增强全体国民,首先是知识群体的环境意识,唤醒他们对于自身行为的责任伦理,激活他们对于文明规则的从头反思。无论如何,正是中外心智的下述反差,增强了这种阅读的紧迫性:几乎全世界的环境主义者,都属于人文类型的学者,而唯独中国本身的环保专家,却基本都属于科学主义者。正由于这样,这些人总是误以为,只要能用上更先进的科技手段,就准能改变当前的被动局面,殊不知这种局面本身就是由科技"进步"造成的。而问题的真正解决,却要从生活方式的改变入手,可那方面又谈不上什么"进步",只有思想观念的幡然改变。

幸而,在熙熙攘攘、利来利往的红尘中,还总有几位谈得来的出版家,能跟自己结成良好的工作关系,而且我们借助于这样的合作,也已经打造过不少的丛书品牌,包括那套同样由江苏人民出版社出版的、卷帙浩繁的"海外中国研究丛书";事实上,也正是在那套丛书中,我们已经推出了聚焦中国环境的子系列,包括那本触目惊心的《一江黑水》,也包括那本广受好评的《大象的退却》……不过,我和出版社的同事都觉得,光是这样还远远不够,必须另做一套更加专门的丛书,来译介国际上研究环境历史与生态危机的主流著作。也就是说,正是迫在眉睫的环境与生态问题,促使我们更要去超越民族国家的疆域,以便从"全球史"的宏大视野,来看待当代中国由发展所带来的问题。

这种高瞻远瞩的"全球史"立场,足以提升我们自己的眼光,去把地表上的每个典型的环境案例都看成整个地球家园的有机脉动。那不单意味着,我们可以从其他国家的环境案例中找到一些珍贵的教训与手段,更意味着,我们与生活在那些国家的人们,根本就是在共享着"同一个"家园,从而也就必须共担起沉重的责任。从这个角度讲,当代中国的尖锐环境危机,就远不止是严重的中国问题,还属于更加深远的世界性难题。一方面,正如我曾经指出过的:"那些非西方社会其实只是在受到西方冲击并且纷纷效法西方以后,其生存环境才变得如此恶劣。因此,在迄今为止的文明进程中,最不公正的历史事实之一是,原本产自某一文明内部的恶果,竟要由所有其他文明来痛苦地承受……"①而另一方面,也同样无可讳言的是,当代中国所造成的严重生态失衡,转而又加剧了世界性的环境危机。甚至,从任何有限国度来认定的高速发展,只要再换从全球史的视野来观察,就有可能意味着整个世界的生态灾难。

正因为这样,只去强调"全球意识"都还嫌不够,因为那样的地球表象跟我们太过贴近,使人们往往会鼠目寸光地看到,那个球体不过就是更加新颖的商机,或者更加开阔的商战市场。所以,必须更上一层地去提倡"星球意识",让全人类都能从更高的视点上看到,我们都是居住在"同一颗星球"上的。由此一来,我们就热切地期盼着,被选择到这套译丛里的著作,不光能增进有关自然史的丰富知识,更能唤起对于大自然的责任感,以及拯救这个唯一家园的危机感。的确,思想意识的改变是再重要不过了,否则即使耳边充满了危急的报道,人们也仍然有可能对之充耳不闻。甚至,还有人专门喜欢到电影院里,去欣赏刻意编造这些祸殃的灾难片,而且其中的毁灭场面越是惨不忍睹,他们就越是愿意乐呵呵地为之掏钱。这到底是麻木还是疯狂呢?抑或是两者兼而有之?

不管怎么说,从更加开阔的"星球意识"出发,我们还是要借这套书去尖锐地提醒,整个人类正搭乘着这颗星球,或曰正驾驶着这颗星球,来到了那个至关重要的,或已是最后的"十字路口"!我们当然也有可能由于心念一转而做出生活方式的转变,那或许就将是最后的转机与生机了。不过,我们同样也有可能——依我看恐怕是更有可能——不管不顾地懵懵懂懂下去,沿着心理的惯性而"一条道走到黑",一直走到人类自身的万劫不复。而无论选择了什么,我们都必须在事先就意识到,在我们将要做出的历史性选择中,总是凝聚着对于后世的重大责任,也就是说,只要我们继续像"击鼓传花"一般地,把手

---

① 刘东:《别以为那离我们还远》,载《理论与心智》,第85页。

中的危机像烫手山芋一样传递下去，那么，我们的子孙后代就有可能再无容身之地了。而在这样的意义上，在我们将要做出的历史性选择中，也同样凝聚着对于整个人类的重大责任，也就是说，只要我们继续执迷与沉湎其中，现代智人（homo sapiens）这个曾因智能而骄傲的物种，到了归零之后的、重新开始的地质年代中，就完全有可能因为自身的缺乏远见，而沦为一种遥远和虚缈的传说，就像如今流传的恐龙灭绝的故事一样……

2004年，正是怀着这种挥之不去的忧患，我在受命为《世界文化报告》之"中国部分"所写的提纲中，强烈发出了"重估发展蓝图"的呼吁——"现在，面对由于短视的和缺乏社会蓝图的发展所带来的、同样是积重难返的问题，中国肯定已经走到了这样一个关口：必须以当年讨论'真理标准'的热情和规模，在全体公民中间展开一场有关'发展模式'的民主讨论。这场讨论理应关照到存在于人口与资源、眼前与未来、保护与发展等一系列尖锐矛盾。从而，这场讨论也理应为今后的国策制订和资源配置，提供更多的合理性与合法性支持"①。2014年，还是沿着这样的问题意识，我又在清华园里特别开设的课堂上，继续提出了"寻找发展模式"的呼吁："如果我们不能寻找到适合自己独特国情的'发展模式'，而只是在盲目追随当今这种传自西方的、对于大自然的掠夺式开发，那么，人们也许会在很近的将来就发现，这种有史以来最大规模的超高速发展，终将演变成一次波及全世界的灾难性盲动。"②

所以我们无论如何，都要在对于这颗"星球"的自觉意识中，首先把胸次和襟抱高高地提升起来。正像面对一幅需要凝神观赏的画作那样，我们在当下这个很可能会迷失的瞬间，也必须从忙忙碌碌、浑浑噩噩的日常营生中，大大地后退一步，并默默地驻足一刻，以便用更富距离感和更加陌生化的眼光来重新回顾人类与自然的共生历史，也从

① 刘东：《中国文化与全球化》，载《中国学术》，第19—20期合辑。
② 刘东：《再造传统：带着警觉加入全球》，上海：上海人民出版社，2014年，第237页。

头来检讨已把我们带到了"此时此地"的文明规则。而这样的一种眼光，也就迥然不同于以往匍匐于地面的观看，它很有可能会把我们的眼界带往太空，像那些有幸腾空而起的宇航员一样，惊喜地回望这颗被蔚蓝大海所覆盖的美丽星球，从而对我们的家园产生新颖的宇宙意识，并且从这种宽阔的宇宙意识中，油然地升腾起对于环境的珍惜与挚爱。是啊，正因为这种由后退一步所看到的壮阔景观，对于全体人类来说，甚至对于世上的所有物种来说，都必须更加学会分享与共享、珍惜与挚爱、高远与开阔，而且，不管未来文明的规则将是怎样的，它都首先必须是这样的。

我们就只有这样一个家园，让我们救救这颗"唯一的星球"吧！

刘东

2018 年 3 月 15 日改定

目　录

前 言

约翰·巴里

　　2007 年有关气候变化的纪录片不只赢得了一项而是两项奥斯卡奖,对此我们可以说,有关我们作为一个物种所面临的最大环境威胁的公众意识和流行文化正在发生着一些变化。在美国前副总统戈尔(Al Gore)广受好评的《难以忽视的真相》(*An Inconvenient Truth*)获得奥斯卡奖,戈尔又与联合国政府间气候变化专业委员会(Intergovernmental Panel on Climate Change,以下简称 IPCC)一起共同赢得诺贝尔和平奖之后,现在出版这样一本著作可谓适逢其时。同样引人注目的还有 2007 年 11 月在巴黎发布的 IPCC 第四次评估报告,该报告继 2006 年秋季英国财政部的斯特恩报告之后吸引了诸多媒体的目光。尽管来自“气候变化怀疑论者”的意识形态攻击并没有也不会轻易消失,气候变化政治(存在于一些政府、政党、民间组织和决策者之间)在形成解决方案和迈向切实行动方面还是取得了明显的进展——关于“能源安全”的新“绿色民族主义”愈加高涨,同时对气候变化带来的可怕后果(环境难民的数量超过国际或国内战争的难民数量)愈加关注。因此,环境/绿色关切已经成为常规的政治、经济、军事制度以及人们的思考与行动模式中的主流意识。随着气候变化问题的出现,一度远处于政治争论边缘的绿色议题已经成为地缘政治的中心。

　　气候变化正在并将在整个 21 世纪持续地塑造我们的政治、经济和文化景观,就如同它持续塑造生物物理学景观一样。除了对气候变化的科学知识和技术创新(不只是西方的科学知识形式)之外,我们还需要对其政治学和伦理学意义进行规范性分析。如同对其他变化一样,我们需要考虑气候变化的不同影响:谁会得利谁又会受损? 应当从何种形式的公正(生态的、全球的、社会的、代际的)出发来思考这类气候变化的伦理学问题? 何种社会和经济形态最适合且适应气候变化?

这本应时之作是广泛而复杂的环境政治/绿色政治理论领域中的一部具有创新性和综合性的学术代表作品。当代大多数(西方)政治理论似乎继续乐观地无视气候变化带来的正在逼近的多方面的、潜在的灾难性威胁,这也许是这些理论变得越来越抽象的一个标志。翻阅政治理论领域的任何核心期刊,可以看到关于诸如后罗尔斯自由主义(post-Rawlsian Liberalism),"治理"(governance),国家、市民社会与市场的关系,哈贝马斯商谈伦理学(Habermasian discourse ethics),重读和再解析西方政治理论经典"死去的白种男人"(dead white men)等理论的不温不火的讨论。笔者并非轻视这些学问,但若是汗牛充栋的政治理论对那些正在发生并将在整个 21 世纪持续影响世界的重大的、全球性的、不可预知的社会生态变化表现得一无所知或是全无兴趣的话,那这样的政治理论研究领域就绝不仅仅是显得有些古板(如果不是严重的错误的话)了。在英国和其他一些欧洲国家,政治理论的抽象化尤为显著,那里的学术氛围(以及相关的学术制度基础)缺乏北美地区、澳大利亚和非西方国家关于政治理论的学问、教学和研究的规范所具有的综合的、跨学科的特性。本书则是创造性地跨学科学术研究的一个杰出范例,此类研究在促进我们思考气候变化时显得愈来愈有必要。

虽然关于环境/绿色的政治理论在过去十年中已经成熟,但是依然值得注意的是:在如下领域中,能够在主流政治理论内部引发讨论的内容寥寥无几,这些领域覆盖了从动物福利问题,主流经济理论的批判,遗传物质的知识产权,到人为的气候变化,以及建设可持续社会的蓝图、原则和策略等方面。当然,在某种程度上这种情况正在改变,甚至一些主流政治理论杂志也刊登与这些"绿色"主题有关的文章。但是即使已有足够的科学证据表明燃烧化石燃料会显著地改变地球气候,并带来潜在的破坏(尤其是对最敏感的人类和非人类群体),但要用政治理论处理气候变化问题显然依然需要人们做更多工作。

本书虽然使用了当下政治理论中具有代表性的自由/分配公正的理论框架之内的一些议题、概念和论点,但这仍是对主流政治理论的一次挑战。本书第一部分是"公正、伦理与全球气候变化",着眼于随气候变化而提出的分配公正问题,从而引发对与气候变化相关的公正问题的思考。如果我们赞同每一人类成员平等地分享地球吸纳碳排放的容量这一主流观点,面对那些"难以忽视的真相",即世界上的少部分人(大多数居住在富有的工业化国家)不仅消耗着与其人口数量不成比例的(因此也是不公平的)资源量,而且也是这一不公平现象的主要制造者和受益者,将会提出怎样的伦理的和政策性的建议呢?对全球分配和环境的不公正的关切与那些尚未出生的人们基于公正所应承担的义务之间又是何种关系呢?

第二部分"气候变化、自然与社会",把焦点从"公正"转向一系列需要关注的相互联系的问题,目的在于将我们的思想基础建立在一些与气候变化相关的跨学科的、观念性的和实践性的重要政治/政策问题上。政治理论若明确地立足于确定的社会生态过程及其结果的物质"现实",将是什么样子? 政治斗争和政治舞台的主人公们作用于或妄用于公众、科学家、决策者和他人心灵的思想和知识/权力策略又是什么? 如果气候变化注定无法"解决"或"阻止",那么何种形式的政治和经济适应措施是必需的或正当合理的,或只是权宜之计,作为"应对机制"来帮助我们(如果我们足够幸运)"蒙混过关"?

气候变化将不仅塑造 21 世纪的自然景观,还将塑造思想图景,而绿色/环境理论工作者们将在这一新的思想领域中为后来者开辟道路。因此,我认为本书的作者都是先驱者,我为他们在面对前所未有的伦理和物质危机时所表现出的道德的和智慧的勇气而鼓掌,并祝愿他们在这一领域能有良好发展。爱因斯坦因提出只考虑问题的成因不足以解决问题的观点而受到赞赏。本书所包含的创新性思维正是那种我们所需要的应对气候变化带来的政治和伦理后果的新思维。

（黄宁译　殷培红　王潮声校）

引 言

史蒂夫·范德海登

　　2007 年 11 月，政府间气候变化专门委员会发布了第四次气候变化评估报告，科学家、经济学家兼政府间气候变化专门委员会主席拉金德拉·帕乔里（Rajendra Pachauri）强调说："如果国际社会在 2012年前还没有采取行动，那就太迟了，现在已经没有时间。未来两三年我们的所作所为将决定我们的未来。当前我们正处于决定性时刻。"[①]IPCC 早期报告中的观点摇摆不定，现在则呼吁科学界承认人为因素引起的气候变化"毫无疑问"地存在，第四次评估报告为决策者提供了各种减缓气候变化的策略，并警告"如果长期不采取减缓气候变化行动，就很有可能使气候变化幅度超过自然可控和人类社会系统可适应的承受范围"，同时强调"推迟减排行动不仅会极大地减少以低成本实现稳定大气温室气体浓度的机会，还会增大气候变化严重影响的风险"。[②] 联合国前秘书长潘基文在主持第四次评估报告发布会时，呼吁世界上最大的两个温室气体排放国家——美国和中国，在未来全球气候政策谈判中发挥更具建设性的作用，并暗示性地谴责乔治·布什政府 2001 年正式退出未被美国国会批准的《京都议定书》，而这对正式的联合国气候变化政策进程以及 2006 年的亚太清洁发展与气候伙伴关系（Asia-Pacific Partnership on Clean Development and Climate）无

---

① Elisabeth Rosenthal, "UN Report Describes Risks of Inaction on Climate Change," *New York Times*, November 17, 2007, A1.

② Intergovernmental Panel on Climate Cheonge（IPCC）, *Climate Change 2007: Synthesis Report*, "Summary for Policymakers"（draft report）, November 16, 2007, 20.

异于釜底抽薪。① 鉴于协定 2012 年到期,而且美国在自 1997 年以来的全球气候政策进程中一直扮演着蓄意阻挠的角色,只是偶尔宣布要制定一个公平而有效的全球气候政策但很少遵守承诺,国际社会期待着后京都协议。②

1992 年的《联合国气候变化框架公约》(UN Framework Convention on Climate Change,UNFCCC,以下简称"公约")被认为是一个比较公平的国际协议。该公约指出由人类活动引起的气候变化已经成为"人类共同关心的问题",并且呼吁国际社会采取共同行动阻止"人类干预气候系统的危险行为"。192 个缔约方承认"发达国家在历史和现在的全球温室气体排放量中占有最大的份额",同时寻求解决之道,设计和强化全球气候变化制度(climate regime),以实现"为了当代和后代人类的利益,在公平、共同但有区别的责任和各自能力的基础上保护气候系统"的目标。③ 1997 年的《京都议定书》作为全球第一个气候管理制度的具体形式,正在成为全球气候政策规范协议的典范。议定书依据公约缔约国要稳定温室气体排放的承诺,规定工业化国家在 1990 年排放基准情景下,在 2008—2012 年的承诺期内平均减少 5% 的温室气体排放。依据公约强调的"公平"与"共同但有区别的责任和各自能力"的原则,中国、印度等发展中国家由于相对贫困、历史累积排放很少、目前履约的实际困难以及人均温室气体排放量等因素,没有承担第一承诺期的减排义务。

《京都议定书》得到了 176 个国家的批准(这些国家占全球温室气体总排放量的 63.7%),并于 2005 年 2 月正式生效。虽然公约的强制

---

① 国际社会广泛认为 2006 年亚太清洁发展与气候伙伴关系是《京都议定书》的一种努力,但因澳大利亚和美国的不妥协,其没有设定排放上限和减排时间表,削弱了《联合国气候变化框架公约》。(澳大利亚过去一直抵制《京都议定书》,随着 2007 澳大利亚工党击败反对《京都议定书》的自由党,取得大选胜利,澳大利亚政府随即批准了《京都议定书》。)美国参议员约翰·麦卡恩(R-AZ)称这个协议"只不过是应付公关关系的小花招",经济学家杂志(The Economist)称"这个协议成为美洲和澳大利亚拒绝批准《京都议定书》的一块赤裸裸的遮羞布"。见 http://www.asiapacificpartnership.org/。
② 从 20 世纪 90 年代中期到 2007 年,美国一直在阻挠全球气候政策制定的进程。见 Steve Vanderheiden, *Atmospheric Justice: A Political Theory Of Climate Change* (New York: Oxford University Press,2008)。
③ United Nation, United Nations Framework Convention On Climate Change(New York: United Nations 1992).

要求以及《京都议定书》中各国都达成共识,认为已经实现工业化的国家有必要率先减排,而发展中国家在下一阶段采取减排行动,但是因发展中国家被排除在减排计划之外,美国依然以不公正为由拒绝做出《京都议定书》所要求的初步努力。随着《京都议定书》到 2012 年到期的期限逐渐临近,两个不情愿见到的结论日渐清晰:没有世界最大排放国参与合作的全球气候制度很难有效发挥作用;2008 年比 1992 年更紧迫地需要采取有效的全球气候政策。值得关注的是,《京都议定书》的公平性已经成为美国不执行全球气候制度的借口,美国显然是以强调调查全球气候政策公平性的重要性为由继续不采取行动。关于以最公平的方式进行减排的一些新的正式共识——基于气候变化科学事实但又不同于科学事实的价值判断——的缺失,让占全球温室气体排放超过 22％的国家免费搭车,将足以损害国际合作计划。

最近一个时期的政策努力依然没有减弱大气温室气体浓度持续攀升的趋势,已经宣布的避免"危险的人类干预"地球气候系统的目标已经变得越来越难以实现,为此,国际社会陷入如何公平地分担气候变化受害者损失成本的僵局。因无法将减排理念形成政策来贯彻执行,世界各国已经使一定程度的气候变化危害变得不可避免。像美国这样一些富国,因穷国在初始阶段没有强制减排的要求,而拒绝采取有积极意义的减排行动,使得这些富裕国家的大量温室气体排放已经对世界造成了伤害。正如政府间气候变化专门委员会预测的,不受约束地使用化石燃料和毁林的结果将继续加剧问题的严重性,而一些对此负有主要责任的国家依然固执地拒绝采取减缓行动,这"将导致发展中国家以及所有国家的穷人发展更加不平衡,因此而加重了这些国家和穷人在健康状况、获取充足的食物、清洁的水以及其他资源等方面的不公平程度"[1]。

如何分配与减缓气候变化相关的必要成本是国际僵局的核心,这与公约中巧妙公布的正式承诺要求是矛盾的。当思考问题的出发点

---

[1] IPCC, *Climate Change 2001: Synthesis Report* (Cambridge: Cambridge University Press, 2002), 12.

不再基于科学的整体性而是依据表面现象的时候，美国国内对《京都议定书》的争论焦点就集中在如何公平分担可能发生的、与气候变化相关的成本问题上。反对者声称"不同等对待发展中国家和工业化国家的、有具体目标和时间限制的条约"给美国但没有给中国和印度分配限额是不公平的，并暗示这除了会增加美国的负担、"对美国经济产生严重的危害"以外，不会带来任何好处[1997 年，美国参议院以 95 票对零票通过了"伯德·哈格尔决议"（Byrd-Hagel Resolution），该决议威胁参议院不得签署接受《京都议定书》]。作为回应，支持"共同但有区别的责任"框架的一方指出，发展中国家的人均排放量仅占美国人均排放量很小的一部分，如果设置基于 1990 年排放水平同样的排放限制目标，可能会明显地限制像印度和中国这样的国家经济的继续发展。有关每个国家都公平承担减缓气候变化责任的问题，以及强调对公平竞争诉求进行规范分析的至关重要性，这些现在都成为制定有效的全球气候政策的根本障碍。

人为的气候变化包含着很复杂的因果链，并且相当难以预测可能产生的后果，然而也许最复杂的方面是政治问题而不是科学问题。经过谨慎研究、细致准备和广泛宣传，自 1990 年以来政府间气候变化专门委员会发表了四次评估报告，现在我们知道了气候变化的原因，并能够理性估计其影响，同时我们也知道在一般意义上采取怎样的行动可将气候变化最不利的危害降至最小（例如，减少温室气体排放和保护碳汇）。人类已经适时地认识到了气候变化所包含的全球公正问题，同时世界各国也已经正确地定义了公平的理念用以指导行动。既然气候变化从本质上涉及由极不成比例的富裕人口造成的巨大的环境负外部性问题，那就应当由这些人为穷人和后代承担起一点点责任。尽管现在影响全球气候政策的价值基础和政治障碍已经远远超过科学和技术本身的重要性，但是，与过去 20 多年投入到气候变化科学研究中的智力资源相比，对与这个唯一的全球性的因而也相当难以应对的环境问题密切相关的基本政治问题则相对关注得很少。本书的目的就是在一定程度上弥补这种不足。尽管许多其他基础性的社会和政治问题不能在本书有限的篇幅中加以阐述,但这是一个开始。

在气候学家必须继续探求气候变化的原因和可能影响,而那些反对者也在继续以这些事实需要验证为由,竭力推迟采取有效的行动的同时,那些受过科学训练、擅长价值批判的人一定不会忽视全球性解决方案而仅仅关注那些不能还原的事实。基于各国承担"共同但有区别的责任"而设计和实施有效的气候保护制度和管理政策,以推动全球应对气候变化、促进公平,这些问题本身都是规范性的(normative)、政治性的问题,所以,政治理论家们应当有能力解决这些问题。

气候变化挑战我们现有的政治制度、道德理论和人类中心主义的行为方式。它蔑视当前的分配原则、超越已有的有关权利的表述,并且打乱了我们固有的与世界相联系的地方(place)的感觉。我们需要更清晰地全力思考怎样更好地理解社会和政治障碍对公平和有效的全球气候政策的影响,这种障碍是导致国际气候政策陷入僵局的根源所在。就这一点而言,政治理论的概念工具能够有助于这些问题的思考。后面章节中所作的分析和讨论都是依据事实和来自其他知识领域的见解,以及政治理论对全球应对气候变化众多理论贡献中的一个方面,但这是一个重要的贡献。

由于全球气候变化问题体现出这样一种特点,即最有可能达成一致的问题都涉及一系列广泛的、跨学科的问题,因此,全球气候变化问题就为各种背景的,既有学术方面的也有其他方面背景的观察者提供了一个独特的研究案例。大气学家不仅在开发模拟模型以精确预测大气温室气体浓度增加情景下的天气格局(pattern)时遇到了大量的技术难题,而且在向决策者和公众宣传其研究成果时也面临进一步的挑战,即如何让他们能够全面而又不受歪曲和篡改地理解气候变化问题。经济学家看到全球的负外部性(externality),一些国家实现工业化和富裕的成本被转移到其他国家,而不是被控制在这些活动的交易成本之内,同时他们发现将气候影响和减缓成本嵌入预测模型时必须设法解决大量不确定性问题。经验主义的政治学家看到规制温室气体排放或建立碳市场时全球体制的缺陷,同时在将气候学家和经济学家的影响预测转换为有意义的有关气候不稳定(instability)的社会和政治影响的评估的过程中,必须克服大量障碍。包括小说家迈克尔·克莱顿(Michael Crichton)(2005年美国参议院环境和公共工作委员会关于气候变化听证会的主要证人)在内的一些气候怀疑论者,看到了一个由环保团体和教条主义科学家精心设计的骗局,认为他们企图使美国屈服于一个潜在(insidious)的世界政府。[①] 政治理论家们不仅审视全球气候变化本身,而且也注意自己和其他观察家的认识方法,注意到了与上述问题相关但又不同的种种问题,反映了在分支领域中所用方法和概念化视角(conceptual lenses)的多样性。本书的一些章节说明了这种多样性。

借助足够多的解释方法和概念——后面章节就用到了分析哲学(analytic philosophy)、概念分析(conceptual analysis)、批判理论(critical theory)、宪法和法律理论(constitutional and legal theory)、基于地方的价值理论(place-based value theories)、新马克思主义(Neo-Marxism)以及批判法学派(Critical Legal Studies)等方法——政治理论家们对认识气候变化问题实质的贡献,不仅是将气候变化案例当成一面镜子,透过对各种各样的标准、惯例、假设的问题分析反映出与之有关的种种内容,而且还将案例作为一种培养批判性洞察力的载体。事实上,像本书八个章节所证明的那样,全球气候变化不能仅仅被当作一个前所未有的环境问题,同时也应当,或许同样被看作是一个政治和社会问题,因此也是我们用于解释世界,并根据其构建社会和政治体制的标准和惯例问题。

人类引起的气候变化迫使我们反思主权的实质、世界公正和地方的价值;重新审视长期以来形成的人类居住地和自然二分法的生存方式,以及再认识人与生态系统的因果关系;同时,气候变化使我们重新考察人类在改造环境时而使其他成员普遍遭受影响的那些概念、规范

---

① Chris Mooney, "Warmed Over," *The American Prospect*, online ed., January 10, 2005.

和价值的作用。我们必须做这些事情,不仅因为全球气候的不稳定性构成了对生态和环境的威胁,而且也因为气候变化挑战了我们这个世界所依赖的理念、理想和制度,同时,我们也完全有必要将这些威胁最小化并维持一个宜居的、道德完善的世界。规范化的政治理论必须能够适应变化着的世界——事实上,政治理论对变化着的世界具有一定推动作用,同时世界的变化又影响着政治理论的发展——政治学的原理有助于理论适应,这种理论适应对于我们适应世界极其重要。为了全面理解与全球气候变化相关的各种问题,我们迫切需要理解有活力的标准、概念和理论之间复杂的关系以及它们之间互为因果的现象,同时重视政治理论(和政治理论家)对一系列气候变化所涉及的问题作出适当响应的潜力。

环境政治学作为政治学科中一个正在形成的分支领域,发出了多种多样的声音。在其他方面,我曾经采用了一种有关环境的规范性理论化方法,目的是理解全球气候变化问题的实质以及对此应采取怎样的反应①,但是在这本书中,我的目的是不同的。在所有的原因和结果中,我们必须首先理解这一点:人类在迎接气候变化的挑战的同时,不能抛弃我们高贵的理想、最值得尊重的和有价值的能力,我们不能倒退回最差的状态。这些原因和结果包括但不限于大气学家、生态学家和经验主义的政治学家(还有其他的科学家)对气候变化分析所描述的那些内容;还包括我们政治理论中基本的概念、理念和标准,并通过政治理论探索知识和寻求理解。本书所列举的探询全球气候变化问题本质的环境政治理论,其见解的深度和广度有所不同但具有同等价值。这里,我希望不仅阐述自己所青睐的理论方法对气候变化认识的适用性,而且也希望展示多种理论方法、概念,以及包含环境政治理论在内的各种方式,是如何阐释一系列更完整的问题并指出其所需的解决方法的。重视全球气候变化问题需要重视无数相关问题,本书的目的是列举多种声音以便提供认识问题的背景。

---

① Vanderheiden,*Atmospheric Justice.*

本书的结构

本书共分八章，分别围绕两个主题，即"公正与伦理"和"自然与社会"。在第一章中，雷·瑞蒙德（Leigh Raymond）考察了在全球政治回应气候变化的规范性讨论过程中关于全球大气圈共有资源分配的五种常见主张，并批判性地考察了每种主张的案例。根据以往有关的或未主张占有或分配的全球共有资源的案例（如南极洲、海洋和月球），瑞蒙德几乎没有找到任何关于这五种标准分配主张的先例。相反地，他却发现，针对回潮的休谟主义（Humean）所主张的以占有为基础的专属性国家财产权利（如温室气体排放权利中暗含的权利），往往有一种更加激进的、平等主义的反驳观点，后者反对的是任何不能让世界全体人民都受益的对地球共有资源的专属性控制行为。他提到，这种观点在"人类共同遗产"原则（the Common Heritage of Mankind，CHM）中也有体现。"人类共同遗产"原则最初是为管理公海提出的，并且该原则在《月球条约》（the Moon Treaty）中也有所体现。该原则反对瑞蒙德所称的全球共有资源的"圈地运动"（enclosure），与那种认为私有财产分配是避免大气过度使用而发生"公地悲剧"（tragedy of the commons）的必要机制的观点形成鲜明对比。虽然瑞蒙德在原则上明确反对对大气的吸收能力进行私有化分配，但他依然辨识了几种存在于人类共同遗产理念与各国排放份额按人均额度公平分配的"紧缩和趋同"建议之间的概念性关联关系，并看到在这种理想状态下，有可能说服几种著名的关于大气私有化的规范性反对意见。

在第二章中，史蒂芬·加德纳（Stephen Gardiner）敏锐地认识到，"如果不考虑伦理因素，我们在讨论为什么气候变化是一个问题时，就不可能走得很远"，随后他讨论了若干伦理因素的独特性和理论难度。加德纳借用了"超级风暴"（perfect storm）的理念，即"独立的有害因素非常规聚合可能导致巨大的甚至灾难性的负面后果"。加德纳识别出三种截然不同的伦理"风暴"汇聚于全球气候变化现象中。在被加德纳所称的原因和结果广泛分布的"全球风暴"（global storm）中，政府机构的空间分割性损害了控制全球温室气体排放的努力，同时，由于滞后效应（delayed effects），即所谓"代际风暴"（intergenerational storm），政府机构从时间上被分割了，形成跨代集体行动的问题，抵制了直接的解决方案。最后，加德纳认为，种种相互交织的问题挑战了常规的伦理分析用语，产生了概念混淆，形成所谓的"理论风暴"，这种"理论风暴"（在"超级风暴"中）将导致所谓的"（理论）腐败问题"。他认为，观察者可能被诱惑，而选择性地关注一些而非全部的，由复杂的气候伦理所提出的道德挑战；他们会重视自身在这场危机中所扮演的角色，而损害其对这场危机的多层次问题的正确理解。加德纳有些担心，这一复杂难题可能导致"我们，即当前一代人来说，**极其便利**"地在理论上做出不能被原谅的不作为，而不是采取有意义的政策行动，因为我们在不公正地利用我们对下一代人的优势，下一代人将直接因为我们当前所做出的选择而遭受气候伤害。

在第三章中，史蒂夫·范德海登（Steve Vanderheiden）考察了三种环境权利在塑造全球气候政策体系的设计中所发挥的潜在作用。这三种环境权利分别是：（1）发展权，（2）最低人均温室气体排放量［即所谓"生存排放"（survival emissions）］，（3）保持气候稳定。虽然这三种权利中，尚未有任何一种权利在国际法范畴内得到充分实现，但是它们分别代表了气候政策讨论中的共同规范性诉求，每种权利都在公认的普适人权和政治哲学中存在一定基础。范德海登认为，这三种权利综合在一起，构成了建立公平、有效的全球气候制度的基础，并且有效模拟了全球温室气体减排工作在各国及国民之间分配所面临的主要的规范性限制。他建议，关键在于，这种权利—诉求的结合，说明全球大气空间分配所面临的一个基础性问题，即分配公正问题的复杂性，以及分配所必须考虑的各种公正问题。此外，他还指出，这三种环境权利可以按照基本诉求的递减顺序进行等级排序［借鉴了亨利·苏（Henry Shue）关于基本权利的成果①］，从而根据用语优先系统，解

---

① Henry Shue，*Basic Rights*（Princeton，NJ：Princeton University Press，1980）.

决各种权利—诉求之间的冲突，同时建立应用基础，以便为减缓和适应气候变化，将世界主义原则（principles of cosmopolitan）和代际公正（intergenerational justice）应用到全球响应方案的设计中。

在第四章中，马丁·J.亚德米安（Martin J. Adamain）应用了批判法学派（Critical Legal Studies，GLS）的几点见解解决气候变化政治和政策中存在的问题，他质疑利用国际环境法来推广《联合国气候变化框架公约》所倡导的公正理想的可能性。亚德米安指出，自由主义的公正概念通常十分关注分配问题，在目前的全球环境政治中，尤其在气候变化的范畴内，这一概念可能难以有效捕捉到不公正的各种维度。此外，他还建议，如果扩展对公正目标的解释，正如批判法学派的学者们在其他领域所指出的，国际政治中存在的制度规范和激励措施可能使公正的目标无法实现。批判法学派的学者主张，鉴于法律反映了当前的统治权力和统治结构，国际环境法在实践中并不会试图保证对世界上弱势群体的公平（但是，正如亚德米安所指出的，实现对世界上弱势群体公正的目标是解决全球气候变化问题的关键），而是会努力强化现存的等级制度和统治制度。亚德米安考察了制定中的气候制度所基于的国际法体系，指出根据法治原则，国际法体系中的若干领域缺少符合自由主义模式的、中立有效的法律体系，他认为这些缺陷有助于解释为什么因为美国的不加入和蓄意阻挠，以及世界上最弱势群体所面对的一系列系统性偏见，而导致气候制度的建立屡屡受挫。亚德米安最后强调，对于主流的自由主义式气候政策制定方法中存在的原生问题，"加强环境治理的民主化程度"将是部分解决办法，对于加德纳和范德海登提出的自由主义方法，亚德米安通过运用批判法学的见解，对其保持审慎的态度。

在第五章中（本书第二部分的起始章，主题是"自然与社会"），艾米·劳伦·洛芙格拉芙特（Amy Lauren Lovecraft）运用社会—生态系统分析[social-ecological systems（SES）analysis]，考察了气候变化对北极生态系统的影响。洛芙格拉芙特使用了哈贝马斯（Habermasian）的"生活世界"的概念，所谓"生活世界"，包含了"个人和社会群体随着时间的推移，在其文化、社会和个性中形成的可分享的共同认识"。洛芙格拉芙特考察了全球气候变化如何已经并且将继续改变北极地区各民族的生活世界。洛芙格拉芙特认为，社会系统和政治系统，尤其是那些处于高纬度地区，极易受到气候变化不稳定影响的社会系统和政治系统，与生态系统之间存在千丝万缕的联系，而社会—生态系统分析可以帮助预测生态系统的迅速变化对社会系统和政治系统如何产生影响。如果采用规范化标准，如将鲁棒性①（robustness）和弹性（resilience）作为社会—生态系统管理的目标，我们不仅可以创建社区对气候变化响应的理论，而且还可说明生态系统的服务退化所可能产生的社会后果。火灾管理和海冰覆盖率的案例说明这些规范化标准目标也能够应用到气候变化上，气候变化是一个宏观尺度的环境问题，而火灾管理和海冰覆盖率则属于较小空间尺度的管理问题，小尺度问题在因果关系和概念关系上依附于宏观尺度问题。洛芙格拉芙特指出，关于如何适应脆弱的北极系统，问题在于能否通过运用各种分析技巧及其相关的规范，"形成制定长期规划的能力，执行该长期规划，以及研究气候变化问题并做出决策"。洛芙格拉芙特阐述了在气候变化理论和实践中，运用社会—生态系统分析的潜在价值和难点。

　　在第六章中，提摩太·W. 卢克（Timothy W. Luke）批判性地考察了"全球变暖"（以及"全球变冷"和"全球变暗"）现象的社会建构。社会建构不仅取决于我们注意到的大气中温室气体浓度的不断增加，而且也取决于气候变化与气候变化所改变的人类社会，还有气候变化所必然引发的社会批判之间的关系。全球变暗与大气中化学物质和气溶胶浓度增加有关，这些化学物质和气溶胶将太阳辐射能反射到太空，而不是让太阳辐射能穿过大气层，结果导致到达地球表面的太阳辐射能量发生可测量性减少。卢克认为，如此种种的人为现象正在从根本上改变着人类环境，其结果将是适合人类和自然界的生命形式所居住的环境开始被企业实验室、重点产业和大型农工商联合体

---

① 可译为稳固性。——译者注

(agribusiness)的产品重新塑造,人类环境和自然环境开始走向融合,形成一个新的混合体——"都市自然"。我们必须首先理解"都市自然",然后才能富有成效地处理其产生的问题。这些变化要求我们重新思考环境的本质,我们必须把这一环境视作"一种被改造的环境,人类和机械的混合体,或者一个巨大的、(颇具讽刺意味的是)由垃圾、副产品或污水构成的人造组合体"。卢克解构了气候科学家乃至怀疑论者的观点,他认为"气候学作为社会批判手段,揭示了物质不平等如何在各个销售点和生产地明确地实体化",迫使我们从常规的空间视角转移到新的时间视角。与加德纳一样,卢克也指出,气候变化的因果机制不仅在时间上,而且在空间上也会产生影响,挑战了公认的规范,明确地重构了自然界。虽然从前的气候变化长期以来与人类活动没有关系,但是现在(主要因为人为的气候变化原因)二者之间已经不可避免地发生了关联。

在第七章中,乔治·A. 冈萨雷斯(George·A. Gonzalez)从新马克思主义政治经济学的视角,考察了城市扩展、矿物燃料的消耗和气候变化之间的关系。冈萨雷斯指出,与其说城市扩展是城镇和郊区无规划扩张的副产品,倒不如说是一种精心策划的、以提高消费额为目的的经济政策所带来的后果。历史上,城市扩展依靠的是充裕的廉价石油供应,同时人们自以为石油的消耗是良性的。随着全球石油需求量的不断增加,以及供应量的持续下降,导致城市蔓延的经济成本不断上升(因为通勤者面临的油价不断上升),与此同时,由于类似于气候变化这样的全球环境问题的出现,认为石油的消耗是良性的假设的不准确性也暴露出来,这是因为随着城镇的扩展,人们出行越来越依赖私家车,因此极大地增加了城郊和远郊通勤者的通勤距离(和产生的污染)。冈萨雷斯从价值的视角考察了全球气候变化的因果关系,他指出,对于石油等自然资源的价值低估,马克思主义的交换价值概念应当承担一定责任,因为其对城市蔓延和气候变化起到一定的推动作用。冈萨雷斯通过探索美国石油政策和联邦住房管理局的历史,指出美国的石油政策和联邦住房管理局共同推动了郊区化和城市扩展,其目的是为了刺激耐用消费品(consumer durables)的需求量,这也证明了马克思主义的论点,即"在资本主义内部,形成经济需求的目的是为了实现利润的最大化"。冈萨雷斯指出,制定以城市扩展为重点的政策,其目的是为了提高石油消费量,连续地规避保护措施,因此导致美国人均温室气体排量无法降低,无法向更加环保的交通运输方案转变。他认为,这种以城市扩展为重点的政策存在基本的价值理论错误,这也是新马克思主义批评家一直以来所坚持的观点,气候政策的分析人士最好也能承认这一点。

在第八章中,彼得·F. 坎纳沃(Peter F. Canavò)讨论了气候变化的适应问题。通常认为,气候变化的适应问题是以减缓气候变化为重心的全球气候体系的组成部分之一。韦尔·贝克曼(Wilfred Beckerman)和比昂·伦伯格(Bjorn Lomborg)等人建议的气候政策完全不考虑减缓措施,他们推荐把那些住宅或家园被毁的环境难民重新安置到其他地点。坎纳沃对此并不赞同,他认为地方的价值恰恰在于不会被轻易替代。他强调,人不是**没有地方归属性的**,我们的家园不是可以替代的商品,不能哪里效率高就搬迁到哪里。在美国最近的环境史上,没有什么事件能够比卡特里娜飓风更好地阐释人们依恋于地方,以及这种执迷所带来的风险要超过飓风即时和中短期后果所造成的。坎纳沃以新奥尔良为例。新奥尔良曾经是北美一座非常独特的城市,而现今的重建工作有可能极大地减少该城市的种族、民族和经济的多样性。坎纳沃指出,在地方价值和生态责任二者之间可能存在"悲剧式的两难困境"。他指出,正如所预期的那样,新奥尔良的最贫困居民为卡特里娜飓风付出了最大的代价,颇具讽刺意味的是,导致该市环境脆弱的原因恰恰是过去改造自然的努力,如密西西比河三角洲的改造,以及对具有洪水控制作用的湿地进行的填埋。卡特里娜飓风过后,损失的不仅仅是已经建成的各种建筑物,还有基于地方的社区和社会网络,后者更加难以用"适应"的方法来替代。正如坎纳沃所说,过去新奥尔良"是不得不按照工程要求而存在",现在变成让我们理解可持续性,以及"人类试图征服自然的反面教材",这是因为稳定的家庭或家园需要"与大自然建立复杂的关系",其中包含与大自然的各种力量进行"征服与合作"的各要素的综合作用。在卡特里娜飓风过后的新奥尔良,地方的价值与环境的可持续性发生"冲突",对二者的不同理解导致在如下问题上产生两种截然不同的立场:新奥尔良城是否应当建在当初的位置上以及现在是否应当重建。坎纳沃认为,通过增加减缓政策的作用,减少对适应性的需求,即使不能完全避免,也可以减轻这一两难境地。

致谢

本书离不开作者的耐心和勤奋的努力,并且感谢克莱·摩根(Clay Morgan)和麻省理工学院出版社(The MIT Press)的帮助。感谢大卫·斯克洛斯伯格(David Schlosberg)对组织这次理论讨论事务委员会的努力,感谢两位未透露姓名的审稿人的有益评论,感谢白宫出版社以及泰勒和弗朗西斯(Taylor & Francis)能够允许本书使用以前发表在《环境价值与环境政策》(*Environmental Values and Environmental Politics*)一书上的内容,同时感谢牛津大学出版社能够允许将我的《大气公平》(*Atmospheric Justice*)一书中的部分内容经过改编应用到本书。还要在此感谢居拉伊·乌尔戈·克塞尔·亚萨尔(Gülay Uğur Göksel Yasar)在原稿编撰准备中给予的帮助。

(殷培红译　王潮声校)

对本书有贡献的人

Martin J. Adamian/Department of Political Science California State University, Los Angeles

马丁·J.亚德米安/加利福尼亚州立大学,洛杉矶分校政治学系

John Barry/Department of Politics, International Studies, and Philosophy Queens University Belfast

约翰·巴里/贝尔法斯特女王大学政策、国际研究和哲学系

Peter F. Cannavò/Department of Government Hamilton College

彼得·F.坎纳沃/汉密尔顿学院政府系

Stephen Gardiner/Department of Philosophy University of Washington

史蒂芬·加德纳/华盛顿大学哲学系

George A. Gonzalez/Department of Political Science University of Miami

乔治·A.冈萨雷斯/迈阿密大学政治学系

Amy Lovecraft/Department of Political Science University of Alaska Fairbanks

艾米·洛芙格拉芙特/阿拉斯加州费尔班克斯大学政治学系

Timothy W. Luke/Department of Political Science Virginia Polytechnic Institute and State University

提摩太·W. 卢克/弗吉尼亚理工学院暨州立大学政治学系

Leigh Raymond/Department of Political Science Purdue University

雷·瑞蒙德/普渡大学政治学系

Steve Vanderheiden/Department of Political Science University of Colorado at Boulder

史蒂夫·范德海登/科罗拉多大学波尔得分校政治学系

第一部分

公正、伦理与全球气候变化

全球共有物品的分配：理论和实践

雷·瑞蒙德

　　许多学者和评论家认为，任何有关未来环境变化的条约必须是合理的、公正的。这既是现实需要，也是道德意义所必需的：具有道德意义是因为大量涉及经济和环境的重大利益，具有实践意义则是因为任何被广泛认为不公平的条约都不可能在霍布斯主义①（Hobbesian）的国际关系世界中获得批准生效。当然，一个公平的条约具有怎样的要素是巨大争议中的一个焦点，这点已经激发了一场范围广泛的关于生态和分配公正之间的讨论。过去的 20 年里我们见证了多种有关气候"公平"的规范性论点，经过用心培育和细心照料终于开花结果的事实。这种过程不仅限于学术范围内：决策者和条约的谈判者也更详尽地考虑到有关竞争性分配计划的细节。

　　通常，这个争论也可以被描述为一个原则问题：我们应怎样分配地球吸收温室气体，尤其是二氧化碳的有限容量。这些大气资源在某种程度上被认为是**全球共有物品**（global commons）的一部分，即那些在个人、团体和民族控制之外，也不为某个民族或国家所拥有的自然

---

① 霍布斯，英国政治哲学家，主张的是一种极端的专制主义，他将布丹的主权至高无上理论发展到无以复加的程度，以至到了主权者不服从任何权威的地步。

资源。从技术层面来说,这种说法给**共有物品**(commons)的真实理念带来一些损害,后者是一个被广泛接受的代表集体产权(由一些少数个人社团拥有),而不是任何凌驾于所有权或控制机制之外的资源的术语。[1] 实际上,很多学者把全球公共物品看作是"全球自由获取的资源"(global open-access resource)或"全球的非财产"[2](global nonproperty)。但是,出于习惯和语言上的感染力,此处仍将保留并使用"全球共有物品"一词。

在惯于考虑有效性和既得经济利益的公共政策学者的世界中,如此广泛地关注政治理论的规范性问题是不常见的。[3] 所有这些都切实激励着规范性理论与决策研究和实践更好地融合在一起。尽管关于这个问题已有许多书籍、论文、白皮书和外交上的"非正式文本"(non-paper),但是要在具有较高法律地位的公平的气候条约上达成更大的共识依然是一个十分艰巨的过程。2005 年,尽管未获地球上温室气体最大的贡献者(无论是总量还是人均)——美国——的批准,《京都议定书》还是磕磕绊绊地正式生效了。不管是美国坚持自身权利的英雄神话,还是异常艰难的议定书批准过程(没有提到签约国是否真正达到所声明的排放目标这一重要问题),都给予人们一点理由去思考解决这个政治僵局所需要的适当的规范性原则。

事实上,一些评论家对我们找到的这些原则是很失望的。例如,戴维·维克多(David Victor)把分配问题称作是气候变化政治的"戈尔迪结"[4](Gordian knot),并对任何从政治角度提出可行的解决方法的努力不抱希望。[5] 其他人因各种原因,从根本上对任何解决气候问

---

① E. Ostrom, *Governing the Commons：The Evolution of Institutions for Collective Action* (New York：Cambridge University Press，1990).
② D. W. Bromley，"Comment：Testing for Common versus Private Property," *Journal of Environmental Economics and Management* 21 (1991)：92 - 96；D. H. Cole，*Pollution and Property* (New York：Cambridge University Press，2002).
③ M. Sagoff，*The Economy of the Earth* (New York：Cambridge University Press，1988).
④ 希腊神话中弗里基亚国王戈尔迪菲的难解的结,指难题。——译者注
⑤ D. G. Victor，*Climate Change：Debating America's Policy Options* (New York：Council on Foreign Relations，2004)；D. G. Victor，*The Collapse of the Kyoto Protocol and the Struggle to Slow Global Warming* (Princeton, NJ：Princeton University Press，2001).

题的方法持不信任态度，这些方法包括打破市场垄断和"圈占"（enclosing）全球共有物品，以及通过创造私人排污权而推行的"碳殖民主义"（carbon colonialism）。[①] 他们或者认为最好依赖其他方法保护那些不被任何个人或国家拥有或控制的自然资源，而非为"自由市场环境主义"（free market environmentalism），或其相关概念唱迷人赞歌（siren song）。

许多悲观情绪似乎很容易形成。以前的温室气体排放量分配已经很困难，滥用市场手段的风险也确实存在。[②] 但是基于市场的方法确实有一些重要的优势，如具有降低执行成本，和降低达成政治一致的难度的潜力。[③] 从这方面讲，重要的是要注意到，在依据多种规范性原则指导全球共有物品的私有权分配**方面**，世界**已经**解决了一些分配难题。因此，本章试图通过比较关于气候变化公平性的规范性文献和以往的分配经验，来建立起政治分析的规范性世界和经验世界之间的桥梁。本章希望通过这种关联，用过去的经验为关于规范性的争论提供一个新的考察视角，在气候变化的语境下，这种规范性争论或多或少具有政治上的可信度。相应的，当规范性思想家们考虑到那些正在发挥作用的（体现）特定分配理念的具体例子时，也可能激发他们产生有关气候变化公平问题的新见解。

讨论从下面四个部分展开。首先，简要评论有关温室气体排放权分配的重要的规范性的争论。其次，回顾以往有关全球共有物品分配的案例，包括深海、南极洲和外层空间的物体等有关联合国条约，寻找在第一部分中提到的规范性争论的应用实例。再次，考虑到国际分配额的相对稀缺，本章将在国家温室气体排放权分配中考虑一个更宽泛

---

① T. W. Luke, "The System of Sustainable Degradation," *Capitalism, Nature, Socialism* 17, no. 1 (2006): 99 - 112; H. Bachram, "Climate Fraud and Carbon Colonialism: The New Trade in Greenhouse Gases," *Capitalism, Nature, Socialism* 15 (2004): 5 - 20.

② R. Repetto, "The Clean Development Mechanism: Institutional Breakthrough or Institutional Nightmare?" *Policy Sciences* 34 (2001): 303 - 327.

③ D. Burtraw and K. Palmer, *The Paparazzi Take a Look at a Living Legend: The SO₂ Cap-and-Trade Program for Power Plants in the United States* (Washington, DC: Resources for the Future, 2003); R. E. Cohen, *Washington at Work: Back Rooms and Clean Air* (Boston: Allyn and Bacon, 1995).

的、显而易见的规范性原则，并再次审视第一部分提到的规范性原则。最后，本章基于过去经验对那些或多或少具有政治可行性的分配原则得出一些结论，并为这个领域的未来研究提出若干重要问题。

关于分配的学术的和其他的主要争论

自 1992 年《联合国气候变化框架公约》签署或者更早的时间起，已大量涌现了有关温室气体排放分配的实用性的规范性思考。尽管全面重新统计这些文献的数量超出了讨论的范围，[①]但是仍有可能从众多有关排放权分配的观点中总结出一个丰富而重要的，由众多作者和参与条约谈判的缔约方编写的"论点谱系"（families arguments）。这些观点多数引用了公平性的一种形式或其他形式作为指导原则。但是正如罗纳德·德沃金[②]（Ronald Dworkin）和阿玛蒂亚·森[③]（Amartya Sen）提到的，任何观点都没有回答这样一个基本问题："何物之公平?"

需要注意的是，这个清单既不详尽也不是评价性的，且让我们考虑几类分配建议及其伦理基础。

负担平等

这一原则实际上是一个融合了两种关于权利的主要规范的结合体：一是基于休谟的"持有即所有"（ownership via possession）的观点；二是基于更传统的洛克的观点，即所有权源于先用性（prior use）。两者都试图被用来为基于当前排放水平的分配方式辩护——认为各国有权以现有标准排放温室气体，或至少随后的减排分配应以现有排放标准为底线。然而，严格来看，两者在性质上有所差异。洛克式的（Lockean）所有权要求，主张对资源附加值的先用性，这些资源附加值通过生产性劳动而获得，从而证明"单边占有"要求（unilateral

---

① For a more detailed summary, see S. M. Gardiner, "Ethics and Global Climate Change," *Ethics* 114 (2004): 555 - 600.

② R. Dworkin, "What Is Equality? Part 1: Equality of Welfare," *Philosophy and Public Affairs* 10, no. 3 (1981): 185 - 251.

③ A. Sen, *Inequality Reexamined* (Cambridge, MA: Harvard University Press, 1992).

appropriation)的合理性——所有权不需经由其他竞争者认可。因此,洛克式的基于先用性的分配方式在很大程度上被看作是一种通过任何政治行动对自然资源的正式法律权利分配来被认可的,而非被创建的**先于政治的**(prepolitical)或者自然的权利。当然,洛克对这种单边占有的权利也做了很好的规范,包括为他人留下"足够多和足够好"的要求。"洛克式的条件"(Lockean proviso)能否在气候变化分配中实现仍有争议。

在气候变化背景下,关于分配问题更常见的观点是基于"占有"(possession)而不是"先用"(prior use)。这种思想源于大卫·休谟(David Hume)的观点,他认为所有权是一种可接受的、对社会的帕累托改进①(Pareto improvement)。对于休谟来说,财产权意味着每一个人不再通过斗争去获取日常的资源,但是唯一达成这一安排的途径就是每个人应该认可各自已拥有的所有物。这一观点具有局限性,一些人根本不视之为一项关于所有权的"道德"争论。② 然而在许多情况下,在气候变化政治领域内,基于占有和保障所有权限定继承的经济改进原则而进行排放分配是一个重要的争论点。在制定《京都议定书》的有关谈判中,一些国家本质上使用了休谟的观点,③要求所有国家在温室气体排放中承担平等的"负担份额"(burden sharing),这一观点或含蓄或明确地源于这种关于占有的争论④。那些热衷于对温室气体排放权进行清晰界定来赢得效率,特别是在各国间交易的观点,也可以归入这一类别。

效率平等

第二类关于分配的论点关注的不是温室气体排放**总量**,而是**排放**

---

① "帕累托改进"是一个以意大利经济学家帕累托(Vilfredo Pareto)的名字命名的经济学概念,简言之就是一项政策或制度能够有利于一部分人,而不损害其他任何人。——译者注

② J. Waldron, "The Advantages and Difficulties of the Humean Theory of Property," *Social Philosophy and Policy* 11 (1994): 85 - 123.

③ L. Raymond, *Private Rights in Public Resources: Equity and Property Allocation in Market-Based Environmental Policy* (Washington, DC: Resources for the Future Press, 2003).

④ See the examples in Gardiner, "Ethics and Global Climate Change," or D. A. Brown, *American Heat: Ethical Problems with the United States' Response to Global Warming* (Lanham, MD: Rowman & Littlefield, 2002).

率。评论家和各国领导人都把一个单位的生产性活动所排放出的温室气体作为分配依据。普遍的指标是单位经济产出（GDP）的温室气体排放量和单位能源产出（mBTUs）的温室气体排放量。按照此类观点，虽然美国是世界上人均二氧化碳排放量最多的国家之一，但单位GDP的排放量事实上相当接近于世界平均水平，并且比一些主要的发展中国家还要低。[1] 通常，此类论点中包括**基准**的概念——环境可接受的排放率。基准分配方式会为每个国家设定单位经济生产所允许的温室气体排放定额，而不考虑国家的历史排放模式。这种方法会激励那些采用低排放能源的更清洁的国家，同时惩罚那些高污染的、高碳的经济活动（或者至少为这些国家清理有关国家法令提供强有力的激励）。这种观点在促成《京都议定书》的各国谈判立场文件中很常见，[2]在关于气候公平的学术文献中也很普遍。[3]

权利平等

第三类关于气候变化分配的观点基于人权平等的原则。在这种视角下，作为一种事实上的分配公正，地球上的每一个公民都有权利平等地分享大气吸收温室气体的能力。通常情况下，这种主张应用在气候变化的案例上，通过一个全球排放权分配方案分配给每个国家的排放量是和其当前或最近的人口成比例的。据此，像中国和印度这种人口众多、相对落后的国家将占有世界温室气体排放的最大份额。同时，像美国这种高人均排放的国家将面临持续的减排。各种各样关于平等的人均排放的观点，提供了从现有排放模式转换到未来人均排放平等的不同途径。[4] 更激进的一些观点则认为平等的人均排放分配应

---

[1] Victor, *Climate Change*.

[2] Raymond, *Private Rights in Public Resources*.

[3] Victor, *Climate Change*；H. E. Ott and W. Sachs, *Ethical Aspects of Emissions Trading* (Wuppertal, Germany：Wuppertal Institute, 2000)；A. Rose and B. Stevens, "The Efficiency and Equity of Marketable Permits for CO_2, Emissions," *Resource and Energy Economics* 15 (1993)：117 - 146.

[4] 例如，A. Meyer 说，"《京都议定书》和'紧缩和趋同'（观点）的出现是减少温室气体排放的国际政治解决方案的一个框架"。见 O. Hohmayer and K. Rennings, eds., *Man-Made Climate Change-Economic Aspects and Policy Options*〔Mannheim：Zentrum für Europäsche Wirtschaftsforschung（ZEW），1999〕。

该以**历史上**对大气的使用状况而不是现在的使用情况为基础。这种"自然债务"（natural debt）观指出：许多温室气体在空气中残留时间很长，这意味着历史上高排放国家已经使用的全球吸收能力，实际上比根据当前排放指标计算的份额更多。[1] 自然债务观与广泛使用的"污染者付费"（polluter pays）的思想密切相关，这与其说是要求建立一个平等的人均排放标准，不如说是主张给发达国家更少的排放权。

尽管在国际关系中，平等的、人均分享大气圈的理念代表了一种如此强烈的甚至前所未有的平等主义（egalitarian）视角，实际上这种理念在学术文献中还是受到了大量关注，赞成[2]与批评[3]兼而有之。更令人惊讶的是，尽管平等原则尚未体现在任何现行的气候变化政策之中，国际谈判中却倾向于认真对待这一原则。[4]

基本生活权（Subsistence Rights）平等

第四种分配观点是权利平等观点的变种。这种观点仍然坚持按人口平均分配温室气体的排放权，但并非针对**所有的**此类权利。一般来说，该观点的特征在于区分了生存（subsistence）排放和奢侈排放，[5]认为维持基本生活标准的生存排放应当根据人口数量平等分配。于是需要进一步讨论如何分配此外的"奢侈"排放，可能的分配原则包括前述的效率、占有、先用等观点。有关生存权（subsistence right）的争论含蓄地利用了康德主义的财产概念（kantian conception of

---

[1] P. Singer, *One World: The Ethics of Globalization* (New Haven, CT: Yale University Press, 2002); K. R. Smith, "The Natural Debt: North and South," in T. W. Giambelluca and A. Henderson-Sellers, eds., *Climate Change: Developing Southern Hemisphere Perspectives* (Chichester, UK: Wiley, 1996).

[2] T. Athanasiou and P. Baer, *Dead Heat: Global Justice and Global Warming* (New York: Seven Stories Press, 2002); P. Barnes, *Who Owns the Sky?* (Washington, DC: Island Press, 2001); A. D. Sagar, "Wealth, Responsibility, and Equity: Exploring an Allocation Framework for Global GHG Emissions,"*Climatic Change* 45 (2000): 511 - 527; A. Agarwal and S. Narain, *Global Warming in an Unequal World: A Case of Environmental Colonialism* (New Delhi: Center for Science and Environment, 1991).

[3] Ott and Sachs, *Ethical Aspects of Emissions Trading*; E. Claussen and L. McNeilly, *The Complex Elements of Global Fairness* (Washington, DC: Pew Center on Global Climate Change, 1998).

[4] L. Raymond, "Viewpoint: Cutting the 'Gordian Knot' in Climate Change Policy," *Energy Policy* 34 (2006): 655 - 658.

[5] H. Shue, "Subsistence Emissions and Luxury Emissions," *Law and Policy* 15, no. 1 (1993): 39 - 59; see also Ott and Sachs, Ethical Aspects of Emissions Trading.

propery），颇为有趣地将道德理想主义（ethical idealism）和政治现实主义（political realism）混合在一起。[1] 至少因区分基本排放和奢侈排放仍很困难，这一点就已成为饱受批评的对象。[2]

在这四种分配观点之外还有一种重要的观点。一些学者对分配问题采取强硬态度，以伦理败坏为由，拒绝任何个人或国家的排放权分配。[3] 怀疑论者谴责发达国家为占用自然资源，没有为与发展中国家进行充分协商或对其补偿做出其他努力，就对全球的公共资源建立私权概念[4]。相反，该观点认为全球资源应当脱离个人或国家的控制，以一种对全人类有益的方式来管理。[5] 尽管这种对排放权的批评此后在国内政策背景中渐渐势微，但在国际气候变化条约及其责任的讨论中依然占有重要位置。

以上五种观点尽管已经覆盖了大部分观点，但还未能详尽讨论所有分配问题的主题。其他的一些分配原则包括支付能力、未来气候变化影响的脆弱性、在全球社会中"福利最小的最大利益"（maximize the benefits to the least well-off）的类罗尔斯主义[6]（Quasi-Rawlsian）原则等。[7] 若现有趋势没有任何的改善迹象，在未来甚至会有更多的分配观点。但是，尽管关于如何分配温室气体排放的对话和争论已经过剩，顽固的怀疑论（Skepticism）仍然在讨论"**任何**这样的分配是现实的还是理想的？"既然世界各国曾经处理过其他资源的分配问题，反思这些经验，寻求一种既在学理上可靠（至少从本书的一部分来看），又在政治上合理的分配策略似乎仍是有价值的。

---

① Raymond, "Viewpoint: Cutting the 'Gordian Knot' in Climate Change Policy."

② Gardiner, "Ethics and Global Climate Change."

③ Luke, "The System of Sustainable Degradation."

④ Bachram, "Climate Fraud and Carbon Colonialism."

⑤ R. Tokar, *Earth for Sale：Reclaiming Ecology in the Age of Corporate Greenwash*（Boston：South End Press, 1997）.

⑥ 约翰·罗尔斯（John Rawls, 1921—2002）是美国著名的政治哲学家。罗尔斯主义主要讨论社会公正问题，即社会基本结构如何公平地分配公民的基本权利和义务，划分由社会合作产生的利益或负担。在解决现实社会中的不公正现象时，罗尔斯提出了"自由优先原则"，即自由绝对优先于福利。并认为宪法的创制应该采用自由优先原则。同时罗尔斯用差别原则解释社会不公正的原因是"最少受惠者的最大利益"。——译者注

⑦ Rose and Stevens, "The Efficiency and Equity of Marketable Permits for CO_2 Emissions."

国际分配:圈占全球共有物品

作为全球共有物品的资源是不断变化的。例如,1982 年根据《联合国海洋法公约》(the UN Convention on the Law of the Sea, UNCLOS),世界各国进一步获得了占地球表面近 1/3 面积范围的控制权。可能会有人说,在这一引人瞩目的行动之后,全球共有物品已经少了一些"全球性"。但是,把这个过程看成是私有化的膨胀和国家的圈地运动(enclosure)的观点是错误的。任何"所有权"或"控制"的管理制度都包含巨大的成本,同时这些成本意味着如果资源丧失其必要价值就可能逆转到自由获取的状态。许多在过去曾被妒忌地监护着的自然资源,实际上现在再一次成为非财产。[1]

然而,在不同的时期,各国之间都在争夺对全球共有物品的专有权和分享部分(portions)的控制权。典型的事例包括对南极大陆的权利,对海洋渔业和采矿的权利,对外太空物体的权利等。在每个例子中,基于不同规范性原则的分配过程会产生不同的结果。以下将依次讨论这些案例。

南极条约

在 20 世纪早期,对南极洲的外来探险引发了瓜分南极领土的狂潮。20 世纪 20 年代到 30 年代,澳大利亚、法国、新西兰、挪威和英国纷纷以"切饼"的方式,声称对南极大陆的部分地区拥有统治权,大体上是以从南极圈到南极点的东西经度划定范围。20 世纪 40 年代,智利和阿根廷这两个南美国家则让事情变得相当复杂,它们各自提出了既彼此重叠又与英国所宣称的范围重叠的领土主张。[2] 当时,美国也在考虑做类似的事情,但最后决定不这样做。相反,美国和苏联在南极洲并未主张拥有自己的领地,也不承认其他国家有关领地的主张。[3]

---

[1] Cole, *Pollution and Property*.

[2] E. S. Milenky and S. I. Schwab, "Latin America and Antarctica," *Current History* 82 (1983): 52.

[3] J. E. Mielke, *Polar Research: U. S. Policy and Interests* (Washington, DC: Congressional Research Service, 1996).

各国对南极洲的瓜分基于若干规范性原则。在建立主权或公开为主权主张提供辩护方面,占有和使用南极大陆是主导因素,具体表现为其他方面的非科学活动,如有关安置常驻的科研站并为之配送职员,为南极基地提供邮政服务,把科学家的配偶和孩子送到南极洲等。[①] 另一个规则援引地理上的邻近原则(proximity)作为一种权利主张,超出了占有概念。因此,包括智利、阿根廷、澳大利亚和新西兰等在内的一些南半球国家,基于南极洲相对临近其国界线的事实,而明确宣称对南极洲部分地区拥有主权。[②]

但是 1959 年的《南极条约》(the Antarctic Treaty)使得瓜分南极洲的争夺被无限期地推迟。推动该条约(签署)的动力始自 1957 年的国际地球物理年(the International Geophysical Year,IGY)宣言,该宣言包括一个关于南极洲的非正式协议,允许科学家不受政治纠纷的影响自由进出南极大陆并建立科研基地。[③] 在国际地球物理年结束时,政治家和科学家都希望将这种和平共存状态保持下去并使其正式化,缓解当时关于南极大陆的国际争论。其结果就是《南极条约》将非限制进入的这个非正式原则批准为国际法。

《南极条约》是一个简要文件,保证科学家访问整个南极大陆,并禁止任何军事活动。最关键的部分是第四条款。该条款在根本上搁置了正式的分配问题,强调条约里既没有任何内容是关于放弃过去分割大陆权利的声明,也没有对承认或否认这些主张的偏见,条约是形成这些主张的所有基础。而且,条约生效后,无法利用它来采取行动为建立或否认主权主张提供更多依据,签约国也无法提出新的或扩展主权的主张。

从此,关于南极洲进一步私有化的主张终于"偃旗息鼓"。特别是在 1991 年增加了一条禁止在南极洲采矿的条款后,尚在讨论中的将

---

① M. Parfit, "The Last Continent," *Smithsonian* 15 (1984):50-60; F. M. Auburn, *Antarctic Law and Politics* (Bloomington: Indiana University Press,1982).

② Auburn, *Antarctic Law and Politics*.

③ P. J. Beck, *The International Politics of Antarctica* (London: Croom and Helm, 1986).

南极洲建成世界公园的想法已经初露端倪。① 这一行动代表了对任何私人和国家权利的拒绝，让南极洲能够永远保持受保护的全球共有物品的地位。但尽管有这样的虚华辞藻，分配南极资源的国家主张仍在继续，即便是这些主张蛰伏起来，也依然对现有安排构成威胁。在这一点上，南极洲是一个将国际分配过程中途搁置起来的杰出范例。

联合国海洋公约

《联合国海洋公约》（以下简称"海洋公约"）是一个宏大的全球资源国际分配的案例。经过数十年的讨论，该公约于 1982 年定稿，到 1994 年获得足够多数国家的支持而生效。② 作为一份内容广泛的文件，该公约包括航行自由、环境保护和科学研究等议题。此外，还给出了国与国之间进行海洋和海底资源分配的指导纲要。

海洋公约极大地扩展了国家的海洋主权。根据公约，沿海国家离海岸线 200 海里之内的范围被划为专属经济区（Exclusive Economic Zone，EEZ）。在这一范围内，所有的海洋和海底资源都由该沿海国家专有。这是一种基于邻近原则的分配方式，与南半球国家对南极洲的主张类似。专属经济区的提出意味着大大缩小了全球共有物品的范围，将额外的 35%～36% 的地球表面控制权交给了各个国家。③

但是，对 200 海里之外的区域，海洋公约没有规定新的国家权利。即使在几个世纪以前，主权国家或其他主体也不能占用"公海"，因此排除对这一部分资源的所有权并不是一种新思想。④ 以渔业为例，在专属经济区之外，由于缺乏全面监管的授权，海洋生物资源仍然是一种自由开发的资源（或"非财产"）。对深海的海底，则根据情况区别对待，即将其宣布为"人类共同遗产"（Common Heritage of Mankind，CHM）的一部分。⑤ 对此处矿藏的任何权属主张都受到严格的限制，

---

① G. Porter and J. W. Brown, *Global Environmental Politics* (Boulder, CO: Westview Press, 1996).

② M. A. Browne, *The Law of the Sea Convention and U. S. Policy* (Washington, DC: Congressional Research Service, 2000).

③ E. L. Miles, *Global Ocean Politics: The Decision Process at the Third United Nations Conference on the Law of the Sea 1973—1982* (The Hague: Martinus Nijhoff, 1998).

④ R. Hannesson, *The Privatization of the Oceans* (Cambridge, MA: MIT Press, 2004).

⑤ United Nations Convention on the Law of the Sea (UNCLOS): XI 136.

从而保证其能够为"全人类"服务，包括沿海和内陆国家。[①]

"人类共同遗产"的概念于 1967 年由马耳他（Malta）驻联合国大使阿维德·帕尔多（Arvid Pardo）首先提出，但在国际法中这一概念仍未明晰。[②] 总体上，它反对任何对有争议资源提出的权属要求，而支持某种形式的（可能是未确定的）保护和开发，使所有的国家无论强弱、位置或其他因素都能从中受益。[③] "人类共同遗产"的理念明确反对任何个人或国家占有存在争议的资源。因此，该观点以《联合国海洋公约》为例，希望能成立某种国际机构，来管治所有的深海采矿行为，以保证个人或国家实体（entity）分享所有利益。这些利益将以某种有待决定的方式，在所有国家之间进行分配，无论其是否沿海国。

反对《联合国海洋公约》中"人类共同遗产"观点的那些人，一直试图为那些已在开发有争议资源的国家寻求更多的支持。[④] 本质上，拒绝采用"人类共同遗产"方法共同开发资源的观点，可能最终是受以洛克式的先用原则为基础的私人所有权思想的支配。反对"人类共同遗产"思想的力量是如此强大，从而阻止了美国和一些工业化国家通过该公约。[⑤] 尽管此后的公约修正案弱化了关于深海海底共同遗产的思想，但美国还是没有签约。[⑥]

月球条约

将共同遗产思想付诸实施的另一个例子是 1979 年的《联合国关于各国在月球和其他天体上活动的协定》（the UN Agreement Governing the Activities of States on the Moon and other Celestial Bodies），通常简称为"月球条约"（the Moon Treaty）。把月球和其他

---

① UNCLOS：IX 140.

② K. Baslar, *The Concept of the Common Heritage of Mankind in International Law* (The Hague：Martinus Nijhoff, 1998).

③ Browne, *The Law of the Sea Convention and U. S. Policy.*

④ J. E. Mielke, *Deep Seabed Mining: U. S. Interests and the U. N. Convention on the Law of the Sea* (Washington, DC：Congressional Research Service, 1995).

⑤ G. V. Galdorisi and K. R. Vienna, *Beyond the Law of the Sea: New Directions for U. S. Oceans Policy* (Westport, CT：Praeger Press, 1997).

⑥ Browne, *The Law of the Sea Convention and U. S. Policy.*

外太空资源作为全球共有物品的思想至少可以追溯到 20 世纪 50 年代。[1] 1967 年的《太空活动条约》被普遍确认为国际太空法律的基本准则，包括明确禁止任何个人或国家占有外太空资源，要求其最终开发必须有益于全人类。[2] 正如公海（不同于南极洲的例子）那样，在太空利用方面没有先前存在的权利主张以抵制"共同遗产"的思想。然而，如同海洋条约一样，"月球条约"的谈判过程，特别是对"共同遗产"概念的讨论，漫长而艰难。[3] 放弃未来可能拥有这些资源的权利，而这也许是未来占有或先用的基础，仍然是各国间不断争吵的主题。[4]

尽管困难重重，包含共同遗产主张的最终条约还是在 1979 年 12 月 18 日开始签署。未来对月球资源的开发必须在国际机构的领导下进行，并且各国"平等地"分享利益。美国对"月球条约"反应冷淡，而且至今只有少数几个国家批准了该条约，这使得该条约在国际法体系中的前景尚不明朗。[5] 然而，它仍然是一个与海洋法并列的、运用共同遗产思想取代私人占有当前可自由开采资源的重要案例。

因此，对全球共有物品的国际分配思想与气候变化文献中提出的一些观点有很大不同。例如，几乎不能认为这种国际分配是基于平等负担或平等效率原则的。相反，以下两点却很突出：

1. 基于占有和邻近的分配原则。
2. 反对以平等人权的名义对全球资源进行圈占。

更值得一提的是，基于先用分配是其他许多分配情景中的一个重要原则，但在上述例子中重要性相对弱一些。相反，这是一种休谟主

---

① K. Pritzsche, *Development of the Concept of "Common Heritage of Mankind," in Outer Space Law and Its Contents in the 1979 Moon Treaty* (Berkeley: School of Law, University of California at Berkeley, 1984).

② K. -U. Schrogl 说，"法律方面有关的运用原则指出，探索和利用外层空间应当为了包括发展中国家在内的所有国家/地区的利益和兴趣"。见 M. Benko and K. -U. Schrogl, eds., *International Space Law in the Making* (Gif-sur-Yvette Cedex: Editions Frontières, 1993)。

③ U. S. Senate Committee on Commerce, Science, and Transportation, *Report on Agreement Governing the Activities of States on the Moon and other Celestial Bodies* (Washington, DC: Government Printing Office, 1980).

④ 就这一点而言，"阿波罗"号宇航员第一次踏上月球就将美国国旗插在了月球表面，就很值得深思。

⑤ Pritzsche, *Development of the Concept of "Common Heritage of Mankind" in Outer Space Law and Its Contents in the 1979 Moon Treaty.*

义的占有观,这种观点与更激进的平等主义的、认为任何对地球共同资源排他式的控制都不会造福全世界人民的观点相对立。有趣的是,在大气圈问题中,也存在类似的占有和人权平等之间的冲突,这也是当前有关温室气体排放限额国际争论的核心内容,下面将进一步讨论这一问题。

温室气体分配原则:圈占"国家共有物品"

尽管在国际层面上尚无条约来全面分配大气吸收温室气体的容量[按照 1995 年"柏林授权"(Berlin Mandate)的要求,京都分配仅限于发达国家之间],但在国家层面上已有一些重要的努力。最著名的就是作为"欧盟排放交易体系"(EU Emissions Trading System, EU-ETS)的一部分而被欧盟成员国接受的"国家分配计划"(the National Allocation Plans, NAPs),该交易体系最近正式获得批准。"欧盟排放交易体系"为许多欧洲国家制定了温室气体排放目标和限额,并以国家为单位将这一限额分配到设备层面上的各污染源(pollution sources)。《京都议定书》中规定了欧盟温室气体总排放量[1]要比 1990年的水平减少 8％的减排义务,为了降低欧盟集体履行这一义务的总成本,"欧盟排放交易体系"允许各企业在欧盟范围内进行配额交易。

自 2005 年交易实施以来,"欧盟排放交易体系"已成为目前最大的温室气体排放交易试验,也是在国家层面上开展温室气体排放权分配的第一个重要平台。有趣的是,在这一体系中的分配原则与此前案例中所讨论的原则有很大不同。欧盟的国家分配计划并未以平等人权、占有或先用等为基础,而是倾向于依据经济需求预测,在有限的几个案例中结合了配额拍卖和所期望的环境行为基准。以下将重点以英国为范例,逐一对这些原则作简要讨论。尽管其他国家的分配计划与英国的国家分配计划有所不同,但整个欧盟的基本原则大致相同。[2]

---

① 以二氧化碳当量统计六种温室气体的总排放量。——译者注
② A. D. Ellerman, B. K. Buchner, C. Carraro, eds. *Rights, Rents, and Fairness: Allocation in the European Emissions Trading Scheme* (New York: Cambridge University Press, 2007).

经济需求

英国的"国家分配计划"分两个阶段分配排放限额。第一阶段,对所有经济部门分配配额(如纸浆和造纸工业)。然后,在第二阶段,在每个经济部门内,对特定设备分配配额。由于这是一种切蛋糕式的分配方式,政府在不同阶段依据不同的原则来切分。在产业部门一级,英国政府依据的是对每一产业未来可能需求的复杂的经济预测。因此,一些部门会因为其增长前景而得到更多的限额,另一些部门则会因为相反的趋势而得到较小的配额。在欧盟责任共担协议框架下,考虑到能源部门很大程度上相对独立于国际竞争体系之外,按照英国的要求,能源部门要强制承担基于现状的存量减排任务(remaining reductions)。

相比之下,设备层面的分配主要基于近期历史排放水平,若有必要满足新的部门限定就按(排放)比例分配。以这种方式,英国的国家分配计划根据当前占有或使用在更细致的层面上进行分配,而不是对未来需求的推算(尽管确实希望两者能结合起来)。实际上,在设备层面上,需求依然是分配方法的一个不可或缺的部分:国家分配计划生效后,要求关停的设备退还其未来的排放配额,而不是将其继续视为资产,在今后加以出售或转让给其他经营者。

环境效率

在英国的"国家分配计划"中,被认真考虑但很大程度上被拒绝的第二个观点是按基准进行分配。如上所述,采用基准管理的典型正当理由是,即使以先期排放水平或者不可估量的未来需求为依据进行分配的方法存在风险,政府也不应当鼓励"肮脏的"企业或产业的不良行为。相反,基于基准的分配方法由于根据设施的能源生产或消费的历史记录与恒定排放率的乘数将配额分配给所有设施,能够创造一个公平的竞争环境。

英国的一些产业和部门首选基准管理作为一种公平的排放分配方式。然而,最终基准在定稿的国家分配计划中发挥的作用很小,仅是用于市场上未来新资源的分配,但对当前排放源配额的分配影响有限。其他一些欧盟成员国投入了大量精力进行基于基准的分配,但很多国家最终放弃了,因为在大范围内实施非常困难,至少眼下如此。根据最近一次对所有欧盟成员国国家分配计划的调查,为广泛的工业和经济部门建立一个公平而可接受的基准十分困难,这是基于基准的分配方法不能广泛应用的主要原因。[①] 有趣的是,不管怎样争论,这一问题揭示了基于基准和基于平等的基本生活排放的分配之间有着相似性,至少在有关可应用于所有对象的适当排放标准方面提出了一个相似的明确挑战。这一令人惊讶的相似性将在此后讨论。

竞标拍卖

英国的"国家分配计划"的第三种想法是竞标拍卖:将排放配额出售给那些年排放限额不足的企业。据欧盟环境委员会的要求,在计划实施的第一阶段(2005 年至 2008 年),"国家分配计划"不允许拍卖超过总量 5% 的配额。这一限制将于 2007 年结束时,将第二阶段配额增加到 10%。尽管拍卖只是作为分配的一种选择进行讨论,但英国最终拒绝在第一阶段拍卖任何配额。

就排放交易而言,经济学家们通常喜欢采用拍卖的分配策略。他们从一开始就提供一个有效的排放信用分配方式,并为企业提供强大的经济激励,使之富有创造性地、积极主动地进行减排。然而由于一些明显的或微妙的原因,在政治上拍卖依然不流行。从最简单的层次上看,被管制的企业不喜欢新的税收增加其运营负担,而这正是拍卖配额所要做的。当受影响的企业免费获得排放限额时,排放交易计划会很容易得到政治上的支持。然而并不是每一种公共资源都会由政府免费分发。目前,广播频率的拍卖已经为美国和欧盟政府增加了数亿美元的财政收入。有时候政府能毫无困难地拍卖掉某些全球或国家共有物品,然而在其他情况下这种买卖却几乎不可能。

造成这种差别的一个关键原因可以追溯到占有和先用的思想。

---

① Ellerman, Buchner, and Carraro, *Rights, Rents, and Fairness: Allocation in the European Emissions Trading Scheme.*

当有争议的资源并未被当前企业所使用时，拍卖在政治上会较易被接受；但是，让企业现在为他们过去免费使用的资源付费则是一件具有挑战性的工作。考虑到这个普遍模式（显然这种模式不能适用于每个例子，政府也没有丰富的免费"闲置"资源），以及英国国家分配计划的初期经历，人们可能会对指望拍卖成为未来温室气体排放权的一个切实可行的分配策略感到悲观。实际上，迄今在《联合国气候变化框架公约》的谈判中，仍然有少量宝贵的关于拍卖的讨论。

可是有一些即将来临的、可能给想要成为拍卖者的人带来一些希望的变化信号。为贯彻早前政府华而不实的承诺，英国计划在交易的第二阶段（2008 年至 2012 年）拍卖总排放配额的 7%。[1] 这一改变意味着一个相对罕见的事例，即政府开始向过去企业免费使用的资源收取费用。如果这一趋势继续，拍卖将会成为一项越来越受欢迎的分配备选方式。

启示和未来方向

从前述的在不同政治语境下对不同资源进行分配的事例和理论模型之中可以看到一些重要的观点。第一个也是最基本的观点是，过去世界各国在全球分配方面已设法取得进展，这会让一些对于在气候变化背景下全球分配排放权的能力持怀疑态度的悲观主义者们感到释怀。的确，大气圈的排放权分配不同于捕鱼权的分配：温室气体排放（权）更难以确定，不易与现有的主权和所有权思想联系起来；在经济上也更重要。然而，本章中所描述的部分的和不完全的对全球共有物品的分配案例表明，至少在有些时候世界各国能够在对原本自由获取资源的权利分配上达成一致。[2]

更令人惊讶和非常重要的是，也许是在本章所回顾的几个分配案

---

[1] L. Raymond, "Allocating Greenhouse Gas Emissions under the EU ETS: The UK Experience," paper presented at the Sixth Open Meeting of the Human Dimensions of Global Environmental Change Research Community, University of Bonn, Germany, 2005.

[2] 更多《联合国海洋法公约》中的这个令人惊讶的结果的信息也可见 R. Hannesson, *The Privatization of the Oceans*。

例中,先用性资源的原则作用有限。基于先用授权的主张已经成为许多自然资源分配的关键,特别是在美国,"实益使用"(beneficial use)的赋权思想已经成为土地、水、草场、木材、岩石矿物等资源分配公共立法的基础。然而在本章所讨论的例子中,基于先用原则的洛克式分配非常罕见。在国际案例中,分配通常依据占有和邻近性的休谟理论或者基于人类的"共同人性"要求、人人同享全球资源的平等理论。在国家层面上,英国对于温室气体排放分配的最先和最重要的依据是对**未来**需求的估计而不是对资源的**先行**使用。即使在那些竞争者广泛地先行使用资源的案例中,如其他国家在某国专属区域捕鱼等,谈判者也拒绝承认这些利用是相关或合法的。这是与洛克思想有明显差别的重要分配模式。

即使对那些有先用历史的资源,不采纳洛克式的分配理念表明了可能有机会采用其他替代性的分配策略。作为替代方式,有三种分配原则受到信任:经济需求、环境效益(基准)、支付意愿(拍卖)。依据基准制定的规则是美国 1990 年酸雨计划中对二氧化硫排放限额进行分配的关键部分,也是欧盟排放交易体系中讨论制定第一阶段国家分配计划过程中的流行观点。考虑到最高层面的利益,作为未来的分配策略的一部分,欧盟国家分配计划发现了能够发挥基准标准优势的方法。同样,拍卖在该进程中也会起到越来越重要的作用,正如各国政府慢慢转向基于不同财产观的规范,这种规范将大气圈定义为一种公共资源而不是已经被私人企业和公司拥有的资源。

然而更让人惊讶的是经济预测在英国国家分配计划中的支配作用。作为一种分配原则,英国的特权需求以出人意料的方式支持一种非常不同的分配论点:建立在未来经济需求基础之上的,地球上**每一个人**的基本生活排放要求。尽管接受该观点的人的出发点十分不同,但基本的规范性论点却是相似的:产业或个体的温室气体排放配额不是以他们的先前行动或当前状况为依据,而以他们未来发展的需求为依据。因此,为了更慎重考虑,英国的国家分配计划(其他欧盟国家的分配计划也遵循相似的方法论)实际上容纳了多种通常基于需求的论点，包括那些支持为所有人的基本生活排放进行全球分配的观点。

这一古怪的配对（paring）让人想起另一个令人惊奇的概念联系：均等的人均分配观和人类共同遗产的观点。人类共同遗产思想拒绝任何对全球共有物品的私有分配，主张保持为所有国家的利益保持它们的公有状态。这种不分配原则，更能立刻唤起一般意义上市场政策批评家的讨论，而不是对任何特别的资源分配方法的讨论，例如平等的人均分配。

然而人类共同遗产和人均观点之间的深层联系值得注意。两者都从根本上拒绝了私有，认为自然资源的排他权不能让每个人以平等主义的方式受益。在这层意义上，两者都让人清晰地记起法国政治理论家皮埃尔·约瑟夫·蒲鲁东（P. J. Proudhon）的财产观①。他认为财产权和私有权只有基于普遍认同才是合理的，并且只有这种认同是可想象的，分配只是所有人平等共享的一个途径。蒲鲁东最初将这一观点作为对整个私有财产制度（将其嘲笑为"盗窃"而闻名）的批判，但是在这样做时，他模糊了严格地平等分配私有权和根本不进行分配两者之间的界线。在这种意义上，蒲鲁东帮助我们认识到这两个有区别的规范性立场（"所有人的财产"和"根本没有财产"）实际上联系是相当紧密的。

蒲鲁东的见解对当代讨论气候变化的排放分配非常重要。当前关于气候变化问题有两个突出的、截然不同的平等主义观点，一种某种程度上支持人均平等的分配，另一种是拒绝任何对资源的私有权。人类共同遗产的观点帮助我们认识到，这两个立场比它们最初出现时有更多的联系，而且实际上在某些方式上它们可以被看作是硬币的两面。当然，为什么一些人反对以这种形式来圈占大气圈，还另有原因，但最重要的是要认识到并不是所有的圈占都是一回事，有些圈占行为会带来大量平均主义的利益，这些利益可能符合反对市场本位方法的

① P. -J. Proudhon, *What Is Property?* [New York: Cambridge University Press, (1840) 1993].

观点。即使是市场本位政策的智力教父之一——罗纳德·科斯[①] (Ronald Coase),也小心地表示只要交易(transaction)和信息成本低廉,对初始产权的任何分配都会是有效的。而且如果严格的平等分配可能真正解决部分或者大多数人的担心,排放交易的批评者通常可能因此而考虑蒲鲁东的观点。

按照这一讨论,关于分配的规范思想的实证研究应该从哪儿入手?最简单的答案是继续探索政治背景、资源性质和各种分配原则的可行性之间的关系。因此,一个简单的但重要的问题是,为什么在某些情况下拍卖在政治上是可行的,但在其他情况下是不可想象的。换句话说,为什么在某些情况下国家可以拍卖得到数亿美元(例如广播频率),但在其他情况下却不为私人使用公共资源的权利收取一分钱(例如排放限额)?一些可能的原因已经浮现出来,比如先用原则已经成为拍卖的一个严重障碍,但是这些解释依然是偶然的特定事例。当类似于拍卖的这种特定的分配方式或多或少在政治上具有可行性时,为一个更广泛的理论而开展实证工作将是既有吸引力而又有用的。

本章讨论的案例也提出了关于尺度的重要问题。国家层面和国际层面的分配有着明显的不同——欧盟排放交易体系的规则和全球共有物品的规则明显不同。然而这些例子在概念上是相关的;事实上,欧盟排放交易体系本身代表了一个多国(参与)的分配过程,包括多个主权国家的代表所同意的类似于限制拍卖比例的责任共担规则。绕开推进《京都议定书》的困难,一些国家已经极力主张一个新的气候变化谈判途径,这个新途径建立在由一小批致力于此事的国家所达成的"深层次"承诺基础上,慢慢拓展参与圈,最终达到"广泛"覆盖世界范围的排放量。[②] 任何这样的方法都必须考虑如何将分配规则从少数国家扩展到更大的、国际性的范围里。因此,探索怎样以及在何种程度上将一套合理的分配规则从单个国家延伸到双边甚至多边的范围

---

① R. Coase, "The Problem of Social Cost," *Journal of Law and Economics* 3, no. 1 (1960): 1-44.
② Victor, *Climate Change: Debating America's Policy Options*.

之中,将成为一个重要的研究目标。

同时,**个人**分配权的观点引起了从环境政策企业家①到公务员②的关注。如果有一天每个人都拥有私人的、可转换的碳信用(carbon credits),那么我们可能不得不面对个人层面上的分配难题。因此,就像已经被注意到的基于需求的经济产业和个人的排放之间的对应关系一样,将国家和国际的分配原则降尺度运用到个人层面上的可行性研究将会非常重要。如果在一些地方实现了个体层面上平等的人均分配,那么基于相同原则达成国际协议还会远吗? 从一个层面到另一个层面,一套可靠的分配规则会发生明显的变化吗?

最后,未来应该考虑的是分配规则和面向未来的科技发展之间的交互作用。传统上说,限额和贸易政策或其他基于市场的方法可以激励新的污染控制技术的产生,但并没有确定这些技术的界限。因此,美国酸雨计划降低了脱硫的费用,甚至它同样地刺激了在发电站燃烧低硫煤这一新技术的发展。这对学习环境政策的学生来说非常熟悉,但是他们不熟悉的一个问题是:由于减少或限制排放的技术随时间而改变,各种基于市场的政策的政治可行性将会发生怎样的变化? 举例来说,如果一个便宜且可靠的碳吸收(carbon sequestration)技术被推广使用,基于经济需求计划的分配在政治上还会有可行性吗? 在生产无碳能源方面,潜在的技术进步将会怎样影响全球碳汇(carbon sink)权利的关键规范? 关于排放的分配规则能应用于对**碳储存**(carbon storage)(如土壤或森林这样的陆地生物量)的分配吗? 应对这些问题的新政策和新技术已初现端倪。在不远的将来,寻求理解分配过程的那些努力因此将要面对一个广泛而多样的技术和资源条件,这些条件可能会也可能不会明显地影响哪些规范性分配观点在概念和政治上是受欢迎的。这个领域还有更多的工作似乎很关键。

---

① Barnes, *Who Owns the Sky?*
② C. Clover, "Miliband Backs Idea of Carbon Rationing for All," *Daily Telegraph*, London, July 21, 2006.

结论

上述讨论表明，尽管存在困难，但世界各国已经并将继续以不同方式推进自然资源的分配进程。任何国家或国际政策在处理气候变化问题时，温室气体排放分配是一个尤其困难的问题。然而，即使是在市场为本的框架内，分配的挑战也为推动生态和伦理问题的融合提供了独一无二的机会。也许令人惊奇的是，面对挑战，世界各国已经对不同的规范性选择表现出持久的兴趣。同时，在某些情况下，某些分配观点已经占据了主流位置，超越了其他观点。显然，我们需要更好地理解分配方法的政治和经济环境及其与最终结果的关系，以期在一般水平上更好地评价解决环境问题的市场本位的政策选择。

在这场讨论中，最突出的是在解决分配问题时，**在实证和理论两个层面上**都表现出相当惊人的概念创造力。作为致力于解决人为气候变化问题时所采取的大量努力中的一部分，学者、宣传家和政策制定者将继续为温室气体排放权的分配问题提出奇妙的、有创意的想法。规范的政治理论很少能够在日常环境政策制定的实践中有一个如此明确的和重要的作用。从这一方面看，本书表现出政治学中罕见的理论和实践的结合。在气候变化的权利和义务的分配问题上，无论批评或赞同，理论家们总有一个难得的机会对政策制定产生影响。同样的，他们也会密切关注为应对这些非常事件而开展的新的和正在实施的政策试验，并从中获益。从双方的角度来看，对当今世界任意一个最严重的环境问题的任何持久性解决方法来说，学习的潜力都是令人激动的、不寻常的和至关重要的。

（黄宁译　殷培红 梁璇静校）

超级道德风暴：气候变化、代际伦理
和道德失范问题[①]

史蒂芬·加德纳

> 这是对虚伪和欺骗无声的抗议；实用主义的政治家们却
> 用着似没有实质承诺的方案来搪塞。请，给我们真相吧。[②]

最权威的气候变化科学报告开篇便指出："自然、技术和社会科学能提供基本的信息，并能就什么是'对气候系统危险的人为干扰'提供做出决断（decision）所需的证据。同时，**这些决策（*decision*）就是一种**

---

① 本章内容最初是我为在普林斯顿大学举行的一次关于自然价值的跨学科研讨会的报告而写的，有关该研讨会的内容在《环境价值》杂志上可以看到。我感谢普林斯顿大学人类价值研究中心（the Center for Human Values at Princeton the University）和华盛顿大学（the University of Washington），以劳伦斯·洛克菲勒（Laurance S. Rockefeller）奖学金的形式对我学术研究工作的支持。我还要感谢爱荷华州立大学（Iowa State University）、路易斯与克拉克学院（Lewis and Clark College）、华盛顿大学（the University of Washingto）、西部政治学协会（the Western Political Science Association）和美国哲学学会太平洋分会（the Pacific Division of the American Philosophical Association）的所有听过我讲座的听众。在学术评论方面，我要特别感谢切尔索拉·安德烈乌（Chrisoula Andreou）、克里斯滕·赫斯勒（Kristen Hessler）、杰伊·奥登巴夫（Jay Odenbaugh）、约翰·梅尔（John Meyer）、达雷尔·莫尔安道夫（Darrel Moellendorf）、彼得·辛格（Peter Singer）、哈伦·威尔逊（Harlan Wilson）、克拉克·沃尔夫（Clark Wolf）和两位不具名的评论者。尤其是特别感谢戴尔·贾米森（Dale Jamieson）。

② Robert J. Samuelson, "Lots of Gain and No Pain!" *Newsweek*（February 21, 2005），41. Robert J. Samuelson 是在讨论另一个代际问题——社会保障时说这番话的，但他的观点对气候变化问题来说也不无道理。

价值判断。"①报告引用多方面的证据来说明这一点。气候变化是一个复杂的问题,它横跨并栖身于一系列学科之间,如物理和生命科学、政治学、经济学以及心理学等。虽然并无将这些学科的贡献边缘化之意,但伦理学看起来的确发挥着基础性的作用。

为什么这样说呢? 在最一般的意义上,原因是,如果我们不考虑伦理问题便无法深入讨论气候变化因何成为一个问题。如果认为我们自身的行动不能公开接受道德评价,或者不考虑各种利益[我们自身的、亲属的和国家的,(生活于)远方和未来的人,动物和自然的利益]问题,那么我们就很难理解为什么气候变化(或其他许多变化)造成了问题。一旦我们认识到上述道德评价的意义时,我们明显需要一些关于道德(moral)责任、道德上的重要利益,以及在这两方面怎样去做的阐释。这正是伦理学(ethics)的领域。

在更为实际的层面,就大部分必须做出的政策决定来说,许多伦理问题也是基础性的。例如设定一个全球温室气体排放上限,以及如何基于这个上限分配允许的排放量。例如,全球温室气体排放上限的设定依赖于如何权衡当代人的利益与后代人的利益,而如何在全球(发展水平)存在差距的情况下分配排放量则部分取决于各式各样的观念——能源消费在人类生活中的适当作用、历史责任的重要性,还要考虑特定社会的当前需求和未来愿景。

因此,伦理与重大气候政策的相关性(relevance)似乎是清楚的。但这不是我想在这里讨论的主题。② 相反,我要进一步讨论的,一定程度上更为基本的问题是,伦理反思揭示我们当前窘境的方式。这与防御性(defensible)气候制度(climate regime)的主旨无关,而是关注气候政策制定的过程。

我的论题是这样的:气候变化问题的独特性,对我们进行艰难抉

---

① Intergovernmental Panel on Climate Change (IPCC), *Climate Change 2001: Synthesis Report* (Cambridge: Cambridge University Press, 2001)。
② 关于这个问题的更多讨论,见 Stephen Gardiner, "Ethics and Global Climate change," *Ethics* 114 (2004): 555 - 600。

择给予应对的能力造成了实质性的阻碍。气候变化是一个超级道德风暴。后果之一是,即使我们能够回答困难的伦理问题,但可能仍难以采取行动。因为这场风暴使我们极易受到道德失范的伤害[1]。

可以认为,一个超级风暴(perfect storm)是一个非同一般的相互独立的有害因素集合(convergence)构成的事件,这个集合体可能导致实质性的、灾难性的消极结果。通过塞巴斯蒂安·荣格尔(Sebastian Junger)的那本以《完美风暴》[2]命名的书和相关的好莱坞电影,"完美风暴"一词看来已经进入流行文化的主流。[3] 塞巴斯蒂安·荣格尔(Sebastian Junger)的书中以"安得里亚·盖尔"号(Andrea Gail)这艘渔船真实发生的事情为基础,讲述了这艘渔船在海上意外遇到三个特别强烈的风暴的故事。[4] 与此类似,气候变化就像是一场超级道德风暴,因为它涉及众多威胁着我们伦理行为的因素。

因为气候变化是一个复杂的现象,我不可能希望辨识出所有因气候变化特点导致伦理行为问题的方式。相反,如同袭击"安得里亚·盖尔"号的三个风暴,我将识别出三个特别突出的问题——这些问题集中出现在气候变化事例中。这三个"风暴"出现在全球的、代际的(intergenerational)和理论的三个维度中。我还将讨论三者间的相互作用可能会加剧和掩盖潜在的道德失范问题,这种互动的实际重要性可能超过三者之中的任何一个。

全球风暴

前两种风暴凸现了气候变化问题的一些重要特征。我把这些特征描述为:

---

① 尽管气候变化涉及重要的道德伦理问题,但对于这些问题相对很少进行公开讨论,有人可能会问为什么会这样。这个问题无疑很复杂。但我在本章中讨论的主题部分地构成了伦理道德问题。
② 中文媒体所用影片名称。但根据故事情节翻译为《超级风暴》较为贴切。——译者注
③ Sebastian Junger, *The Perfect Storm: A True Story of Men against the Sea* (New York: Norton, 1997).
④ 这个定义是我本人给出的。"完美风暴"这个词被广泛使用,然而我们发现给它下定义很难。一个俚语在线字典提供了如下内容:当通常超出人控制能力的三个事件聚集时,会对人形成一种巨大的困难。每个事件就如同《完美风暴》一书及电影中的袭击"安德里亚·盖尔"号渔船的那些多重风暴中的一种。(Urbandictionary.com, March 25, 2005).

- 原因与结果的离散化（Dispersion of causes and effcts）
- 机构的碎片化（Fragmentation of agency）
- 体制缺陷（Institutional inadequacy）

因为这些特征在特别显著的时空维度方面被放大，这对于区分气候问题中截然不同但相互依赖的两个部分非常有用。我把第一个风暴称为"全球风暴"。这与气候变化问题的主流认识相一致，而且源自三个特征的空间解释。

首先，让我们讨论气候变化问题**原因和结果的离散性特征**。气候变化是一个真正的全球现象。排放自地球任何位置的温室气体，借助大气的流动都可以广泛地分布于全球，并对气候变化产生影响。因此，不能孤立地从源头或者单个因素和地理角度来认识任何局部的温室气体排放的影响，相反，这些影响被分散到其他行动者与地球的其他区域。这种空间扩散已引起了广泛的讨论。

气候变化问题的第二个特征是**机构的碎片化**。气候变化不是由单一的机构，而是由数量庞大的、未被一个综合性的组织机构整合起来的个人和团体造成的。这一点很重要，因为它对人类的应变能力提出了挑战。

在空间维度上，此特点通常被理解为源自现行国际体系的形态，即由国家组成的体系。然而问题是，不仅没有世界性政府，而且也没有集权化较低的全球治理体系（或至少没有一个有效体系），因此协调有效响应全球气候变化（的行动）非常困难。①

---

① 一位不具名的评论者反对说，这个问题"应由美国承担起责任"，因为"全球的其他地方"（a）"不太相信全球治理完全失效了"；（b）"也许有人认为，至少在《京都议定书》实施的早期阶段而不是现在美国反对中央集权制治理"；（c）接受"把京都协议作为应对气候变化迈向全球治理的首个合理性步骤"。还有许多关于这个问题的阐述，但这里我只想指出三点：第一，假定（a）至（c）都正确，即使这样，它们的正确性并不足以瓦解"全球风暴"；这些观点太脆弱了。第二，如果存在一个有效的全球治理体系，那么当前应对气候变化的国际反应的脆弱性会变得使人更多地感到奇怪，而不是更少，这支持了我在本章中的主要观点，这些观点是其他别的因素必须加以考虑的。第三，除此之外，我批评《京都议定书》太软弱［Gardiner, "The Global Warming Tragedy and the Dangerous Illusion of the Kyoto Protocol," *Ethics and International Affairs* 18(2004)：23 - 39］。其他人批评我对涉及"第一次迈出"的防御实践［例如：Elizabeth Desombre, "Global warming: More Common than Tragic," *Ethics and International Affairs* 18(2004)：41 - 46］太悲观。我觉得反而那些批评者是悲观主义者：他们相信在《京都议定书》规定的时限里人类能取得如此的成就，已算最好。而我更乐观，相信人类的能力可以做得更好。

通常，这种一般性争论通过援引某种熟悉的理论模型来增强说服力。① 因为国际形势常常被理解为博弈论（gametheory）术语中的囚徒困境问题，或者是加勒特·哈定（Garrett Hardin）所谓的"公地悲剧"。② 为了便于论述，让我们设想一个典型例子中囚徒困境（prisoner's dilemma）的情景，即过度污染。③ 假设一些各自独立的个体正在考虑是否采取污染行动，同时他们的处境可由以下两点来描述：

囚徒困境1. 采取**集体理性**（collectively rational）的行动——合作并限制过度污染：企业倾向于选择限制每个个体污染行为，而不是选择放任每个个体任意污染。

囚徒困境2. 采取**个体理性**的行动——不限制个体污染：当每个个体有权决定他们是否要限制他们的污染行为时，都（理性地）宁愿选择不限制自身的污染行为，不管别人怎样。

在这种情况下每个个体都会发现自身处于一种自相矛盾的处境。一方面，由于囚徒困境1，他们明白，如果每一个人都合作的话，大家会更好。但另一方面，考虑到囚徒困境2，他们也知道，他们应该都选择不合作。这是自相矛盾的，因为这意味着，如果每个个体为了个体利益理性地采取个体行动，他们将集体决定这些利益。④

---

① 对空间维度这个模型的适应性需要进一步的具体化，但通常应用是没有限制的，背景假设涉及后果分散和代理机构碎片化的确切性质。但这里我对那个问题一带而过。

② Garrett Hardin, "The Tragedy of the Commons," *Science* 162(1968)：1243－1248. 我在以前的文章中详细地讨论过这个问题，特别见 Stephen M. Gardiner, "The Real Tragedy of the Commons," *Philosophy and Public Affairs* 30(2001)：387－416。

③ 没有任何事物依赖这种形式的情形。更为全面的特征，见 Gardiner, "The Real Tragedy of the Commons"。

④ 有人会抱怨说这种博弈论分析一般会误导人，因为各国主要集中于自我利益的动机上，无论如何国际事务的**伦理**与此毫无相关。虽然在这里进行充分的讨论是不可能的，但做出一些快速的反应也许是有益的。首先，我相信通常在解决一个既定伦理问题时，最有效的推动方式是厘清问题实际上是什么。这里博弈论某种程度上是有帮助的。（在一般有关环境问题的实际工作中博弈论被广泛使用，提供了一些关于这一点的证据。）其次，我的分析既不需要假定实际生活中人们、国家、同代人仅仅只为自我利益，也不假定他们的利益也仅仅是经济方面的。（事实上，我拒绝此类观点。）相反，这种分析可以更多地超越那些假设的局限性。例如：第一，大部分人的非反思性的实际**既定行为**，是由他们**设想的自我利益**决定的；第二，这种情况在一个相当短的时期内就可以被觉察；第三，这种行为促使工业化国家使用更多的能源，因此导致了气候变化的许多问题。如果这些观点是合理的话，以自我利益的简化假设为术语的全球变暖问题动力学模型并没有严重地误导人。因为那种假定的作用是简单地显示**(a) 如果不做任何事情去阻止气候变化**，非反思性假设行为将支配个人、国家和同代人的行为；**(b)** 这个可能导致公地悲剧；因而**(c)** 为了避免伦理的巨大灾难，某些类型的通常假定式的规则（或者是以个人、国家、市场为基础的，或者是一些别的形式的）是必需的。

公地悲剧本质上是一个关于公共资源的囚徒困境。这已经成为理解一般性的区域和全球环境问题的标准分析模型,气候变化问题也不例外。通常情况下,推理过程如下:假设气候变化是一个国际问题,设想其中的相关各方为代表其永久性利益的各个国家。于是,囚徒困境 1 和囚徒困境 2 出现了。一方面,没人希望会发生严重的气候变化。因此,每个国家倾向于选择限制个人排放量,而不选择放任每个国家自由排放。因此,合作和限制全球排放量是集体理性。但另一方面,每个国家都喜欢搭乘别国采取行动的便车。因此,当每个国家有权决定是否限制其排放量时,都倾向于不限制自己排放,而不管别人如何做。

从这个角度看,似乎气候变化是一个标准的公地悲剧。然而,在某种意义上,也有令人鼓舞的消息。因为,在现实世界的某些情形下,公地问题也可以解决,气候变化问题好像满足这些必要条件。[①] 特别是,被广泛认同的观点是,如果各方能从更大情景下的互动中受益的话,他们可以解决公地问题。气候变化的案例恰是如此,因为各国在许多更宽泛的议题中彼此相互交流而受益良多,如贸易和安全问题。

气候变化问题的第三个特征是**体制缺陷**。在前面提到的有利条件下,人们普遍认同解决公地问题的适当手段是,各方都同意通过引入一个强制制裁的管理体系来改变现有的激励机制。(加勒特·哈定称之为"共同胁迫,相互商定")这样就可以杜绝搭便车的可能,从而转换决策环境,使集体理性行为也具有个体理性。理论上问题看似简单,但在实践上情形就大不同了。由于目前我们大多数国家体制的限制以及有效的全球性治理体系的缺乏,在全球层面上对强制制裁的需要本身便构成了挑战。本质上,解决气候变化问题需要温室气体排放的全球性规制,这包括建立一个可靠的强制性机制,但目前的全球体

---

① 这表明,在真实世界中,公地问题并不是严格满足于"囚徒困境"范式条件的。相关的讨论,见 Lee Shepski, "Prisoner's Dilemma: The Hard Problem," paper presented at the meeting of the Pacific Division Of the American Philosophical Association, March 2006; Elinor Ostrom, *Governing the Commons: The Evolution of Institutions for Collective Action* (Cambridge: Cambridge University Press, 1990)。

系——或者这个体系的缺乏——使建立这种机制即使不是不可能也会很困难。

因而,这个熟悉的分析表明,解决全球变暖问题需要做的主要事情是构建一个全球治理的有效体系(至少在这个问题上是如此)。在某种意义上,这仍是件好事。至少在原则上,可促进各个国家构建这样一种管理体系,因为世界各国应该认识到,他们的最佳利益是消除搭便车的可能性,因此就要在个体和集体的层面上都采取理性策略以建立真正的合作。

然而不幸的是,这并非故事的结局。由于气候变化案例中其他一些特点的存在,使得达成必要的全球协议更加困难,因而加剧了基本的全球风暴。[①] 在这些困难中,最突出的是有关气候变化特别是在国家层次上精确的影响程度和分布方面的科学不确定性。[②] 其中一个原因是,在国家层面上缺乏可靠的数据计算气候变化的成本—效益,这使人们对困境 1 的真实性产生怀疑。也许,有些国家感到疑惑,有气候变化的情况下我们可能比没有有过得更好。更重要的是,另外一些国家可能想知道他们所受到的不利影响是否至少比其他国家相对要小些,这样就可能少付些费用以避免分担相关的费用。[③] 这些因素使博弈理论的情况更为复杂,因此也更加难以达成有关协议。

在其他情况下,科学的不确定性问题可能不会如此严重。但在

---

① 有一种幸运的趋同。几个作者已经强调指出,所有主要的伦理之争都集中在同一点上:发达国家应该承担大部分经济转型的费用——包括那些在发展中国家产生的费用——至少在减缓和适应气候变化的早期阶段。有关例子可见 Peter Singer, *One World: The Ethics of Globalization* (New Haven, CT: Yale University Press, 2002); Henry Shue, "Global Environment and International Inequality," *International Affairs* 75(1999):531 - 545。

② Rado Dimitrov 认为,我们在探究科学不确定性对建立国际治理的影响时,必须区分不确定性的不同类型,另外,是国家影响的不确定性破坏了国际治理的形式。见 Rado Dimitrov, "Knowledge, Power and Interests in Environmental Regime Formation," *International Studies Quarterly* 47(2003):123 - 150。

③ 常有人断言,就气候变化来说美国面临的边际代价比别的国家低,这种想法在气候变化问题上,明显地助长了美国模棱两可的态度。见 Robert O. Mendelsohn, *Global Warming and the American Economy* (London: Edward Elgar, 2001); W. A. Nitze, "A Failure of Presidential Leadership," in Irving Mintzer and J. Amber Leonard, eds., *Negotiating Climate Change: The Inside Story of the Rio Convention* (Cambridge: Cambridge University Press, 1994); and, by contrast, National Assessment Synthesis Team, *Climate Change Impacts on the United States: The Potential Consequences of Climate Variability and Change* (Cambridge: Cambridge University Press, 2000), www.usgcrp.gov/usgcrp/nacc/default.htm。

科学不确定的条件下,气候变化问题的第二个特点,加剧了事情的复杂性。气候变化的根源深植于当前人类文明的基础结构中,因此,试图战胜气候变化可能将会对人类社会生活带来众多复杂而又难以预料的结果。气候变化是由人类排放的温室气体,主要是二氧化碳造成的。这种排放是由燃烧矿物燃料以获取能量带来的。但是,正是这种能量支持着现存的经济体系。因此,随着时间的推移,考虑到制止气候变化需要大幅削减计划中的全球排放量,我们可以预料,这种行动将对发达国家的基本经济组织和发展中国家的发展愿望产生深刻影响。

这里有几个重要的启示。第一,这表明那些延续当前的制度体系则能获益的那些人,例如那些拥有政治和经济实权的人,将会抵制这种行动。第二,除非发现矿物燃料的现成替代品,才能期望真正的减缓行动可以深刻地影响人类是如何生活和人类社会是如何演化的。因此,应对气候变化所采取的行动可能引起严重的,也许是不舒服的问题,即我们是谁和我们想成为什么。第三,面对不确定性,人们往往愿意维持现状。考虑变革常常使人不舒服;考虑采取根本的变革可能会让人害怕,甚至令人沮丧。采取行动的复杂难料的社会后果看起来是很大的、明晰而具体的,但那些不作为的社会影响显得不确定、难以捉摸和不明确。这就很容易明白为什么不确定性可以加剧社会惯性。①

气候变化问题的第三个特点加剧了基本的全球风暴,也扭曲了(应对气候变化的)脆弱性。气候变化问题以一些令人遗憾的方式,与当前全球权力结构交互作用。一方面,历史的和当前的温室气体排放责任主要由比较富裕的、相对强大的国家来承担,而贫穷国家很难负起自己的责任。另一方面,有限的关于区域影响的证据表明,恰恰是

---

① 这里可能还有很多需要说明的。我讨论了政治惯性中的一些心理学方面的问题及其在科学不确定性中的独立作用问题,见 Stephen M. Gardiner, "Saved by Disaster? Abrupt Climate Change, Political Inertia, and the Possibility of an Intergeneration Arms Race", *Journal of Social Philosophy*, forthcoming.

较贫穷的国家最易受到气候问题的严重影响。[①] 最后，在气候变化方面采取行动给发达国家带来了一种道德风险。这体现了这样一种认识，即存在国际的伦理规范和责任，同时，强化这样的观念，即在解决包含这些规范的问题时开展国际合作既是可能的，也是必需的。因此，气候变化问题有可能引发对全球系统中其他的道德缺陷的关注，如全球贫困，侵犯人权，等等。[②]

代际风暴

现在我们再回到前述气候变化问题的三个特征：

- 原因与结果的离散化
- 机构的碎片化
- 体制缺陷

全球风暴源自这些特征的空间解读，但我将讨论问题的另一个部分：当我们从时间视角审视这些特征时，甚至可以说更严重的问题就出现了。我把这个部分称之为"代际风暴"。

首先考虑原因与结果的离散化。人类所引发的气候变化具有严重的时滞现象（lagged phenomenon）。部分是因为，由温室效应引发的一些基本（调节）机制——如海平面升高，需要很长时间才能被人类充分认识。但在很大程度上也是因为目前人类排放的最主要的温室气体是二氧化碳，而且一旦排放，二氧化碳分子在大气层中滞留的时

---

① 这既是因为发展中国家经济中的气候敏感部门（Climate-sensitive Sectors）所占比例较大，也是因为——由于贫穷——发展中国家很少能处理这些影响。见 IPCC, "Summary for Policymakers," *Climate Change 2001: Impacts, Adaptation, and Vulnerability* (Cambridge: Cambridge University Press, 2001), 8, 16。

② 当然，这无助于气候变化问题在不利的地缘政治环境中产生。当代国际关系产生于反对分离的、不信任的以及权力严重不平等的背景中。作为全球性力量中占主导地位的、唯一的超级大国，美国拒绝应对气候变化，不管怎样是因分心于全球恐怖主义的威胁。而且，国际共同体，包括许多美国传统的盟国，都不信任美国的动机、美国的行动，特别是美国在道德上使用的花言巧语，因此存在着全球性的意见相左。国际事务中的这种不利状态特别是给发展中国家之间的关系带来了问题，如果要解决气候变化问题，发展中国家必须保证他们之间的合作。一个问题是发达国家承诺解决气候变化问题的可信性（参阅下一节），另一个问题是，北方发达国家集中关注于减缓对适应的排他性。第三个问题是，南方不发达国家的担心在于部分发达国家的"退缩和转向"战略。（注意，如果孤立地考虑的话，这些因素似乎不足以解释政治惯性。毕竟，气候变化问题最初在20世纪90年代才凸显，十年中伴随着有利的地缘政治环境而发展。）

间相当惊人。[1]

让我们着重谈一下第二个原因。政府间气候变化专门委员会称，高层大气层的一个二氧化碳分子在不同区域的平均滞留时间大约为5至200年。这一估计值足以产生严重的时滞效应；尽管如此，这还掩盖了这样的事实，即较高比例的二氧化碳分子已在大气中保持了相当长的时间，大约几千年至几万年。例如，在最近的一篇论文中，大卫·阿彻（David Archer）说：

> 生物圈的碳循环要经历相当长的时间才能中和与吸收人为产生的二氧化碳。有许多模型可对此做出预测。根据最乐观的预测……我们预计从现在起1000年内，17%—33%的由化石燃料释放的碳仍将留存在大气中，1万年后这一比例可下降至10%—15%，10万年后这一比例可降至7%。化石燃料释放的二氧化碳的平均生命周期约为3万～3.5万年。[2]

大卫·阿彻说，这是一个还没有"达到众所周知"的事实。[3] 因此，他建议："对公众讨论来说，（比政府间气候变化专门委员会估计的）更简要而概括的表述可能是，（排放出的）二氧化碳（能在大气中）滞留数百年之久，还有25%会永久留在大气中。"[4]

事实上，作为一种长寿命的温室气体，二氧化碳至少有三个重要影响。第一，气候变化是一种**弹性**（resilient）现象。目前假如不采取行动从大气中消除已排放的二氧化碳，或者减缓二氧化碳的气候效

---

[1] 更多的见解见 IPCC, *Climate Change 2001: Synthesis Report*(Cambridge: Cambridge University Press, 2001), 16 - 17。

[2] David Archer, "Fate of Fossil Fuel CO₂ in Geologic Time," *Journal of Geophysical Research*, 110 (2005), 5。

[3] David Archer "How Long Will Global Warming Last?" March 15, 2005. http://www.realclimate.org/index.archives/2005/03/how-long-will-global-warming-last/#more-134。

[4] Archer, "How Long Will Global Warming Last"; a similar remark occurs in Archer, "Fate of Fossil Fuels in Geologic Time," 5.

应,大气中二氧化碳浓度的上升趋势是不容易逆转的。因此,需要提前规划一个稳定和削减二氧化碳浓度的目标。第二,气候变化影响具**有明显的后发作用**(backloaded)。现在正经历的气候变化是过去一段时间的排放导致的,而不是当前排放引起的。一个广为接受的例子是,截至 2000 年我们已经承认气温升高了至少 0.5℃,并且可能已超过 1℃,高于以前观察到的 0.6℃。[1][2] 第三,后发作用表明,目前排放量的全部累积效应,直到将来的某段时间才能被认识。因此,气候变化是一个**大大迟滞**(substantially deferred)的现象。

时间上的离散化(dispersion)造成了许多问题。第一,正如我们广泛注意到的,气候变化的弹性(resilience)意味着拖延采取行动,这对我们处理气候变化问题的能力产生了深远影响。第二,延迟意味着气候变化会带来严重的认识上的困难,尤其是对标准的政治活动家们。一方面,后发作用使原因和影响之间的联系难以把握,这可能决定采取行动的动机。[3] 另一方面,后发作用意味着,我们要看到事情不妙才会下定决心实施更多改变,因而后发性(backloading)决定了人类对气候变化的响应能力。第三,迟滞效应(deferral effect)对各种处理问题的标准体制提出了质疑。一方面,民主政治体制具有相对时限较短——到下一轮选举为止,或政治家的职业生涯——的视野的局限性,且是否有办法来处理那些迟滞(substantially deferred)的影响也令人怀疑。更为严重的是,大量迟滞的影响决定了采取行动的意愿。因为这是一个动机问题:目前排放的负面影响可能会完全落到或不相称

---

[1] T. M. L. Wigley, "The Climate Change Commitment," *Science* 307(2005):1766—1769;Gerald Meehl, Warren M. Washington, William D. Collins, Julie M. Arblaster, Aixue Hu, Lawrence E. Buja, Warren G. Strand, and Haiyan Teng, "How Much More Global Warming and Sea Level Rise?" *Science* 307 (2005):1769—1722; Richard T. Wetherald, Ronald J. Stouffer, and Keith W. Dixon, "Committed Warming and Its Implications for Climate Change,"*Geophysical Research Letters* 28, no. 8(2001):1535 - 1538.

[2] 政府间气候变化专门委员会第四次评估报告的原文是:"最近 100 年(1906—2005)的温度线性趋势为 0.74℃(0.56℃至 0.92℃),这一趋势大于第三次评估报告(TAR)给出的 0.6℃(0.4℃至 0.8℃)的相应趋势(1901—2000)。"——译者注

[3] 不管怎样,气候是一个内在混沌系统,同时,相较于其表现是可比较的,该系统又是不可控的。这个事实加重了这种难度。

地落到未来世代的头上，而排放的好处则大多数要落在当代人头上。[①]

以上后两点孕育了（raise）体制缺陷的幽灵。但要充分认识这个问题，我们必须首先谈谈一些关于机构的时间碎片化（temporal fragmentation）问题。有些理由认为，即使分开来看，思考时间碎片化问题可能比孤立地考虑空间碎片化（spatial fragmentation）问题更困难。因为有一种观点是，时间碎片化比空间碎片化更棘手：原则上，空间上被分割的各种机构实际上可能是联合成一体的，因而能起到单一整体机构的作用，但时间上被分割的各种机构实际上不可能联合为一体，因此这些机构最多只能**看似**曾经是一个机构而已。

有趣的问题是，我们不需要在这里议论太多上述问题。因为在表征气候变化时间离散化（temporal dispersion）的语境下，时间碎片化显然比与之密切联系的空间碎片化更复杂。因为目前后发作用和迟滞现象的同时出现产生了一种新的集体行动问题，加上由全球风暴引起的公地悲剧问题，从而使事情变得更加糟糕。

当进一步放宽假设，即各国都能充分代表目前和未来公民的利益时，问题就浮现出来。假如事实并非如此，假如各个国家都偏向于当代利益。因而，由于二氧化碳排放的好处主要由使用廉价能源的当代人占有，而其成本——以严重的风险甚至灾难性的气候变化方式——实质上被延迟到了后代人身上，由此，气候变化问题可能向人们提供了一个严肃的代际集体行动问题的案例。更进一步的，这一问题将是循环递进式的（iterated）。新生的每一代人（new generation）一旦有权决定是否采取行动时，都将面临同样的动机结构（incentive structure）问题。[②]

如果我们把代际问题与传统的囚徒困境相比较，气候变化代际问题的性质便很容易理解了。我们试讨论一下每一世代互不重叠

[①] 非线性效果的可能性，例如极端气候变化情况使非线性效果更加复杂，但我认为这种效果的复杂性并不足以影响决定行动。见 Gardiner，"Saved By Disaster？"

[②] 在另外的地方，我已经讨论了这种背景下的事实很大程度上解释了《京都议定书》的不足。见 Gardiner，"The Global Warming Tragedy and the Dangerous Illusion of the Kyoto Protocol"。

(overlap)的理想代际问题。[1]〔姑且称之为"纯粹代际问题"（pure intergenerational problem，PIP）〕。在这种情况下，代际问题的特征可以直观地描述如下：[2]

纯粹代际问题1，大多数世代间合作属于**集体理性行为**：（几乎）每一代都愿意接受限制个人污染而产生的后果，而不是每个人都过度污染而产生的后果。

纯粹代际问题2，所有世代根本不进行合作属于**个体理性行为**：当每一代有权力决定是否过度污染时，无论另外世代的人怎么做，这一代人都宁愿（理性地）过度污染环境。

现在，纯粹代际问题在两个主要方面均比囚徒困境表现得更复杂。第一，纯粹代际问题的两种主张都很难实现。一方面，纯粹代际问题1比囚徒困境1难实现是因为第一代人并没有被包括在内。这意味着不仅是一代人没有主动地接受集体理性结果，而且这个问题将循环递进。因为如果前辈不接受集体理性，后代就没有理由遵守集体理性，第一代人不遵守集体理性而产生的多米诺骨牌效应（domino effect）决定了集体计划的命运。另一方面，纯粹代际问题2比囚徒困境2更难实现，是因为有更深层的原因。各方都因为无权使用（诸如强制制裁）的机制，而坚持各自的主张。但是，鉴于在标准的囚徒困境——典型案例中，这种障碍很大程度上是可克服的，可以通过创设适当的制度来解决，而在纯粹代际问题的情景中，由于双方并非同时共存，通过创设适当的强制性制度来影响彼此之间的行为似乎并不可行。

上述问题的相互作用导致了纯粹代际问题比囚徒困境更复杂的第二个方面。因为囚徒困境的标准解是无法得到的：既不能诉诸更大背景下互利互惠，也不能诉诸一般性的互惠理念，这使得纯粹代际问

---

[1] 代际重叠在某些方面使图景复杂了，但我并不认为代际重叠可以解决基本问题。见 Stephen M. Gardiner, "The Pure Intergenerational Problem," *Monist* 86(2003)：481-500。

[2] 关于这些问题更为详细的讨论，见 Gardiner, "The Pure Intergenerational Problem"。从这篇文章中可以得出相关的阐述。

题很难解决。

在气候变化的例子中，所有这一切的结果是，代际分析将比公地悲剧分析的结果更不乐观。因为它表明当代人可能没有去建立一个足够充分的全球政治制度（global regime）的内在动机。考虑到时间离散化效应（temporal dispersion of effects）——特别是后发和迟滞（backloading and deferral）的因素——这种政治制度并不在**当代人**的利益范围内。这是一个巨大的道德问题，尤其是我认为，在气候变化问题中，代际问题决定着公地悲剧。

单独考虑纯粹代际问题尤其恶劣。但是在气候变化的情境中，纯粹代际问题也要受相关道德的乘数效应（multiplier effect）支配。

首先，气候变化不是一个静态现象。在不采取适当行动的情况下，当今一代并不是把现存的问题简单地传递到下一代，而是进一步增强，从而使问题变得更严重。一方面，这样做增加了应对气候变化的成本：现在不采取行动，会增大将来气候变化的严重程度从而更进一步加大气候变化的影响。另一方面，这样做增加了减缓行动的成本：不立即采取行动，将来更难以改变，因为这种做法允许发达国家特别是欠发达国家更多地投资于以化石燃料为能源的基础设施。于是，不作为提高了转型成本（transition cost），使将来改变比现在改变更困难。而且，也许是最重要的，当代人并不是线性地增加问题。相反，因为全球排放量正以可观的速度上升，问题正在迅速地加重。例如，二氧化碳的排放总量已经比过去 50 年增加了四倍以上。进一步看，目前二氧化碳排放的增长率大约为每年 2％。[1] 虽然 2％ 可能看起来不多，但不断累积的总量使后果非常明显。甚至在短期内，"以每年 2％持续增长的二氧化碳排放量累积起来，10 年内会产生 22％ 的增幅，15年内则升至 35％"[2]。

---

[1] James Hansen and Makiko Sato, "Greenhouse Gas Growth Rates," *Proceedings of the National Academy of Sciences* 101, no. 46(2004)：16109 – 16114；James Hansen, "Can We Still Avoid Dangerous Human-Made Climate Change?", talk presented at the New School University, February 2006.

[2] Hansen, "Can We Still Avoid Dangerous Human-Made Climate Change?", 9.

其次，行动不足可能会令一些世代遭受不必要的苦难。假设此时此地，气候变化严重影响 A、B 和 C 这几代。那么，如果 A 代人拒绝采取行动，气候变化的影响将持续更长时间，会损害到后代 D 和 E。这使得 A 代不作为（inaction）造成的后果更严重。除了未能帮助 B 和 C 代（可能也增加了对他们造成的损害），现在 A 代还伤害到了 D 和 E 代，否则这后两代的损害是可以幸免的。从某些方面看，这种损害可能是令人震惊的，因为这可以说违背了基本的"不伤害他人"的道德准则。[①]

再次，A 代不作为可能造成种种**"悲剧性选择"**。让某一代人采取不良行动的一种方式就是，如果某代人设置一系列未来条件，使这些条件成为后代（甚至是当代人）的道德要求，而使其他几代人遭受既不必要，至少也不至于如此严重的伤害。例如，假设为了控制气候变化，A 代能够而且应该现在就采取行动，从而使 D 代所处时期的气候变化低于关键阈值。但是 A 代延迟采取实质性的行动意味着气候变化程度将超过其阈值。[②] 如果超过阈值将迫使 D 代支付巨额成本，那么 D 代的境况可能严重到被迫采取伤及 F 代的行动——例如排放更多的温室气体——原本 D 代可能不需要考虑这样做。我所想到的是这种情形。某些情况下，根据自我防卫采取行动伤及其他无辜者可能在道义上是允许的，而且这种情况可能出现在气候变化案例中。[③] 因此，主要问题是，若允许在某些情况下伤害无辜者的"自卫豁免"（self-defense exception），那么 A 代人便可以采取一种不恰当的行为方式，以至于 D 代人不得不使用"自卫豁免"而让 F 代遭受额外的伤害。[④] 而且，如同基本的纯粹代际问题那样，这一问题也能形成循环递进：也许 F 代也要求"自卫豁免"，并使 H 代承受额外的伤害，等等，如此循环。

---

① 感谢 Henry Shue 对此的建议。

② 见 Brian C. O'Neill and Michael Oppenheimer，"Dangerous Climate Impacts and the Kyoto Protocol，"*Science* 296(2002)：1971—1972。

③ 见 Martino Traxler，"Fair Chore Division for Climate Change，"*Social Theory and Practice* 28（2002）：101‐134(see107)。

④ 在最近的一篇论文中，Henry Shue 提出了一个相关案例。见 Henry Shue，"Responsibility of Future Generations and the Technological Transition，"in Walter Sinnott-Armstrong and Richard Howarth，eds.，*Perspectives on Climate Change：Science，Economics，Politics，Ethics*（New York：Elsevier，2005），275‐276。

理论风暴

我要提及的最后一个风暴是由当前理论的不适用构成的。我们完全没有准备好处理许多未来具有长期特征的问题。即使我们用最好的理论来解决诸如科学不确定性问题、代际公平（intergenerationalequity）问题、趋同的人类问题（contingent persons）、非人类动物问题（nonhuman animals）和自然问题时，常常也会面临根本的严重困难。然而，气候变化涉及且不局限于这些问题。[①]

这里我不想详细地讨论这些困难。相反，我想提示的是这些困难如何、何时彼此交织并与全球风暴和代际风暴一起产生一个新的、值得注意的、事关气候变化的伦理行动问题：道德失范。

道德失范

在我看来有许多方式可以为道德失范推波助澜。请思考以下可能策略的例子：

- 精神涣散（Distraction）
- 自满
- 非理性的怀疑
- 选择性关注（Selective attention）
- 欺骗
- 迎合低级趣味（Pandering）
- 伪证
- 虚伪

这里只列举了一些足以说明要点的策略。我猜测那些密切关注有关气候变化的政治争论的观察家们将会认识到这些正在发挥作用

---

① 一些有关此问题的讨论要面对尤其像成本—收益分析的问题，见 John Broome，*Counting the Cost of Global Warming*（Isle of Harris，UK：White Horse Press，1992）；Clive L. Splash，*Greenhouse Economics: Value and Ethics*（London：Routledge，2002）；Gardiner，"Ethics and Global Climate Change；"Gardiner，"Why Do Future Generations Need Protection？" working paper（Paris：Chaire Developpement Durable，2006），http://ceco. polytechnique. fr/CDD/PDF/DDX‐06‐16. pdf。

的机制。不过，我想略先关注一下选择性关注问题。

问题是这样的。因为气候变化是一个复杂的问题集合（complex convergence），所以很容易使人通过某种选择性关注（attention selectively）的方式，仅仅考虑一些使问题更加恶化的情形，就很容易出现操纵或自我欺骗的行为。在现实政治中，这样的策略我们太熟悉了。举例来说，许多政客强调慎重思考，很明显是为不采取任何行动寻找借口（excusable）或者甚至认为不采取行动是可取的（例如不确定性或者简单的、具有高折扣率的经济计算），同时，还强调在承担一个明显的和即刻兑付的负担的情况下（如科学共识和纯代际问题），采取行动更为困难，并且更易引起争议（如基本生活方式问题）。

但选择性关注策略也可能更有普遍性。这就引出一个令人不快的观点：或许在理论和实践的争论中都有一个道德失范问题。例如，全球风暴模型的核心部分可能并不独立于代际风暴而存在，反而受到代际风暴的强化。毕竟，当代人也许会发现集中精力面对全球风暴大有益处。一方面，这种聚焦会趋于关注全球政治与科学不确定性的各种问题，这些不确定性似乎导致了错误行动，并且偏离了代际伦理问题，这种行动本身需要伦理来规范。因此，在牺牲别的问题的情况下强调全球风暴可能会为拖延与耽搁策略**提供便利条件**。另一方面，由于假定相关行动者是永远代表公民利益的民族国家，全球风暴分析就具有了分析气候变化代际问题方面假设以外的作用。[1] 因此，在制定气候政策并以使当代人受益的方式过分强调全球风暴时，可能会使大量危如累卵的情况变得模糊不清。[2]

---

[1] 尤其是，全球风暴将问题设想为人们仅仅出于自身利益的动机就应该能解决，同时失败之处将导致自我强加的伤害。但代际分析使这些不真实的观点变得更加清晰：当代人的行动很大程度上将伤害（无辜的）后代人，这就表明必须要求那些和后代有关的协议能够保护后代。

[2] 特别的，一旦人们认同代际风暴，显然任何特定的一代人都将面对两种公地悲剧。第一种假设，国家永远是他们国民利益的代表，因而通常就会产生代际问题（cross-generational）。但第二种假设，国家主要代表当前国民的利益，这就仅仅产生代内问题（intragenerational）。问题是集体理性解决这两种公地悲剧问题很可能是不同的。（例如，在气候变化事件中，可能是代内问题比代际问题更少呼吁减缓温室气体排放。）因此，我们不能拿特定一代人解决第一种情景（代内悲剧）问题的事实来证明他们对于解决第二种情景（代际情景）问题也同样有兴趣。见 Gardiner, "The Global Warming Tragedy and the Dangerous Illusion of the Kyoto Protocol"。

　　总之，道德失范问题的出现揭示出气候变化的另外一层含义，在这种含义上，气候变化可能是一个超级道德风暴。这种错综复杂性可能对我们当今的一代，事实上也对未来将替代我们今天位置的每个后代人都**十分便利**（perfectly convenient）。一方面，这种错综复杂性为每一代人在问题看起来很严重时提供了掩饰（cover）——例如，通过软弱的谈判和大量无实质意义的全球协议，然后将之作为重大成果给予宣示——事实上这只是简单利用了那一代人的暂时的优势。[1] 另一方面，即使是在利用暂时优势的一代实际并未认识到所作所为后果的情况下，这些（行动）都可能发生。通过避免过度的自私行为，较早的一代人可以享用未来的好处，而无需向他人——或者更重要的是向自身——承认其中的不快。

（韩孝成 殷培红译　殷培红 梁璇静校）

---

[1] Gardiner，"The Global Warming Tragedy and the Dangerous Illusion of the Kyoto Protocol".

气候变化、环境权利和排放份额[①]

史蒂夫·范德海登

1992 年签署的《联合国气候变化框架公约》(the 1992 UN Framework Convention on Climate Change，UNFCCC)宣称由人类活动引起的气候变化是"人类共同关心的问题"，并决心采取一切必要的措施来防止"气候系统受到危险的人为干扰"。由于注意到"历史上和目前全球温室气体排放的最大部分源自发达国家"，192 个《联合国气候变化框架公约》缔约方共同承诺，到 2000 年要把全球温室气体排放量限制在 1990 年的水平，并在《联合国气候变化框架公约》谈判进程的指导下，通过国际合作，开展未来减缓行动，并"在公平的基础上，根据共同但有区别的责任和各自的能力，为人类当代和后代的利益保护气候系统"。上述共识的达成基于以下两点理由：第一，发达国家对引起气候变化问题负有主要责任，同时也唯有它们有能力来推动温室气体减排；第二，根据"公平性"原则要求，"发达国家应当率先垂范应对气候变化及其不利影响"。[②] 五年后，(由《联合国气候变化框架公约》缔约方共同签署的)

[①] 本章观点的一个不同版本出现在 Steve Vanderheiden 的 *Atmospheric Justice: Apolitical Theory of Climate Change* (New York：Oxford University Press，2008)一书中，该书的一部分内容经授权用于本章节中。

[②] United Nations, *United Nations Framework Convention on Climate Change* (New York：United Nations，1992).

《京都议定书》试着将这些承诺转换为政策，要求全球工业化国家承担有约束力的限额排放义务，同时暂时推迟对发展中国家的排放上限（cap）施加约束，而这也成为1997年美国参议院以95比0的票数通过旨在反对《京都议定书》签署的"伯德-哈格尔"决议（Byrd-Hagel Resolution）以及乔治·布什政府在2001年正式宣布美国退出《京都议定书》的主要原因。布什政府声称《京都议定书》是"不公平的"，并且重申了早前参议院的立场，即鉴于《京都议定书》对于发达国家与以中国和印度为代表（两国被特别提到）的发展中国家采用"不一致的待遇"，美国拒绝参与《京都议定书》所构建的气候变化政策制度。

事实上，对公平性的规范性关注已经成为整个全球气候政策制定过程的一个显著特征，同时，围绕着条约公平性的辩论与条约效力的讨论是难以分开的。因为世界各国不可能在一个不公平的气候变化制度上达成协议，同时，也没有任何一项无效的协议可以减轻全球环境问题的不公平，而这种不公平性主要表现在全球环境问题主要是由富国所引起的，而穷国却不得不承担这种环境问题所造成的损害。[①]但是人们不禁要问，是否能设计一种兼具公平性和有效性的气候变化制度呢？如果能，这种机制将会是什么样的形式？若一种气候变化制度被认为有效，则这种机制不仅要能将温室气体排放限制在低于当前速率的某一水平之下，而且，为减缓全球气候变化，还要保证所作各项努力的主要任务应包括两个层面的排放限额分配：在不同国家之间[②]以及在不同时期之间分配。后一层面的分配，涉及确定最大可分配的年度排放总量——下任意假定的未来大气温室气体浓度目标下，现阶段允

[①] 根据政府间气候变化专门委员会发布的第三次评估报告（日内瓦：政府间气候变化专门委员会，2001）："气候变化将对发展中国家以及全球各国穷人产生不同的影响，从而加剧健康状态的不平等，以及获得足够的食物、清洁的水源及占有其他资源上的不平等。"一个无效率的气候机制将加剧这种不平等的影响，这种不平等方式可以使得工业化国家把富裕生活的成本转移到发展中国家去。

[②] 排放限额既可以在不同国家之间分配（以欧盟为例，该地区有一个可供所有成员国分配的排放上限），也可以在同一个国家内部分配（也许适用于某个国家内特定的组织团体或地区，如果不是用于个人排放的话），这样的分配计划依然是在国家层次设定限额的基础上设定限额。在国家间分配的情况下，欧盟已经将其排放总限额在其成员国中分配，而在国内分配情况下，任何组织（团体）的排放份额都需要根据所在国相关的国家排放配额进行分配。我这里提及的国家排放份额用以反映国家排放的实际需要，也考虑了基于组织的排放限额分配情况。

许多排放势必意味着未来要少排放,而前一层面的分配则将年度排放总量在不同国家之间分配。与这两种处于全球气候变化政策核心的分配问题相伴随的还有:公平和平等如何体现?这两者有什么关联?以及如何同时实现这些目标?在本章中,我主张最好能通过对三种主要环境权利(environment rights)的批判性考查,将这些双重规则纳入分配过程中,这三种环境权利综合了各种最令人信服的国家排放份额分配方案。不过,在考虑三种权利所提出的要求之前,为了澄清和阐明包含其中的权利为本的各种诉求,在分配各国减排份额问题上,我们可能首先要从发展中国家的角度考虑这三种权利与公平性问题的关系。

为了回应美国政府认为《京都议定书》不公平的言论,位于印度新德里的科学与环境中心(Centre for Science and Environment,CSE)就公平性问题发表了一份驳斥声明,该声明表示不接受美国总统布什以及参议院所提主张中的隐含前提,并强调了现阶段在全球范围内,富裕的工业化国家如美国,和贫穷的发展中国家如印度之间存在着巨大的差距,而且从道义上来讲,这种差距的客观存在理所当然地决定了这些国家在现行气候变化制度中享有不同的待遇:

1996 年,美国的人均二氧化碳排放量是印度居民的 19 倍。美国的二氧化碳排放总量也超过中国排放总量的 2 倍以上。[1] 当大多数印度人连电都用不上的时候,布什却希望这类国家限制其"生存排放"(survival emissions),以使像美国这类的工业化国家可以继续维持较高的"奢侈排放"(luxury emissions)。**因二氧化碳排放与 GDP 增长密切相关,这种主张等同于要求冻结全球不平等(状态),即富国保持富有,穷国继续贫穷。**[2]

在这里,主要讨论几个关于公平性的规范性主张,每种主张都值得多一些的关注,因为每种主张都要求在气候变化制度下公平地分担

---

[1] 2002 年以来中国的温室气体排放总量已经与美国越来越接近,荷兰环境研究所和国际能源署等国际机构认为 2007 年以后中国将超过美国,但我国政府并不认同这一结论。

[2] "世界上排放最多的国家(美国)领导人声称全球变暖条约(即《京都议定书》)是不公平的,因为印度和中国被排除在这个条约之外"。(Centre for Science and Environment,2001,http://www.cseindia.org/html/au/au4_20010317.htm)

应对气候变化所必需的成本。首先,科学与环境中心将排放划分为两类,一类是人们生存所必需的基本的温室气体最小排放量(即"生存排放"),另一类则是那些超越生存需求且通常与富裕生活密切相关的排放量(即"奢侈排放"),而且科学与环境中心的立场是生存排放应当比奢侈排放享有更高的优先权,也永远不能为了满足允许增加奢侈排放的要求而限制生存排放。其次,科学与环境中心认为**过度**排放(excessive emissions)(而不是所有排放)理所当然要对全球气候问题负责——这意味着如果世界各国均按印度的人均水平排放温室气体的话,那么人类活动引起的气候变化问题根本不会存在——所以是奢侈排放而非生存排放具有道德责任(以责任的形式),应该通过全球气候制度来纠正这类奢侈排放。最后,科学与环境中心主张(基于下面即将论述的全球平等性的考虑),如印度一样的发展中国家应该拥有发展的权利,在所定义的生存排放阈值之上增加它们的人均温室气体排放量,同时在《京都议定书》机制下为工业化国家设定排放上限,敦促其减少排放总量以及人均排放量。

除了明确提出发展权(right to develop)之外,在上文中也含蓄地提及另一种权利,即同样是建立在平等为本基础上的公平概念。至于全球气候制度,必须负责分配温室气体减排的补偿费用——无论是通过规定国家排放上限、补偿义务,还是两者兼有——评估各国减排义务应当依据过失(fault-based),而不是基于某一严格标准,这样做是为了使那些超出"生存排放"阈值的国家对其过量排放承担减排义务。依照这个观点,没人会因为生存必需的排放行动被指责,因为不可能有合理理由期望他们抑制自身的生存排放——或者正如德国哲学家康德(Kant)的著名论断一样,"**应该**"即意味着"**能够**"——这样的人(或在全球气候制度中各国政府可以代表这些人)可能缺乏尤过错承担他人义务所必需的补偿能力,因为他们已不可能进一步减排,否则将影响他们自身的基本功能。在分配国家排放限额或者评价应对气候变化减排义务的过程中,一些观点主张保障基本的、最低水平的人均温室气体排放权利(即"生存排放"),低于这个水平的国家不必对气候变化问题负责(因此也无须承担减缓气候变化的责任),但对于那些超出了"生存排放"阈值(即产生"奢侈排放")的国家则应该开始根据各自的成因贡献(causal contribution)来承担自身的责任。换句话说,生存排放的权利受到保护,并被认为没有过错;同时,要根据各国奢侈排放量分配减排义务,因为此类排放属于过错性质的,任何人都没有奢侈排放的特权。根据这个论断,印度不应该承担引起气候变化的责任——至少它的普通居民仅产生了生存排放——但美国(其人均排放量不仅是印度的 19 倍,而且远高于人均生存排放量的阈值)必须对引起气候变化问题负有责任,因而必须为减缓气候变化埋单。

以上讨论的两种权利主张(下面将会介绍到第三种权利)一并考虑了公平而有效的全球气候制度的设计理念,因为这两种权利为上面提及的在两个层面上分配排放份额提供了一个规范性框架。首要且最为明显的是,分享一定的**大气吸收能力**(atmospheric absorptive capacity)[指那些能够安全地吸收并固定在一定数量上的温室气体从而避免大气中温室气体浓度增加的公共碳库资源(common pool resource)]的主张可被认为是一种权利——包含在所主张的生存排放权利中——同时这种权利每次总是毫无疑问地促使人们从事大量产生温室气体的活动。因为这种生态(吸收)能力是有限的,所以排放权利的分配同样必须限制在某个水平;根据生存排放和奢侈排放的差别我们可将人均排放量设定在一个等于或高于生存排放阈值的水平,而(在假定生存排放优先保障的条件下)奢侈排放将被严格禁止直至所有人的生存排放均得到保障。不过,假设人均排放限额设定过高(正如目前的情况,全球温室气体排放已经超出大气吸收能力),那么第二种权利[即由当代以及后代共同拥有的**气候稳定权利**(right to climatic stability)]将开始发挥作用。奢侈排放必须被严格限制,否则大气中温室气体浓度的升高将会引起显著的气候不稳定,很可能会产生一系列已被气候科学家所预测的不利影响,从而损害当代和后代拥有的气候稳定权利。另一方面,为发展中国家分配过于严格的排放上限,限制其发展(正如印度和中国等发展中国家根据《京都议定书》的历史基准情景承担减排责任时就会出现这种情况），这将侵犯到第三种权利（即**发展权利**）。尽管这种权利乍看起来有别于前两种权利即大气吸收能力和气候稳定权利（因为从表面上看发展权更关注经济利益而不是环境保护），但这种发展权利显然应该被纳入环境保护的宏观范畴中：国家和个人都必须确保足够的大气吸收能力，而不仅仅是为了生存（正如主张第一种权利所支持的），也是为了有足够的温室气体排放配额或奢侈排放来保证经济和人类的发展，乃至人类的繁荣。

下面我将权衡这些基于权利的主张，关注每种可能公正表述的方法，及其对公平而有效的全球气候制度设计的启示。我将不仅仅证明所有这三种基于权利的主张是有效的（例如，它们能代表重要的利益，因而在结构和合理性方面可与现行机制中的某些类似权利相匹配），而且三种权利共同作用揭示出一种相当具体的分配方案，这种方案勾画了采用何种方式将全球温室气体排放份额分配到国家或者个人。也就是说，一个公正的全球排放限额分配方案应具备以下特征：(1)对于全球排放限额给予足够重视，以避免引起未来气候的不稳定；(2)确保在不同国家之间以及一个国家内部分配的排放限额足够用于经济和人文发展；(3) 各国之间用于减缓气候变化的费用分担机制应与道德责任的正当理由相一致，即基于奢侈排放而不是生存排放来确定国家所需要承担的责任（因为我们不能因某人主张分享一项公共资源而指责他）。若要上述三种权利得到认可和保障，则务必保证未来的全球气候制度能够在世界范围内分配温室气体排放权利方面，比现有的基于"使用者有权"的气候制度更公平，或者说与《联合国气候变化框架公约》框架下发展起来的各种机制（如《京都议定书》）相比更加公平。在现有机制下，事实上当前全球最富裕的 20% 的国家的温室气体排放已经占据相当大的大气空间。这些考虑不仅仅是出于理论研究的需要：以一种公平的或基于权利保护的方式来分配温室气体排放份额，对于任何有效的全球气候制度来说都是不可或缺的重要特征，因为任何有效的全球监管体系必须要依赖于成员国之间的自愿合作（以有约束力的排放限额、足够的监测以及确保遵守的机制设计为条件），当然没有任何一个国家(无论现在还是将来)愿意以损害本国居民权利为代价服从全球气候制度的相关条款。因此,理解这几项权利,并把这些认识融入全球气候制度的架构设计中,被认为是一项兼具原则性和实践性的工程,而且是一项具有紧迫性的工程。

环境权利

尽管在文本中宣布了平等和责任理想的承诺,并在气候公约①设计中牢固确立,但是在法律和政策中,通过把这些承诺实体化为环境权利且正式认定,更能有效地实现这些理想,这种方式为帮助权利拥有者认定其权利主张提供了法律和政策的支持。由于一种权利通常意味着某种有效主张要么是规定(对积极权利而言),要么是不干涉[对消极权利而言(negative right)],②因此正式法律保护的权利为保护权利拥有者预先设定的利益提供了一种更为稳固的形式——为潜在的申请者提供一种申诉反对气候制度有关规定和缺点的途径,即允许在其管理权限内进行准司法性的检查——而且这种方式对于社会规范的形成可以产生强大效应。正如蒂姆·哈沃德(Tim Hayward)注意到在法律或宪法权利中实现环境保护的目的"牢固确立了对环境保护重要性的认识;法律或宪法权利为确立立法和监督的统一原则提供了可能;保证了这些原则不受常规政治变迁(vicissitudes of routine politics)的影响,同时提高了环境决策过程中民主参与的可能性"。③哈沃德假定宪法权利具有至高权威,并通过环境权利与普遍公认的人

① 在本章中我使用"气候公约"意指在《联合国气候变化框架公约》主导下签署的各种条约和国际协议(包括但不局限于 1997 年达成的《京都议定书》)。

② 消极权利和积极权利的"二分法"是关于宪法权利类型划分的一种基础性分类。真正对消极自由与积极自由(Negative Liberty)作出明确划分的是英国哲学家伯林(Isaiah Berlin)(见 Isaiah Berlin, "Two Concepts of Liberty," in *Four Essays on Liberty*, Oxford University Press,1969:118);将这种划分运用于人权法或宪法学领域,就产生了消极权利、积极权利之分(见林来梵《从宪法规范到规范宪法:规范宪法学的一种前言》,法律出版社 2001 年版,第 90 页)。但晚近的研究与实践表明,一项具体的权利很难单纯地归属于其中一种。美国学者霍尔姆斯(Stephen Holmes)与桑斯坦(Cass R. Sunstein)在合著的《权利的成本》中指出,权利作为一项公共物品,其实现均有赖于纳税人税收、政府的社会工作,从这个意义上说,"所有的权利都是积极权利"(见霍尔姆斯、桑斯坦《权利的成本——为什么自由依赖于税》,毕竟悦译,北京大学出版社 2004 年版,第 30 页)。——译者注

③ Tim Hayward, *Constitutional Environmental Rights*(New York: Oxford University Press, 2005),7.

权体系相比较,给出一个直观可信的论述,即"一个适宜的环境与任何已经作为人权而被保护的那些权利一样,是人类繁荣的一个基本条件"[1]。哈沃德主张一项适宜环境的权利符合天赋人权的测试标准,因为它捍卫了最重要的、具有道德意义的人类利益(假设"环境灾害会威胁到重要的人类利益"),而且这样一项权利也是真实的、具有普适的,是"全人类都愿意去共同捍卫的"。[2]

尽管在法律和各种人权学术文献中都能找到很多有关环境权利的提法,但一个最通用的也是最综合的提法是,环境权利是人类所要捍卫的一系列利益中一个能满足人类繁荣(而不仅仅指人类生存——这点将会在下文展开讨论)所需物质基础的自然环境,而 1972 年联合国人类环境会议发表的《斯德哥尔摩宣言》(Stockholm Declaration)中的首要原则,就为论述环境权利提供了一个很好的模板。

> 原则 1:人类有权在一种能够有尊严和福利的生活环境中,享有自由、平等和充足生活条件的基本权利,并且负有保护和改善当代和后代环境的庄严责任。[3]

上面关于适宜的环境权利的表述中,有几点描述对于我下面要展开讨论的气候稳定权利来讲,颇具启发意义。首先,这项环境权利所希望确保的自然环境条件是根据人类所追求的基本的、理想化的自由和平等权利所设定的,同时为了强调所有这三种权利(不仅仅是前面两项权利,即自然环境条件和自由权利)都应该被视为基本权利,优先于其他相对不太重要的权利。而且这三种权利之间是相互联系的,也就是说,如果没有适于生存发展的自然环境,理想化的自由和平等权利就不可能得到完全实现,而且更大的自由和平等权利也可能是保护

---

[1] Hayward, *Constitutional Environmental Rights*, 11.
[2] Hayward, *Constitutional Environmental Rights*, 47 - 48.
[3] Declaration of the United Nations Conference on the Human Environment (Stockholm: United Nations Environment Programme, 1972).

环境的必要条件。其次,所有这三种权利都与人类的尊严和福祉(或者说是福利)息息相关,这些观点驳斥了环境保护将会损害人类福利的荒谬言论。最后,《斯德哥尔摩宣言》使得环境权利与"庄严责任"之间建立起联系,或者说与环境保护相关的义务关联起来,要求维护国际范围内的当代公正以及代际公正。

追求适于生存的环境权利实际上包含了一系列保护环境的义务,人类作为自然环境的主要受益人有义务去采取行动①,而享有气候稳定权利很显然就是保障环境权利的一种必然结果。尽管气候变化只是众多对适宜环境构成的威胁中的一种,但它一定是被视为其中最为严重的一种威胁。因此,为了满足维持适宜环境的普遍义务(general obligation)的要求,履行维护气候稳定的职责(即要求限制过度的温室气体排放)是必要但非充分条件,这使得气候稳定权利成为上文概括的普遍权利的一个附加权利(subsidiary right)。至于气候稳定权利是否足够独特或者重要到需要单独用法律或宪法来保障,或者是否正好相反,仅把它视为相对适宜环境的权利而言的更为普遍的基本权利的一个必要组成部分,对于这些观点我们没必要在这里讨论。只需认识到这两种权利其实是密切相关的,并且共有一个相类似的形式就足够了,所以基于哈沃德所讨论的较为普遍的环境权利案例的逻辑,我们需要承认以某种形式表现的气候稳定权利。在我们可以完全理解承认拥有适宜环境权利的意义之前,我们必须首先考虑在温室气体减排这些必须履行的责任中,稳定大气权利和生存发展这两类权利必须得到平衡,因为生存排放的权利(笼统地说,基本排放需求)以及发展的权利,在问题的另一层面具有很高的权重。这两种权利也会受到旨在防止气候系统不稳定而限制各国过度排放的全球排放分配方案的影响。

温室气体排放权利

我以一个更为适度的主张来开始讨论,即所有人都有获得生存排

---

① 它的目的很明显是从以人为本的角度去捍卫人类的尊严和幸福,所以类人动物和生态系统不包含在需要承担义务的受益对象中。

放的基本或基础的权利,而不是首先讨论一个更为雄心勃勃的主张,即发展中国家的居民都有发展的权利诉求——或者,在某种程度上都是一样的,即所有人都有资格享有某种水平的奢侈排放。在考查一个国家的历史或现阶段的排放状况时,这样一种权利要求我们将生存排放与奢侈排放区分开来,在这里,没有人需要为前者引起的与气候变化有关的损害承担责任,但所有人必须根据其在后者中的份额比例分担相应的补偿费用。根据这种差别,很显然生存排放保障了一种基本权利,其理由将在下文言明。而奢侈排放则并不符合权利保护的相关要求,因为它所代表的利益远不及生存排放具有基本(需求)的特征。此外,根据布莱恩·巴里(Brian Barry)在《责任原则》中的定义,即"对于不同的人来说,不同结果的合理起源是每个人都做出了不同的自愿选择……这个命题的反面即是指任何人不应该为那些不是自己造成的恶果进行补偿"①,人们应该为自身的奢侈排放负责但并不需要同样地为生存排放任何责任。一个人为了基本需要而不得不产生的最小排放量决不能算是自愿行动和选择(根据定义,这些选择是无可避免的)——但人们在超过这个限额之后能够并且确实做出了增加温室气体排放的选择——因此,根据责任的原则,并通过评估与气候变化有关的损害责任,人们必须对后者所产生的排放而不是对前者所对应的排放承担责任。

鉴于获得生存所必需的物质条件对人类来说都是利益攸关的,所以生存排放对所有人来说是至关重要的;比较而言,追求繁荣对所有人来说固然不是基本需求,但也很重要,因此人们对于刚刚超出基本需求之外的排放往往也会抱有强烈的意愿。我们可以采取一种稍微与众不同的方式考虑这种观点,以便阐明各种权利在全球气候制度设计中的角色定位:人们拥有生存排放的**基本权利**(例如能够超越其他非基本权利的有力主张,以及相关利益一旦受到损害时可以获得合法

---

① Brian Barry, "Sustainability and Intergenerational Justice," in Andrew Dobson, ed., *Fairness and Futurity*, 93 - 171. (New York: Oxford University Press, 1999), (quote on 97).

补偿的相应主张），但奢侈排放只能作为他们可能拥有的一项非基本权利（或者说与其他较强主张相比，只是一种较弱的权利主张）。通过系统地阐述各种权利的这种差别可推断出几点结论。首先，正如前面所提到的，所有人都有权排放温室气体以满足生存阈值（survival threshold）的基本需要，所以评估责任（这里指过失）不能针对那些有权利去做的行为。其次，当他人（国家或私人团体）威胁到人们实现生存权利的执行能力（practical ability）时——例如，一项全球气候制度可能会限制奢侈排放从而保障获得足够的生存排放空间，保障生存权利就意味着补偿性资助成为一项有效的主张。最后，即使在全球显著不公平的大背景下，生存排放依然保持优先于奢侈排放，因为作为一种基本权利，生存排放自然要超越其他次要权利，正如各种财产权利主张经常被用于为不公平进行辩护的过程中。所以，应当禁止穷国政府在温室气体市场上向追求更多奢侈排放的富裕国家出售"没有使用"的生存排放，不论富国给出多么高的售价。

同一系列公认的人类基本权利相比，生存排放权利应该建立在什么基础之上呢？或许，对于这种类型的环境权利来说，最引人注目的例子来自亨利·舒（Henry Shue）关于生存权利（subsistence rights）的著作。舒不认为安全权利（security rights）（通常被视为较重要的因而需要依据法律得到更好保护的权利）与经济权利（通常相对得到较少保护的权利）之间存在普通意义上的区别，他认为各种权利之间最显著的区别——一种用来权衡各种竞争性的权利优先次序的支持体系——在于是基本的还是非基本的。他提出那些基本权利"明确了一条没有人能够低于此的底线"，所以构成了"每个人相对其他人类权益的最小需求"。舒还认为，在两类权利之间发生冲突的情况下，一项与生俱来的基本权利要高于那些可能有益于未来人类潜能发展的权利，只不过后一种权利对人类的基本功能来说并不是根本性的；而且，在配置稀有资源时，应该给予生存权更多的保护。他主张，有正当的理由将这种优先权制度融入基本权利理念中，"当一种权利与生俱来是基本的，任何通过牺牲这种基本权利来试图享受其他权利的努力都将是自相矛盾的,同时也是站不住脚的"。[①]

　　长久以来,安全权利(例如,对抗伤害、错误扣押以及过度惩罚的权利)都被写入法律并受到国家的保护,不过,社会和经济权利(例如公共教育、组织工会的权利)是最近才开始增补进法律和政策文件中与安全权利相提并论的,不过这也引发了关于它们是否应该拥有这种地位的争论。正如标准批判主义(standard criticism)所说,安全权利比起社会和经济权利来说更为重要,因为它们保护了人们最基本的利益不受损害(一个没有接受公共教育或者参加工会组织的人依然可以生存,但缺乏对伤害的基本保护则不能),基于这个理由安全权利应该优先于其他次要权利而受到保障;在所有安全权利得到保护的前提下,社会可以选择提供社会和经济权利,但后者只是一种选择,且显然是次要的权利选择。此外,标准批判主义把安全权利等同于消极权利,由于消极权利只与一些限制一定行动的义务相对应,因而由国家提供这种权利所需成本较低也更容易,同样,标准批判主义通常也将社会和经济权利等同于积极权利,保障这种权利通常成本较高。这里以一种常见的方式进一步阐明这两类权利之间的区别,假如你有一项消极权利(例如防止受到伤害),于是我就相对应的(相对容易履行)具有避免伤害你的义务;但假如你有一项积极权利(例如接受公共教育),那我就相应地有义务去纳税来为它埋单。综上所述,这些标准批判主义坚持认为,只有安全权利得到完全的保障,同时也只有在考虑了提供以下这种权利昂贵的机会成本(opportunity cost)之后,那些新的社会和经济权利才应该被加到本来已经冗长的个人和人类权利清单中。

　　针对经济权利和安全权利之间的区别的这些主流观点,舒指出很多安全权利其实部分具备积极的特征,即要求供给而不仅仅是抑制,而且实际上维护这种权利的成本也非常高,因为这些成本往往包括了国家法律强制执行、军队、司法和刑法制度的成本;而许多经济权利

---

① Henry Shue, *Basic Rights* (Princeton, NJ: Princeton University Press, 1980), 18-19.

（例如防止污染的监管和工作环境安全标准）却是相当消极的，相对而言国家只需要花费很少的行政管理成本。至于针对常规情况下经济权利实现需要国家投入大量保障资金的错误假设，舒提供了这种基本—非基本的区分方法作为一种较为可行的优先权制度，用于权衡相互冲突的各种权利主张以及配置稀有的国家资源。舒认为，建立一种优先权制度（priority system），与其依据成本效益分析（其逻辑是，是否需要保障一项权利，关键在于国家这样做是否性价比高）得出错误概括（即所有安全权利都是消极的，同时花费低廉），还不如在一定程度上基于那些对满足人类需要至关重要的活动具有保护能力的权利，或者保障那些有助于人类繁荣的权利。根据舒的观点，保护各项基本权利是公正的基础，因此在试图去提供其他重要性不大的权利之前，我们应该首先确保这些基本权利能够实现。

一旦我们根据这个逻辑去考虑权利，那么获得生存排放的基本权利就变得合乎情理了。正如舒所指出的，基本权利的实现能够保护人类在物质保障以及最低限度经济保障（或**生存**）方面的重要利益，其中后者（即最低限度经济保障）包括了"清洁空气，洁净水源，充足的食物，充足的衣服，充足的居住空间以及最低限度的健康保障"。① 目前国际社会主要将贫穷和饥饿视为慈善问题而不是公正问题或基本权利来解决，恰恰相反，舒认为生存能够在社会上得到保障是一种权利问题，否则"事实上享受其他权利的企图很明显将会对生存和安全等基本权利造成一定威胁"。② 而且，既然基本权利优先于非基本权利是建立在切身利益和非切身利益之间存在显著差别的基础上的，舒认为全世界的富裕阶层应该作出一定努力，牺牲其满足偏好（preference satisfaction）、文化繁荣以及其他的非基本权利，这种牺牲（越来越重要）是适当的，但我们不能要求他们牺牲自己的基本权利来确保穷人的基本权利。

---

① Shue, *Basic Rights*, 23.
② Shue, *Basic Rights*, 34.

按照舒的说法,公正的义务是基于**切身利益原则**(vital interests principle)而存在的,其内涵是"在不损害其他人切身利益的前提下,当我们未能对别人的切身利益提供保护时,要求别人放弃保护其切身利益是不公平的"。① 在不损害其他人切身利益的前提下,如果一些人的切身利益受到威胁却未能得到保护,那么将是对人人平等理念的亵渎,这也意味着把某些人的非切身利益凌驾于其他人的切身利益之上。换句话说,这是对"每个人在本质上没有贵贱之分"这条公平正义公理的侵犯。舒认为,这就赋予了各国政府一项义务,即作为唯一有能力去保障全人类的基本权利,而且"在其无法约束自己时有能力去剥夺他人基本权利的强大机构",无论是通过采用约束性的消极行为(例如,避免引起像气候变化一样的环境灾害)还是提供积极的援助,去避免侵犯他人的基本权利。

除了舒上面所列示的各种基本权利之外,我们也可以将享有稳定的气候视为人类的一项基本权利,(正如哈沃德所主张的)由人类活动所引起的气候变化不仅仅是将生存成本转移到贫困人口的身上,从而间接影响他们的生存权利,同时还将直接降低穷人的生存质量,主要表现为农作物收成降低、水资源可利用率降低和水质恶化,在某些情况下甚至会威胁到整个地区的领土完整等。后一种情况可能是在所有与气候变化相关的人类权利问题中最为引人注目的事例,例如地势较低的国家以及小岛屿国家由于担心它们大部分的国土(有些国家甚至是全部)将会被不断升高的海平面所淹没,或是被正在消失的冻土带所取代,近年来在气候变化国际谈判中逐渐享有越来越重的话语权。例如,2005 年,因纽特人(有 15.5 万人居住在加拿大、美国阿拉斯加、格陵兰和俄罗斯的北极地区)的代表向美洲国家间人权委员会(the Inter-American Commission on Human Rights)提交了一份申诉书(petition),控诉美国(最大的温室气体排放国而且一直是建立一个有效的国际气候制度的最大阻碍)通过加剧全球变暖损害了他们的基

---

① Shue, *Basic Rights*, 126 - 127.

本人权,因为由温室气体浓度上升引起的全球变暖已经让北极冰盖加速消融,威胁到以狩猎为生的因纽特猎人赖以生存的物种的生存,而且事实上也威胁到整个因纽特文明的传承。由于预计气候变化会广泛地威胁到野生动物的生存以及影响到它们的栖息地,许多其他传统文化也将面临类似的潜在威胁——即使不涉及领土的完整,也会对地域内的独特文明构成威胁。以诸如此类的方式,在气候变化谈判中评估这些权利的重要程度。

事实上,生存排放权的观点可以在舒的有关生存权的文献中找到一些直接的理论根据,这些依据可以为那些连国民的基本权利(更详细的内容将会在下文中被讨论)都难以得到保障的国家,在争取其发展权时提供支持。舒还将获得大气的"排放吸收能力"纳入基本权利之一,他认为人们应该享有最低限度的人均温室气体排放额这一权利(从本质上描述了生存排放概念),而这种权利的获得将优先于其他非基本权利的实现:"实际上对于每一个人来说,在现在和不远的将来,生存意味着温室气体排放吸收能力的使用。没有其他更为现实可行的选择存在了。这乍听起来会让人觉得有点奇怪,不过温室气体排放吸收能力将与食物、水源、住房、衣服等一起,属于人们生存的关键要素。"①至于基本权利或生存权可以被理解为切身利益的保护,也即人们在这些基本权利未得到首先保护之前不可能享有其他权利,于是假如在每人的基本权利中计算生存排放,下面的情景就很清晰。没有这种基本权利人类确实就无法生存,这些权利就与身体安全和一系列标准的生存权(包括获得食物、居住条件、清洁水源等权利)一样基本。此外,正如舒所建议的,将这些基本权利归结为生存排放,这将产生一个用于国家间排放份额分配的原则:"道义上可允许的排放分配只能是保证了所有人都能得到的最低需求的排放分配,这种分配方案还将为那些未达到生存排放的国家保留足够未使用

① Henry Shue, "Climate," in Dale Jamieson, ed., *A Companion to Environmental Philosophy* (Malden, MA: Blackwell, 2001): 449-59, (quote on 451).

的大气吸收能力。"①

发展权

如果我们假设像印度这样的国家享有发展的权利,我们必须同时假设它们有权享有高于生存排放的人均排放水平,且人均排放水平要与目前赋予工业化国家的人均排放额相当接近。这种观点代表了一项在气候公约谈判进程中反复讨论的权利,它激起了追求公平的规范理想(normative ideal)——这种公平要么应用于生活标准,要么应用于温室气体排放,或者两者兼而有之。当如此应用这种公平规范时,以下主张就变得很清晰:目前全球财富分配极其不平等(也反映在高度不平等的国家排放率上),公正要求减少现有的这些不公平,同时对类似印度的发展中国家设定的排放上限太低,将会制约这些国家的工业化进程以及其他形式的经济发展,这实际上就冻结了世界各国目前的发展状态,即允许富裕国家以远高于发展中国家的排放速率,继续增加人均温室气体排放量,为世界上富裕的国家不公平地保留了高排放配额所带来的收益,并防止这些收益外溢。但依据什么样的标准可能使这种权利变得公正呢?

正如托马斯·阿萨纳修(Thomas Athanasiou)和保罗·贝尔(Paul Baer)所指出的,给发展中国家分配公平的排放限额并不单独需要在原则基础上证明其合理性(尽管它们很重要),因为"一份无限期地限制中国(或印度)比美国(或欧洲)拥有更低排放配额的气候条约是不公平的,最终也不会被任何国家所接受"。② 无论是印度还是中国都不会接受这样一份气候公约,即一份给它们规定了很低的人均排放限额,以至于这些国家不能实现工业化和提高消费水平的气候公约,因为这样不公平的气候公约无疑会给这些国家的发展构成事实上的障碍。另一方面,任何将印度和中国排除在限制温室气体排放之外的气候制度都将无法遏制全球排放水平的上升势头。基于"共同但有区别的责任以及各自能力"

---

① Shue, "*Climate*," 454.

② Thomas Athanasiou and Paul Baer, *Dead Heat: Global Justice and Global Warming.* (New York: Seven Stories Press, 2002), 75.

模式的规范考虑(normative concerns)可能已经是一种公正的状态,这种分配模式是为发展中国家在第一个承诺期(first compliance period)(2012年到期)豁免强制性排放限额。但是也有一部分工业化国家强烈要求延迟讨论这样一个令人恼火的问题,即如果把中国和印度纳入第一承诺期有约束力的排放限额体系中,应该为这两个发展中大国设定多高或多低的人均温室气体排放上限比较合适。解决这个问题要同时令工业化国家和发展中国家都满意是相当困难的,远比仅仅推迟解决整个问题(通过免除后者任何有约束力的限额)要困难得多,因为根据1990年排放基准水平设定中国和印度未来的排放上限将会招致这两个国家的强烈反对,原因是这样做事实上否定了它们的发展权。

　　发展中国家不可能被赋予且也不愿意接受一个仅相当于工业化国家允许排放的上限中的一小部分的人均排放限额——这种情况类同于让它们参照1990年基准排放水平确定排放上限——而且发展中国家也不会接受如下这样一种分配方案,即仅为欧洲和日本规定排放上限(而放任美国的排放继续增长),因为这样做的话,即使发达国家实现了减排目标世界范围内的排放也会显著增长。在中国,每1 000人拥有8辆机动车,印度则为7,对这类发展中国家分配与美国(每1 000人拥有767辆燃油效率较低的机动车)可比的强制性排放限额显然是不公平的。正如阿萨纳修和贝尔所指出的:"我们不能期望在一个穷人都过上当今富人生活的世界里寻找到公正,因为世界上的资源是不够的。一定会有一些其他的解决方法。事实上,应当有一种站在所有利益方角度的新梦想,尤其是富人,应当通过学习分享将这些梦想变成可能。"[1]大气吸收能力的生态有限性要求,允许像中国和印度这样的发展中国家增加人均排放量,就需要(拥有较少人口的)工业化国家同时大幅度地减少其人均排放量,而这仅仅是冻结全球排放量上升——依据一个固定的总量排放上限分配各国的排放份额是一场零和游戏(zero-sum game)——更不要说能否实现《联合国气候变化框

---

[1] Athanasiou and Baer, *Dead Heat*, 128.

架公约》所要求的防止对地球气候系统造成危险干扰的减排目标。

拒绝发展中国家享有足够的温室气体排放限额以为其发展提供空间的要求将是极为不公平的，也是它们不能接受的，但是调整工业化国家之间的排放配额以考虑中国和印度的人均排放显著增加，同时也就允许了全球总排放水平的增加，这种做法将会极其不受欢迎，甚至很可能不能被相关政党所接受。也就是说，公开讨论发展中国家排放上限这个问题，会迫使那些参加气候公约谈判的代表至少考虑一下气候激进主义者（climate activists）所强烈主张的"紧缩与趋同"情景（contraction and convergence scenario），这个情景要求工业化国家显著地减少其温室气体排放（**紧缩**，是指减排幅度比《京都议定书》所要求的更大），来让发展中国家最终达到与工业化国家同等水平的人均排放限额（**趋同**）。正如阿萨纳修和贝尔所认为的，生态的限制将不允许没有紧缩（气候制度生效的必要条件）的趋同（如果允许发展中国家享有发展的权利，则可以说这是基于平等的必然要求）。在《联合国气候变化框架公约》的谈判进程中，暂时免除发展中国家的排放限制，与尝试去说服发展中国家在发展中接受排放限制或者让工业化国家接受紧缩相比，似乎是一个更受欢迎的策略——如果没有为发展中国家设置类似的排放限额，即便是较为缓和的减排目标，美国政府也会拒绝接受，估计这是美国政府的一个底线。

在第一承诺期免除发展中国家承担有约束力的减排义务只是政治上的权宜之计，但它是否正如美国参议院以及布什政府所宣称的那样，对以美国为代表的工业化国家来说是不公平的呢？ 这里，将气候制度在本质上看作如何分配减缓、适应与补偿成本，以及依据公正理论，援助责任来决定成本的公平分配，是很有帮助的。正如上文所提到的，责任原则（即基于过失的责任）为合理分配与过失有关的成本提供了很好的依据：那些通过历史排放引发问题的国家，应该根据他们的历史奢侈排放（而不是生存排放）比例支付费用，以此方式承担相应的责任。尽管中国和印度拥有全球40%的人口，但两国的加总累计排放总量仅占人类温室气体累计排放总量的9%，而美国则不同，尽管它的人口总量不足世界人口总量的 5%，但其累计排放总量超过了世界累计排放总量的 30%。根据严格义务的标准（即生存排放和奢侈排放不作区分），美国需要承担所需总矫正成本的 30% 多，而中国和印度加起来需承担 9%。《联合国气候变化框架公约》承认全球的工业化国——这些国家一起应为历史总排放量的 75% 负责，尽管它们仅拥有全球 20% 的人口——应为引起全球气候变化问题承担首要责任，因此，为解决这个问题，它们至少应该承担相同比例的责任（根据严格责任的标准）。但如果发展中国家的减排责任被豁免，这些工业化国家会接受气候变化这个问题的**全部**责任吗？尽管平均起来印度人产生的温室气体远少于美国人，但他们还是向大气排放了一定量的温室气体。难道他们不应该根据印度在全球历史累计排放总量中所占的比重承担一部分的减排费用吗？

依据哪种版本的"生存排放"主张可能是或者可能不是最无懈可击的。一个说服力较弱的观点是让印度为引起气候变化担负较小的责任（但仍须负责），从而要求它们（根据责任原则）来承担一部分的补偿成本；但另一个说服力较强的观点（和上文中所提及的德里科学与环境中心提出的观点）则坚持印度根本不会对气候变化承担任何责任，因此也不应该承担任何补偿成本。假定印度人均产生的只是生存排放而不是奢侈排放（这个假设将在下文中得到检验），前一个说服力较弱的观点是建立在对严格责任原则的直接应用上（不同国家根据其在温室气体历史排放总量中所占不同比重来分配减排成本），但针对后一个说服力较强的观点该如何去反驳呢？这个观点假定每个人享有最低水平的基本排放权利，因而不必为其基本排放承担责任，同时国家间责任的分配则根据历史排放总量超出其最低水平基本排放的部分来划分——各个国家应承担的减排成本是根据奢侈排放总量的历史份额来确定的。考虑到以印度和中国为代表的发展中国家在历史上只产生了生存排放而没有奢侈排放，因此，它们无需为气候变化负任何责任，而且也不承担补偿义务。这种说服力较强的说法依赖于可避免损害的过失与动因责任（cause responsibility）之间的关联逻辑,或者说(从另一个角度来论证这一点)依据巴里的责任原则,将过失以及承担的义务归因于那些超出生存所需活动的排放。无论是哪一种观点,都依然缺少针对每个人有权获得的一定数量的奢侈排放的论证,而这些排放对发展来说是必需的,因此,这两种标准都假定与气候相关伤害的责任是针对那些超出了生存排放的排放量,而这种评价可能干扰实现发展权的可行性。

试想一下,发展中国家如享有较高的人均温室气体排放,则意味着排放份额在全球不同人群与个人之间得到较为公平分配的这一"紧缩和趋同"情景的实现,而有限的大气空间需要零和游戏,即一些国家人均排放的增加只可能通过减少其他国家的排放来抵消。有关生存排放权的观点建立在(正如舒所认为的)基本生存权利的基础之上,但要论证发展权利需要面对的则是关于平等公正的更大难题,而不是仅仅保证避免损害或保护基本权利那么简单。在有关分配公正的研究文献中,这种差别通常是指等量分配与保证基本最低(生活)水平两种分配模式之间的差别,例如在某些说法中,公正仅指所有人都能获得最基本限度的社会资源,而并不意味着社会资源被平均分配。关于一定水平生存排放的普遍人权(universal human rights)的讨论要比讨论人类发展权利容易得多,但是后者仍然需要坚持上文提到的主张,而且现在也需要一些理由去进一步论证它。通过研究舒所支持的受限制较多的权利,并基于生存排放和奢侈排放存在差别的论述,后一种观点(即假定允许印度享有相当多的奢侈排放,而美国拥有相当少的奢侈排放)应该如何论证呢?

根据古典自由主义(classical liberalism),对于不公平的限制由来已久,它最早见之于约翰·洛克(John Locke)①的财产劳动理论(labor theory of property)的附文(见其所著《政府论(下篇)》)。他指出,允许人们占用自然资源(正如人们现在占用大气吸收能力)也不阻止其

---

① 约翰·洛克(John Locke,1632年8月29日—1704年10月28日)是英国的哲学家。在知识论上,洛克与大卫·休谟、乔治·贝克莱三人被列为英国经验主义的代表人物,但他也在社会契约理论上做出了重要贡献。——译者注

他人同样这样做——或者,正如洛克所描述的,只要人们为他人留下了"足够并优质"的资源。这一基本观点就是资源有限的观点,如对某种稀有资源的占用将会损害他人的利益,因为这将减少他人未来占用这种资源的机会。假如大气吸收温室气体的能力是有限的、日益短缺的,一些国家过度占用大气资源就违背了洛克主义的限制要求,只留给其他国家极少的大气空间,这无疑会影响到其他国家的发展,这是因为工业化国家的高排放率导致发展中国家没有足够的大气空间来增加人均排放,从而制约了发展中国家额外经济增长的实现。虽然洛克并不支持在这样的条件下对自然资源平均分配,但他的财富权利或者先用(prior use)理论中的确承认需要对占用设定一个关键限制。对于以洛克的"最小政府"(minimal state)的政府理论为基础的温室气体监管反对者而言,他们必须明白,很久以前,为了避免出现洛克所指出的问题,传统自由主义的精英们已经为不同国家之间分配排放份额的国际监管机制设计奠定了基础。如果没有别的想法,那么洛克附文(proviso)强调占用自然资源必然要受到公正分配准则(principle of distributive justice)的管制,而不是留给[正如一些现代新洛克主义者(neo-Lockeans)所主张的]个人选择,或者放任自由地无监管。

从倡导公正地限制占用(大气吸收能力)发展到呼吁更为平等地分配人均排放份额,仍然需要采取一些额外的步骤,并依赖于世界主义公正(cosmopolitian justice)理念的应用,这其中包括跨国界应用分配公正的平等主义理论。例如,查尔斯·贝茨(Charles Beitz)的资源再分配原则[①](resource redistribution principle)认为,建立在罗尔斯(Paw's)关于原初境况[②]的思考实验(thought experiment of the

---

① Charles R. Beitz, *Political Theory and International Relations*(Princeton NJ: Princeton University Press, 1979), especially 138-49.

② 原初情况是罗尔斯在《正义论》中讨论公平理论的各项原则的一个首要假设前提。罗尔斯把这个假设环境称为"原初境况"(original position),相当于自然状态在卢梭、洛克等人的思想体系中的地位。他认为,正义即公平这种直觉观点将把正义的原则看作是在一种适当规定的原始状态中达成的原始契约的目标。原初境况的设计意图是排除各种历史的和现实的因素,给出一个纯粹逻辑思维的状态,使人们形成正义原则。见《世纪之书:名人点评百年国外名著》(电子图书)第 61 页,http://wenku. baidu.com/view/0067431252d380eb62946d08.html。——译者注

original position)的逻辑与观察现实存在的全球自然资源分配相结合基础之上的有关自然资源的平等分配[或者平均分配,如果还是遵从罗尔斯的差别原则①(difference principle)的话]的讨论,是一种道德上的武断行为。即使我们拒绝了贝茨似乎合理的观点,即资源再分配原则适用于**所有**自然资源,包括在地理上位于某国国境内因而依法享有所有权的资源,以及仅用于大气吸收能力的平等分配原则,这些资源只是因为跨越国家边界而不享有主张优先所有权的权利——看起来却也是贝茨对世界主义公正观点免受标准批判主义批判的最无力的可能的解释——他的分析还是为人均平分排放份额提供了强有力的理由,不过其分析过程中仅考虑了人口增长等几个约束因素。② 假如人均平分排放份额,没有国家拥有任何高于其他国家工业化所需的(大气吸收)能力,也没有任何国家可以比其他国家消费更多的排放权(这些排放权会影响社会和经济的发展),因此,至少只要大气吸收能力可以容纳**任何**发展空间,这样一种国家排放份额的分配就将意味着保障发展的平等权利。

与贝茨的资源再分配原则结合,发展权怎样从对大气吸收能力的分析演变为一种可共享的资源呢?发达国家不仅要承认发展中国家居民享有发展权利,还要承担不去干涉发展中国家发展的消极义务(negative duty),而且还应该积极提供不同形式的援助来促进发展中国家发展。换句话说,发展权利不仅包含了积极的和消极的义务,而且对这种权利的认可至少要求不**阻止**这些国家实现发展所带来的收益(比如在过度约束排放上限的情况下就可能阻止这些国家实现发展所带来的收益),同样的,积极的义务要求现在正谋求更大人均排放额

---

① 差别原则是罗尔斯在论证其最著名的两个正义原则中的第二个原则,即通过调处某种特殊的地位来判断社会基本结构中的不平等问题,这将克服功利原则的不确定性。任何差别的存在,都要能够有利于境况差的人,有利于最少受惠者。差别原则包含着某种平均主义,同时也反映了自由主义的某些倾向。差别原则意味着:(1)补偿原则,即应当对出身和天赋的不平等进行补偿。差别原则不等于补偿原则,但它力求达到补偿原则的目的。(2)互惠的观念。(3)博爱原则。差别原则体现了一种公民友谊和社会团结。见《世纪之书:名人点评百年国外名著》(电子图书)第 63 页。http://wenku. baidu. com/view/0067431252d380eb62946d08. html。——译者注

② 例如,目前不同国家之间可能被赋予相等的人均排放份额,但是在未来,将根据各国(可能自愿)的人口增长率或多或少调整分配份额。

度以满足发展需要的工业化国家让出一部分大气空间。作为世界主义公正的平等主义（Egalitarian）在全球气候制度中的部分应用，还应存在最低相互关联的义务——在可持续发展援助惯例中需要更广泛的援助义务。

由于在富裕国家的经济发展时期不存在针对温室气体（排放）的任何正式限制，这些国家的工业化进程在"荒野"上无拘束地发展，但对于没有进行这种（工业化）转变进程的国家来说，已不再存在这种发展方式的机会。如果工业化国家现在将排放上限强加于发展中国家，以致发展中国家的工业化能力受到抑制，从而最终将禁止这些国家的进一步发展，或者干涉他们的发展权利。考虑到发展中国家的发展利益，在全球减排限额的约束下，为了让发展中国家增加温室气体排放，就必须有足够的大气空间，而这一排放空间只能来自工业化国家的减排。正如贝尔所认为的，如果像巴西、印度和中国等发展中国家能够自愿进入排放约束机制，发达国家同时进行相应减排，实用的、等效的认可发展权就可能是必要的。注意："发展中世界的每个国家都不能以北方国家一样高的排放率排放温室气体，但是发展中国家为什么就一定要同意将排放水平限制在现有水平的约束——一个相当低的人均排放率，或者限制其经济发展呢？"① 正如上文观察到的，发展中国家不可能自愿接受这些限制，因此气候制度（包括发展中国家在内）要想变得有效率，就必须是公平的（对发展中国家来说）。

如果这项意义重大的发展权利能够在全球气候制度中得到有效的认识和推进，那么这项机制必须避免会对发展中国家产生结构性刺激，即鼓励发展中国家牺牲其长期的经济生存能力以换取短期收益。更确切地说，这项机制必须以保证环境、社会、经济可持续性的方式来促进人类和经济长期发展目标的实现，而且这种机制倡导的方式应与气候公约提出的平等和责任目标相符合。对平等和责任的关注不能

---

① Paul Baer，"Equity，Greenhouse Gas Emissions，and Global Common Resources，" in Stephen H. Schneider，Armin Rosencranz，and John O. Niles，eds.，*Climate Change Policy: A Survey*，393 - 408（Washington DC：Island Press，2002）（quote on 394）.

仅仅作为避免灾难性气候变化这一首要目标的次要承诺而被消解,因为由人为的气候变化导致的环境问题同样是一个全球公正问题,除非国际社会的目标是在限制温室气体排放的同时促进自身的公正,否则这个问题根本不可能得到解决。换句话说,发展权是一种建立在公正理念上的权利,这种权利力图保证与生俱来的"自然彩票"(natural lottery)而不会继续影响某国居民现阶段严重不平等的生活前景。全球气候可能只是产生这种不公正的不平等现象的复杂因果链上的一部分,但同样,由资源开发模式引起的气候变化对于全球不平等的产生也难辞其咎,气候变化预期后果包含了显著加剧不平等的这种负外部效应的增强。考虑到全球不平等与环境退化之间存在相互联系——正如《布伦特兰报告》(the Brundtland Report)所指出的,全球不平等是造成环境资源压力的首要原因,而环境退化是导致全球不平等的首要原因——(在可持续约束条件下的)人为气候变化的本质是发展权问题。正如同样类型的问题所表明的,全球公正和全球气候变化都必须马上着手解决。

结语

人们可以追求繁荣发展的利益,而不只是局限于生存层面的利益,所以必须同时承认(正如哈沃德所认为的)人们在一个适宜环境(adequate environment)中享有基本利益和次要基本的发展利益的要求。为了保护这些利益就要有相应的权利存在,因此获得适宜环境这项权利里必然包含了气候稳定这一对人类福祉来说极为重要的内容。这一权利必然包含着相应的义务,以确保这种诉求能够得到满足,同时在不能满足这种诉求时有一个补偿机制。考虑到人类繁荣的这一利益,我们也可以假设人们还拥有其他一些权利以保护这种利益免受现在及未来的威胁或者限制,这些权利包括了人类和经济发展的权利(具有积极和消极的方面)。当这样一项权利——发展权利,比如不能耗竭资源或不能污染环境——不受限制时,它必然要凌驾于其他的不如人类繁荣发展权利更为基本的权利之上,后者包括发达国家的居民自私地希望继续产生额外奢侈排放的要求,因为这就意味着要过度限制发展中国家的排放空间,从而将显著地妨碍这些国家的进一步发展。根据舒的观点,更为基本的利益要高于那些次要的基本利益,所以更为基本的权利必然胜过那些次要的基本权利。发展权利不能够凌驾于生存排放权利之上,也不能够凌驾于平等地获得适宜环境的基本权利之上。但是发展权利必须被作为一种比那些由发达国家相对富裕阶层提出的维持现实的主张更加不可抗拒的限制大气空间的主张而予以承认。这些个人的自私的主张通过否定一项对他们不那么有利的特殊权利(满足发展中国家发展所需要的足够大气空间),来寻求保护和扩大一些他们不应得的(根据贝茨所主张的)好处。

对目前那些在《京都议定书》下没有强制性减排义务的发展中国家而言,如果气候制度为这些国家规定了过度的排放限额,那么这些发展中国家的发展权利,包括受到援助的积极义务以及不限制其发展的具有实际或法律约束力的消极义务都将会受到损害。但我们可以从另一个角度去考虑气候稳定的权利:实际上,许多人认为这两项权利(即发展权利与气候稳定权利)从根本上来看是对立的。由于发展权不如上文所讨论的其他两种权利(生存排放权利与气候稳定权利)中的任意一种更为基本,也因为人类繁荣的利益不及单纯的生存利益更为基本,所以发展权利必须受到这两种更为基本的权利的制约。各国无权(作为一项法定权利)增加它们的奢侈排放而使气候不稳定的危险达到威胁当代和后代的正常生存的程度,同样也不能将发展权利建立在否定任何基本水平的生存排放之上。尽管如此,(可持续)发展中的利益仍应该作为一种权利来得到阐述,并且发展中国家的奢侈排放预算的增加应该通过有效地扣除发达国家的奢侈排放的预算来获取。由于奢侈排放往往意味着与气候变化相关联的伤害责任,如果没有因受到人为气候变化伤害而得到补偿的机制,这将会形成另一种形式的全球不公平。任何一个公平而有效的全球气候制度义不容辞地要将这种不利的需要减到最少,因为这种不利的需求侵犯了基本权利,并且这种损害超过了奢侈排放所带来的发展收益。

如果所有人(包括后代)都享有气候稳定的基本权利,而这项基本权利可能会受到人类引起的气候变化的侵犯,那么全球温室气体的排放总量应该限制在大气吸收温室气体的饱和水平或之内。如果所有人都有获得生存排放的基本权利,那么在现有水平上减排所必需的成本必须基于历史上的奢侈排放总量而不是生存排放总量,因为生存排放不能被作为承担责任的基础,同时必须保证所有国家和个人享有〔且在未来没有附带责任(liability attaches)〕最小基本人均水平的排放权利。承认发展权利并不如另外两种基本权利更为基本,这就要求发展中国家享有一定的人均排放份额,其中既包括生存排放份额,又包括一定的奢侈排放份额——后者是发展的必要而非充分条件——而发展权带来的利益超过包括私有产权和国家主权在内的次要基本利益,这些利益之间经常存在冲突。如果这三种权利能够立即得到认可并且相互之间处于稳定平衡状态,发达国家的人均排放份额必须按《京都议定书》的强制要求(基于1990年排放水平)显著减少其排放水平,或在现有水平基础上显著减少,而如果根据《京都议定书》的要求,则可能将全球经济的不平等状态锁定在1990年的基准水平。这种方法不仅可以达到《联合国气候框架公约》所规定的避免人类对地球气候系统的危险干扰的要求,同时能够保障穷国(发展中国家)居民的发展利益。在促进全球平等并保护这三项环境权利的同时,不同国家与不同个人之间奢侈排放份额的分配应该要比现在的更为平等,同时还应该在平等的全球人均排放份额上进行紧缩和趋同。

(冯相昭译　殷培红　冯相昭校)

四

气候变化中的环境(不)公正

马丁·J. 亚德米安

在评估国际法理论基础的充分性的案例中,全球气候变化的前景提供了一个出色的案例,同时我们对法律和公正的理解方式左右着我们利用法律公告解决全球环境问题。本章分析了全球气候制度①、国际环境公正的概念和批判法学(Critical Legal Studies,CLS)派的观点,试图在全球气候变化的国际语境中评估加强公正的可能性。我们知道,人类活动已经对全球气候系统产生重大冲击,如果目前的趋势得以继续,必将给所有国家的环境、社会和经济利益带来潜在的灾难性后果,并对人类社会的各个方面有着深远的影响。没有国家能指望依靠自身行动抑制气候变化,但社会经济和环境状况不同的主权国家采取集体行动也会极其困难。气候变化除了对政治、社会和环境形成挑战,还向主流法律理论和实践,及国际法律体系内关于国家责任、主权平等和国家集权(the centrality of states)的基本规范性概念提出了

---

① "Regime"一词指与特定目标区相关的规则、法规和机构。特别是在国际关系领域,"Regime"一词已经被定义为"在既定的国际关系领域中,与参与者的期望相似的一套隐含或明确的原则、规范、法规和决策程序"。S. D. Krasner, "Structural Causes and Regime Consequences: Regimes as Intervening Variables," *International Organizations* 36, no. 21 (1982): 186; Farhana Yamin and Joanna Depledge, *The International Climate Change Regime: A Guide to Rules, Institutions and Procedures* (Cambridge: Cambridge University Press 2004), 6 - 7. 注意,这个词包括约束性的或者硬国际法和非约束性的法,有时指软国际法。

挑战。

对全球气候变化的预测引出了许多各国刚开始着手应对且非常难解的实践、道德和伦理问题。目前,国际环境法被看成是解决人为原因的气候变化及其影响,以及由此产生、与之密切相关的社会问题和伦理问题的主要机制。本章中,为了评估使用这些法律工具促进公正的前景,我从一般地考察国际环境法出发,思考国际环境公正的概念是如何形成的,然后应用批判法学的经验分析了减缓气候变化制度(设计)中国际法的发展和应用。

国际环境法

国际环境法是国际法中最具活力和充满争议的领域,被称为"最具影响,并会最终构成推进国际法根本转变的强有力因素"①。然而在主权国家中,制定环境法规的国际法统一体(a cohesive body of international law)依然相对不完善。从历史上看,环境问题主要被视作各个国家主权管辖内的内部问题,并且认为可通过国内法规而不是国际法得到适当处理。在国际法范畴内,公正意味着合法、主权、平等和处理各国事务的公平性,但传统的国际法并没有做好解决涉及国际环境公正时所出现的各种问题的准备。

随着时间推移,在自愿和互惠的基础上,各国为了追求其共有的目标开始接受各种法律的约束。由于国际秩序以及环境整体性(environmental integrity)使得各国变得越来越相互依赖,这种做法也日益变成现实。然而国家主权平等和自愿接受国际义务仍然是现代国际法理念的基础。国家之间建立了一些国际组织并赋予其足以实现特定共同目标的有限的合法权力,但国际性的中央立法机构仍不存在。结果是,现有的国际环境法规是"一种拼凑的东西,反映了对所出

---

① A. C. Kiss and D. Shelton, *International Environmental Law* (New York: Transnational, 1991), 2; Prue Taylor, *An Ecological Approach to International Law: Responding to Challenges of Climate Change* (London: Routledge, 1998), 3.

现问题的零敲散打、支离破碎的**临时**回应"①。因此,国际法被日益用于解决国际行动者之间的争端,尤其是国家之间的争端。至于其能否足以完成任务仍然存有许多争议。

自从 1972 年在斯德哥尔摩举行联合国人类环境大会(United Nations Conference on the Human Environment)以来,国际环境法已取得长足进展,在该会议上,多边努力解决跨国界环境问题的重要性首次得到工业化国家的承认。② 到了 1992 年在里约热内卢(Rio de Janeiro)举行的联合国环境与发展大会(UN Conference on Environment and Development)[通常称为地球峰会(Earth Summit)]上,环境问题在世界政治议程中占据中心位置的事实已经明朗化,从而促成了现在被一些人认为是雏形的全球环境治理体系(global environment governance)。世界资源研究所(World Resource Institute)认为该体系由三个要素组成:

1) 国际组织,如联合国环境规划署(United Nations Environment Programme)、联合国开发计划署(United Nations Development Programme)、可持续发展委员会(Commission on Sustainable Development)、世界气象组织(World Meteorological Oragnization),以及几十个具体的条约组织。

2) 基于数百个多边条约和协定的国际环境法框架。

3) (支持)履行条约义务和发展中国家能力建设的金融机构和机制,包括世界银行(World Bank)和专门的贷款机构,如多边基金执行委员会(Multilateral Fund)和全球环境基金(the Global Environment Facility)。③

---

① Yamin and Depledge, *The International Climate Change Regime*, 11.
② Lorraine Elliott, *The Global Politics of the Environment* (New York: New York University Press, 1998), 7.
③ World Resources Institutes, *World Resources 2002—2004: Decisions for the Earth: Balance, Voice, and Power* (Washington, DC: World Resource Institute, 2003), 138.

总的来说,现在有数百个双边和区域性的条约以及处理跨国界与共享资源问题的组织,还有 900 多个至少有一些环境条款的国际协定。[1]

随着决策权的中心从国家向国际层次转移,对国际治理合法性(legitimacy)的质疑已开始受到更多的关注。虽然该国际治理体系权力的来源和范围可以确认,但探明其合法性更为困难。[2] 直到最近,国际机构通常相对较弱并且也很少行使权力,因此其合法性问题很少出现,学者经常关注的焦点更多在于国际机构的因果角色(causal role),而不是其合法性。就可以言及的全球治理范围而言,其权力建立在被治理国家同意的基础上。现代合法性理论经常试图将政府权力的合法性建立在被治理者同意的基础上,但正如丹尼尔·博丹斯基(Daniel Bodansky)所指出的,"在国际法中,强大的责任自愿共识基础易于引起合法性问题的争论"[3]。无论如何,随着国际机构获得了更大的权力和授权(authority),人们已开始呼吁要求在国际环境法中有更多的民主参与和一致性。但正如博丹斯基所解释的:

> 民主可以指不同的东西——仅举几个例子,如大众民主(popular democracy)、代议制民主(representative democracy)、多元主义民主(pluralist democracy)或协商民主(deliberative democracy)。在国际环境法语境中民主的含义可能是什么呢?是国家还是人民中的民主?是多数表决体系还是简单的更多参与及责任?若为后者,谁参与且对谁负责?亚伯拉罕·林肯(Abraham Lincoln)曾经将民主的特

---

① Edith Brown Weiss, "The Emerging Structure of International Environmental Law," in Norman J. Vig and Regina S. Axelrod, eds., *The Global Environment: Institutions, Law, and Policy* (Washington, DC: CQ Press, 1999), 111.

② Donald A. Brown, *American Heat: Ethical Problems with the United States' Response to Global Warming* (Lanham, MD: Rowman & Littlefield, 2002), vii.

③ Daniel Bodansky, "The Legitimacy of International Governance: A Coming Challenge for International Environmental Law?" *American Journal of International Law* 93, no. 3 (1999): 597.

征归结为"民有、民治、民享"的政府。然而，就此而论，"民"又是谁？[1]

　　尽管取得了重大跨越，目前的国际治理体系仍然脆弱且低效。由于没有集中的政府或主权政治权威来监管全球治理，国际机构经常重复一些工作，而不能共同解决其他问题。此外，这些组织被迫依靠个别国家来执行其政策，而这些国家却不愿放弃其追求自身国家利益的主权和特权。如下将要进一步探讨，批判法学揭示了在没有有效解决这些问题的时候创建的国际环境法和全球治理如何可以使统治（domination）与服从（subordination）的状况长期存在，其施用于全球气候变化问题时证明了这一趋势的存在。

气候变化

　　在不到十年里议定了两个主要的国际气候条约：1992年的《联合国气候变化框架公约》（UNFCCC）和1997年的《京都议定书》[2]，这两个文件已在《联合国气候变化框架公约》的框架下通过采用补充法律文件和决议的方式得到显著细化。由于气候问题的潜在复杂性以及作为推动因子的科学与政治的迅速发展，通过以上方式建立的国际法律和机构框架，及其与其他国际问题的关系，就像气候问题本身一样复杂和影响深远。《京都议定书》是以往谈判中形成的最具创新和雄心的国际协定之一，该议定书为所有的工业化国家设定了总体比1990年的基线排放水平减少5％的温室气体排放目

---

[1] Bodansky, "The Legitimacy of International Governance," 599.
[2] 到1995年，在《联合国气候变化框架公约》内控制全球变暖的非约束方法无法取得重大进展的状况变得越来越清晰。在1995年柏林《联合国气候变化框架公约》第一次缔约方大会上，缔约方同意开始就排放限制具有约束性的协议开始谈判。

标,但是其减排幅度从有些国家减少 8% 到有些国家增加 10% 之间。[①] 根据特别规定,排放目标还包括了土地利用、土地利用变化,以及林业部门中的一些碳封存(carbon sequestration)活动,并且必须在 2008—2012 年的承诺期内实现。[②] 在确定履约时,议定书还运用灵活机制,包括联合履约(joint implementation)、清洁发展机制(clean development mechanisms)和排放交易(emission trading),以帮助各国实现其目标。

在达成《京都议定书》之前和之后的整个谈判过程中,工业化国家和发展中国家之间出现了分歧。[③] 大部分发展中国家要求将焦点集中在《联合国气候变化框架公约》现有承诺的落实上,而工业化国家的兴趣则在于启动包括发展中国家减排的后京都谈判。分歧的风险在增加,因为美国参议院已将发展中国家"有意义的参与"作为其批准该议定书的条件。[④] 2001 年 3 月,新当选的乔治·W. 布什总统明确拒绝议定书,几乎是在一意孤行地反对稳定二氧化碳排放(水平)的具体目

---

① 根据 1990 年国家/地区的能源消费分配排放配额的理由在道德上是无懈可击的。见 Robin Attfield, *The Ethics of the Global Environment* (West Lafayette, IN: Purdue University Press, 1999), 93。其他的一些基准曾经也提出过。史蒂芬·卢珀-福伊建议所有自然资源应当被看作是当前和未来的人类都可以共享的。见 Steven Luper-Foy, "Justice and Natural Resources," *Environmental Values* 1, no. 1 (spring 1992): 47 - 64。迈克尔·格拉布建议承认所有人类都具有平等的获得行星吸收能力的权利。这个观点认为为所有国家规定人均排放是一种正确的选择。见 Michael Grubb, *The Greenhouse Effect: Negotiating Targets* (London: Royal Institute of International Affairs, 1989) 以及 *Energy Policies and the Greenhouse Effect* (Aldershot, UK: Gower, 1990)。苏解释道,无论设置什么样的排放限额,平等原则都要求必须提供有助于满足每个人基本需求的排放权利,见 Henry Shue, "Equity in an International Agreement on Climate Change," paper presented at the IPCC workshop on "Equity and Social Considerations Related to Climate Change," Nairobi, 1994, 7 - 14;引自 Attfield, *The Ethics of the Global Environment*, 93。

② Yamin and Depledge, *The International Climate Change Regime*, 25.

③ 早在 1972 年的斯德哥尔摩会议上,工业化国家/地区和发展国家/地区同意解决环境与发展问题,但是发展中国家担心限制他们的经济发展,从而不得不以不合作作为威胁,同时为了取得进展而呼吁建立体现社会公正的社会责任分担规范。结果,因解决办法在操作细节上始终模糊不清,国际社会将近 20 年几乎没有采取什么行动。见 Peter Haas, Marc Levy, and Ted Parson, "Appraising the Earth Summit: How Should We Judge UNCED's Success?" *Environment* 34, no. 8 (1992): 6 - 11, 26 - 33。作为南北对峙以及南方国家的机会主义的一个可能结果,斯德哥尔摩宣言设计了一个"决议体制和财政安排",同时包括一个"环境基金",以帮助发展中国家/地区实现可持续发展。见 Bradley C. Parks and J. Timmons Roberts, "Environmental and Ecological Justice," in Michele M. Betsill, Kathryn Hochstetler, and Dimitris Stevis, eds., *Palgrave Advances in International Environmental Politics* (Basingstoke, UK: Palgrave Macmillan, 2006), 330。

④ Byrd-Hagel Resolution, Senate Resolution 98, adopted July 1997; cited in Yamin and Depledge, *The International Climate Change Regime*, 26.

标和时间表,他继续强调有关全球变暖预言的科学不确定性,并且还表示担心二氧化碳稳定政策对经济的影响。[①]然而,多边主义者(multilateralism)将政府间气候变化专门委员会发布的 2001 年第三次评估报告作为科学共识,以此为依据坚持保留气候变化制度。俄罗斯政府于 2004 年批准该议定书,随后议定书开始生效,此时气候制度主要处于实施阶段,缔约各方致力于将大量法规付诸实施用以指导各国防止气候变化的努力,同时通过本国立法执行这些法令和法规。

在全球环境政治中,北方工业化国家与南方发展中国家之间的划分显示了明显的权力不对称(power asymmetries),同时,为了能在气候变化语境中更清楚地评估实现国际环境公正的前景,强调了使用类似于批判法学所提供的批判性概念透视镜(critical conceptual lens)的必要性。根据批判法学的批判,如果我们要在追求国际环境公正的同时有效解决全球气候变化之类的问题,则传统的自由主义法律理论(liberal legal theory)并不能完全解决必须考虑到的各种公正问题。然而,在理解这种批判的作用之前,我们必须首先问一下:何为国际环境公正?

国际环境公正

当前,如果不同时解决不平等和不公正问题显然已经不能解释全球环境退化的成因和后果。[②]面对与环境退化相关的公正问题,最普遍的做法是在一国内部解决,因为环境公正这一术语源于如下意识的日益提高,即有色人种和低收入人群远比其他人群更经常地生活、工

---

① 人为原因导致的气候变化存在许多不确定性。尽管如此,许多人建议我们不能等到所有的事情都搞清楚之前我们才开始响应。戴尔·贾米森提出气候变化的影响和人类对这些变化的响应都存在不确定性,从一个角度来说:"一个事情是确定的:影响不会是同质的。一些地区将会变得更暖,一些地区将可能变得更冷,同时总的变化很可能是温度增高。降水模式也将发生变化,而且有关降水预测的置信度比温度的要低。这些有关区域影响的不确定性使得估计气候变化的经济后果具有相当大的不确定性。"见 Dale Jalnieson, "Ethics, Public Policy, and Global Warming," *Science*, *Technology*, & *Human Values* 17, no. 2 (1992): 145。贾米森进一步解释气候变化"将在很大范围内影响社会、经济和政治活动。在这些领域的变化将影响温室气体排放,这些排放气体将反过来影响气候,进而再次影响我们"(第 145 页)。
② Parks and Roberts, "Environmental and Ecological Justice," 329.

作在环境高危险的地区。① 这样的社区更多地被迫成为有害物废弃堆放点、焚烧装置和工业生产设施（的落脚点），其居民更易于暴露在杀虫剂和辐射中，无论在美国还是在国际上，这都凸显了人们在呼吸清洁空气、饮用净水、享受原始自然或在清洁安全的环境中工作等机会上强烈的不平等。

尤其在国际层面上，环境公正仍然是有争议的概念；人们既没有就如何定义公正，也没有就如何权衡竞争性诉求取得一致意见。② 联合国宪章（the UN Charter）提及公正但没有对其进行定义，③而是表述目标是"创造适当环境，俾克维持正义，尊重由条约与国际法其他渊源而起之义务，久而弗懈"。④ 此外，宪章还规定："各会员国应以和平方法解决其国际争端，俾免危及国际和平、安全及正义。"⑤这些条款究竟如何有助于调和关于公正的竞争性观念并不清楚。

环境政策的决策，如同许许多多其他的决策，经常会产生明显的赢家和输家。环境公正观念的内在基础是一般性的公正本身的概念；实际上，有人主张环境公正应更关注公正话题而非环境话题。⑥ 为了

---

① 见，例如，P. Mohai and B. Bryant, "Environmental Racism: Reviewing the Evidence," in B. Bryant and P. Mohai, eds., *Race and the Incidence of Environmental Hazards: A Time for Discourse* (Boulder, CO: Westview Press, 1992), 163 - 176; Robert D. Bullard, *Dumping in Dixie: Race, Class, and Environmental Quality* (Boulder, CO: Westview Press, 1990); Robert D. Bullard, "Waste and Racism: A Stacked Deck?" *Forum for Applied Research and Public Policy* 8 (1993): 2945; S. M. Capek, "The 'Environmental Justice' Frame: A Conceptual Discussion and an Application," *Social Problems* 40, no. 1 (1993): 5 - 24; V. Jordan, "Sins of Omission," *Environmental Action* 11 (1980): 26 - 27; A. Szasz, *EcoPopulism: Toxic Waste and the Movement for Environmental Justice* (Minneapolis: University of Minnesota Press, 1994); United Church of Christ, Commission for Racial Justice, *Toxic Wastes and Race: A National Report on the Racial and Socio-Economic Characteristics of Communities with Hazardous Waste Sites* (New York: United Church of Christ, 1987); James P. Lester, David W. Allen, and Kelly M. Hill, *Environmental Injustice in the United States: Myths and Realities* (Boulder, CO: Westview Press, 2001)。

② Parks and Roberts, "Environmental and Ecological Justice," 330. 帕克和罗伯茨指出，外界对正义的学术讨论通常给人留下的是"哲学大混乱的印象……一个不和谐的、刺耳的哲学声音……无从比较"。另外一个观察家建议定义达成共识的追求是一种"没有希望和浮夸的任务"。尽管如此，他们建议一个社会运动不需要一个核心概念框架没有瑕疵的定义；相反，需要一个能够动员人民行动的定义，一个能够对决策者施加压力的定义，这些决策者有许多理由不愿意被标记为种族主义者。

③ Hans Kelsen, *Principles of International Law* (New York: Rinehart & Company, 1950).

④ United Nations Charter, Preamble, paragraph 3; cited in Yozo Yokota, "International Justice and the Global Environment," *Journal of International Affairs* 52, no 2 (spring 1999): 585.

⑤ United Nations Charter, article 2, paragraph 3; quoted in Yokota, "*International Justice and the Global Environment*," 585.

⑥ Peter Wenz, *Environmental Justice* (Albany: State University of New York Press, 1988).

恰当地理解环境公正,需要对公正以及如何可以在国际层面上追求公正达成一些共识。在国际法中,履约可能比争端解决机制或制裁制度与公平(fairness)概念的关系更加相关。正如一项关于履约的研究所指出的:"人们守法是因为他们相信这样做是得体的,他们通过评判其经历的公正或不公正而作出反应,并且在评判其经历的公正中考虑一些与结果没有联系的因素,比如他们是否有机会陈述实情,是否受到尊重和有尊严的对待。"①在此,公平的概念涉及两个特征。首先,公平关系到政治秩序(political order)的事前肯定。对此一个新法律或司法意见在多大程度上会被认为是公平的,部分取决于其多大程度上是通过论证过程制定的,在此过程中邀请了最可能受到影响的人表达其意见,并且全部讨论的参与者都有接受相互通融的需求,而不会保留任何不可磋商的内容。② 其次,公平的概念关注源于政治秩序的决定的事后确认。

如同任何其他的法律体系,国际法的公平性可通过以下几点来判断:首先,其法规在多大程度上能满足参与者对成本和利益公正分配的期望;其次,其法规在多大程度上根据参与者所认为的正确的程序来制定和实施。③ 公平性的这两个方面对一个成功的法律秩序都很关键。无论在事前还是事后,公平在治理中的重要性已被从伊曼努尔·康德(Immanuel Kant)到尤尔根·哈贝马斯(Jurgen Habermas)等诸多学者所承认。④ 约翰·罗尔斯(John Rawls)承认公正作为公平的第一要义,主张"公正是社会制度的首要美德,如同真实之于思想体系。一种理论,无论多么精致和简洁,只要其不真实,就必须予以拒绝或修正;同样,法律和制度无论多么有效率和条理,只要其不公正,就必须予以改造或废除。"⑤

---

① Tom Tyler, *Why People Obey the Law* (New Haven, CT: Yale University Press, 1990), 178.

② Willaim J. Aceves, "Critical Jurisprudence and International Legal Scholarship: A Study of Equitable Distribution," *Columbia Journal of Transnational Law* 39(2001):391.

③ Aceves, "Critical Jurisprudence and International Legal Scholarship," 391.

④ Aceves, "Critical Jurisprudence and International Legal Scholarship," 392.

⑤ John Rawls, *A Theory of Justice* (Cambridge, MA: Belknap Press of Harvard University, 1971), 3.

　　然而,对于"环境公正"中,尤其是在社会运动诉求领域中的"公正"的准确含义是什么,大家关注相对较少。对环境公正的大多数理解涉及平等(equity)或环境损害和利益的分配问题,但用平等来定义环境公正是不完整的,因为激进主义者、社区工作者和非政府组织所要求的比简单的分配多得多。如威廉·阿瑟维思(William Aceves)所提出的,参与和认可(recognition)对于在国际体系中保证公平也很重要。相似地,大卫·施劳斯伯格(David Schlosberg)提出,全球环境公正所要求的公正实际上有三方面:环境风险分担的平等、认可参与者的多样性和受影响社区的经验,以及参与制定环境政策和管理的政治过程。[①] 大部分的环境正义理论在理论上是不完善的,因为它们仍然完全强调分配公正,因而未能充分整合相关领域的认识和政治参与。此外,这些理论在实践上也不充分,因为这些理论与世界上许多追求环境公正的社会运动更完全、更综合的要求和表达相脱节。施劳斯伯格的中心论点是,彻底的全球环境公正思想应该是有地方基础的,理论内涵丰富,并且是多元的——能涵盖认可、分配和参与等问题。

　　类似地,艾里斯·杨(Iris Young)批评罗尔斯(Rawls)等人的自由主义正义理论没有充分认识到公正的全部范围和背景,虽然分配公正理论提供了可以改善分配的模型和程序,但没有彻底分析不公正分配下的全部社会、文化、符号和制度条件。此外,她声称,这些理论倾向于假定所讨论的财物是各种社会和制度关系的静态结果,而不是动态结果,因而误解了问题的性质,分配不当只是该问题的一个表现。"分配问题对公正结论的满意度至关重要",她写道,但"将社会公正简化为分配是一种错误"。[②] 杨主张,不公正不能仅仅依据不公平分配来判断,因为一些人比其他人得到得多是有原因的。她主张,部分不公正问题和不公正分配的原因是一种团体差异认同的缺失。如果特权和

---

① David Schlosberg, "Reconceiving Environmental Justice: Global Movements and Political Theories," *Environmental Politics* 13, no. 3 (autumn 2004): 517 - 540.

② Iris Marion Young, *Justice and the Politics of Difference* (Princeton, NJ: Princeton University Press, 1990), 1.

压迫都附属于社会差异,杨主张,公正就要求考察这些决定分配结果的差异。认同是根本的,因为其缺席,不公正就在个人层面和文化层面上表现出各种形式的侮辱、堕落和贬低,受压制的社区及其形象都会受到冲突的损害。类似地,她主张,缺少认同是一种不公正,不但因为不公正使人受到压制和伤害,而且还因为不公正是分配不公的基础。

大部分学者研究正义理论是从自由主义关注的分配公正开始的,而不是从认同或参与着手的。如尼古拉斯·劳(Nicholas Low)和布伦丹格·利森(Brendan Gleeson)所指出的:"环境质量分配是'环境公正'的核心——重点在于分配。"[1]虽然劳和利森提倡更广泛的政治参与作为走向环境公正的一种手段,在面向环境公正的参与、包容性程序(inclusive procedures)和公众讨论之间引出因果联系,然而并没有把这些考虑结合到其理想原则或生态公正的实践中。他们的焦点集中于全球性、世界性的制度,而不是地方或社区层面上的机构,虽然他们肯定了环境和公正这两个术语意义的语境和文化基础[2],却未能将文化差异这一思想带入其环境或生态公正的定义中。

总之,为了辨识全球气候变化语境中公正可能是什么,以及评估通过运用国际环境法实现国际环境公正的可能性,需要对国际环境公正有更宽泛的理解。批判法学分析可以是这类方法的基本组成部分,因为它拓宽了传统自由主义的公正观念,因而有助于更好地理解国际环境公正。该方法提供的见解是把握气候变化这类国际环境问题所不可或缺的。

国际环境法的批判法学批判

在形成自由主义法律传统的批判过程中,批判法学包括了一个借用若干理论传统的法律理论的异质体。根据该批判,作为主流法学的

---

[1] Nicholas Low and Brendan Gleeson, *Justice, Society and Nature: An Exploration of Political Ecology* (London: Routledge, 1998), 133.

[2] Low and Gleeson, *Justice, Society and Nature*, 46, 48, 67.

产物,自由主义法律理论对当前国际政治困境的贡献在于培养了这样一种信念,即尤其是在全球环境退化的情况下,可以依赖国际法实现全球公正。然而,如上指出,传统的自由主义法律和正义理论在概念上是不充分的,因为它们忽视了公正的一些关键方面,因此为了批判地评估国际环境法的基础,需要有批判法学之类的替代方法。

批判法学者断言,在所有的法律学说和法律体系背后都有政治判断做支撑,这些政治判断反映了法律制定者和影响者未曾道出的控制。正如罗伯特·戈登(Robert Gordon)的概括,这种批判坚信"所谓普适的准则是为了特定阶级的利益而设置的"。① 其支持者坚持认为,逻辑和结构归属于从社会内部的力量关系发展而来的法律,法律的存在是为了支持制定法律的政党或阶级的利益,而且法律仅仅是使社会不公正合法化的信念与偏见的集合。根据这种分析,权贵与富豪利用法律作为一种压迫工具,以维护其在等级制度中的地位。法律的基本理念具有固有的政治性,袒护利益厚此薄彼,而不是(如自由主义所坚持的法律应该是)中性或与价值无涉的。从批判法学得到的一些教训,以及由此产生的一些关于国际法律体系独特性质的实践性思考,使我们能够对国际环境法在气候变化语境中促进公正的能力进行评估,正如本章节其余部分旨在说明的。

个人的主观价值

古典自由主义(classical liberalism)及自由主义法律理论的一个基本假设是聚焦于个人的主观价值。自由主义者假定不同的个人利益本质上始终并且容易趋向整体利益(general good),然而自由主义未能通过充分考虑客观价值来合理解释集体实体(collective entities)的独特利益。当我们试图调和西方工业化民主国家的人们的利益与居住在发展中国家的人们的利益时,这尤其有问题,西方工业化民主国家明确承认并追求个人自由,而发展中国家却还在为使其自身的公

---

① Robert Gordon, "Critical Legal Studies Symposium: Critical Legal Histories," *Stanford Law Review* 36, no. 112 (January 1984): 57, 93.

共价值观念适应受个人主义自由观念支配的国际体系而斗争。许多发展中国家是原住族群的家园,这些族群正在为集体自决权而斗争,但在主流的自由主义中只有个人才会被承认拥有权利。虽然如威尔·吉姆利卡(Will Kymlicka)等一些自由主义者像敦促与承认个人权利一样承认集体权利,然而正是权利特别是个人权利这样的观念,在许多非洲语言中闻所未闻,在传统的伊斯兰教、印度教和佛教社区中也意义有限[①]。如果要对这类非自由主义语境中的个人利益进行任何有意义的保护,这些人居住的社区就必须得到保护。无论如何,批判法学有所指地设问,他们是从社区形成自我意识的,如果不参照社区我们如何理解个人? 自由主义法律理论未能充分解释公共价值(communal values),仅仅将公共价值作为构成社区(community)的个人价值的总和来处理,从而未能解释基于群体(group-based)的利益,而这种群体利益要多于群体的个人利益部分的总和。

国际环境法应用于解决气候变化问题时,最典型的办法就是参照各国发展水平划定责任和义务。如上所述,许多发展中国家是原住族群(group)的家园,当国际法不认可这些族群及其公共价值时,这就产生了额外的争议点。此外,倘若这些处于少数地位的族群或其他次国家单位派代表参加气候政治会议,就没有办法能保证这些团体能够参与国际气候制度制定,或者让国际社会倾听他们的利益呼声。结果是国际法不能平等地充分捍卫和代表所有族群的利益,因此并非所有族群都能从国际法的实施中平等受益也就不令人感到惊讶了。

罗伯托·昂格尔(Roberto Unger)指出,作为社会中的秩序和自由的基础,主观价值原则与自由主义的法规观念有紧密的联系,并建议终极目标总是被看作是在个人意义上的特定的个人客观目标。对于国际法及国内语境中的法律,这是正确的,尽管在国际层面上我们必须处理个人利益的集合,但是将该论点用于国际法与气候变化时就

---

① Alan C. Lamborn and Joseph Lepgold, *World Politics into the 21st Century*, preliminary ed. (Upper Saddle River, NJ: Prentice Hall, 2003), 486.

会更成问题，因为如上所讨论的，自由主义的政治学说（political doctrine）不承认公共价值。自由主义用两种基本方法定义法规与价值的对立关系，这两种方法分别对应于两种法律来源的思想，以及如何建立自由与秩序的两个概念。在自由主义传统中，为了建立自由和秩序，法律必须缺乏人情味（impersonal）。因为基于单独个人或某个阶层利益的法规与自由的基础相矛盾，法律必须代表高于个人或族群的价值。然而，正如批判法学派学者所辩解的，这并不能保证国际法所代表的利益能超越某些族群的利益，如富豪和权贵的利益。

法治下的统治与服从

在任何给定的系统中有三件事是法治所必需的：立法（lawmaking）程序、执法（law enforcement）程序和司法（adjudication）程序。考虑是否存在立法程序时，必须承认虽然联合国环境总署和联合国更广泛地包括了国际体系中的大部分国家和地区，但并没有包括所有的国家和地区。因中国不在第一轮排放上限约束和时间表中，而美国则一直不愿在议定书上签字，未能包括全球最大的温室气体排放国的气候制度监管机构/体系（regulatory apparatus），使人们更加怀疑这种气候制度的充分性和有效性。美国在历史上依赖化石燃料推动其经济增长，并且目前美国的这类温室气体密集能源的人均消耗量远超过世界其他大部分地方的消耗水平。中国拥有世界上最多的人口，是人均排放增长最快的国家之一，预计在 21 世纪某个时候国家总排放量将超过美国。仅仅这两个国家被排除在外，就引来了国际社会对立法程序充分性的质疑，认为该立法程序没能约束全部国家，尤其是那些最应对气候变化负责，以及按理应当为解决气候变化问题负责的国家。

还值得指出的是，虽然联合国体系已经在多种事务上被用来协调国际行动，但它不是完全的世界政府。《联合国宪章》明确承认国家主权是对其力量的基本限定，如果没有这类保证，联合国就不大可能有这样广泛的支持，这类保证可保护独立国家免受在每个国家的国家利益范围内追求集体目标的专权（monopoly of power）。如果没有控制国际组织议程的能力，像美国之类的超级大国几乎没有动力加入其中,因此建立了联合国安全理事会以反映当时存在的权利结构(power hierarchies)。尽管联合国是法令和法规在其中得到讨论和创立的国际立法机构,假如该机构内权力分配方式不平等,批判法学派的学者(CLS critics)仍可能质疑该组织充分处理问题的能力,这种问题对国际体系中权势最小的群体造成了不利影响。

作为霸权强国,美国具有相当大的影响力并且拥有可允许其操控和处理哪些问题以及如何处理的正式否决权,而力量较小的国家则不能以其名义有效地利用联合国的力量,除非这些国家能够说服主要的参与者这样做也符合它们的最佳利益。因此,一旦要求美国之类的国家做出可能会对其经济有不利影响的牺牲,气候变化之类的问题就不能得到充分处理。传统现实主义声称国家只有在符合其国家利益的时候才遵循国际法,国际法的有效性因此受到挑战。当美国成功地对似乎朝着处理问题方向迈进的灵活机制采取了不合作态度时,这类机制令人争议地转移了污染,而没有围绕全球气候变化可能性,以解决实践和伦理问题的方法充分地将全球温室气体排放的影响降至最低。归根结底,即使包括了灵活机制,美国也并不相信《京都议定书》与其国家利益一致。①

总之,或许存在一些国际立法的程序,但这类程序在公平而平等地制定约束最重要的国际肇事者的法令和法规方面,仍然存在严重的问题。此外,由于国际法体系本身的不足,迄今已建立的法令和法规仍不能满足为了避免一些可预见的、可怕的气候变化后果而充分减少和抵消(offset)全球温室气体排放的要求。甚至《京都议定书》的具体承诺,根据批评家们的看法,也不能"阻止全球增长,或对经济增长具有可识别的影响",②只要国际环境法只对处理的问题口惠而实不至,就证明了对国际环境法的这类批评是正确的。

---

① 这里强调气候变化中集体行动问题的显著作用。很清楚,解决全球气候变化的前景与美国国家利益一致。而且,对搭便车问题的忧虑有可能使谈判停顿。

② Michael Grubb, C. Vrolijk, and D. Brack, *The Kyoto Protocol: A Guide and Assessment* (London: Royal Institute of International Affairs, 1999), xxxiii.

即使有了立法程序，法治还要求有充分的执法和司法程序。对于执法，缺少有效的世界政府使得在绕着国家主权转的国际体系中保证履行法令和法规变得极其困难，最终导致了国际体系的离心化。由于许多国际法是没有约束力的，并且没有对少部分国家使用约束的时间表或规定充分监督和执行的国际警察力量，由像全球气候制度这样的机构来行使强制执行国际环境法的权利，其是否具有足够的执行力同样令人疑虑重重。

司法同样成问题。即使已经建立了充分的程序来监督国际法的履行，也要求有司法机构来解决有关不履约的争端以实现制度的总体目标。点名批评的政策只有在试图调和世界经济和军事超级大国的竞争性利益时才可以使用，尤其是对那些倾向于只在与其经济和军事目标一致时才遵循国际法的超级大国。

是否存在法治只是问题的一部分。假定国际环境法是实体法（positive law），则其能否实现自由主义法律理论所提出的承诺仍有待确定。在自由主义传统内，常见的解决秩序和自由问题的方法依赖于缺乏人情味的法规或法律的执行和规范化。气候制度中所有与以上讨论相同的原因都是有问题的，因为现有的国际立法程序和执行程序根本不足以保证所建立的法规、法律和规范都是缺乏人情味的。相反，它们倾向于巩固业已存在的全球权力等级制度和形成创建国际机构的基础，同时在这样的国际机构中讨论和创制有关法律。

批判法学者提出，法治是一个为现有的社会结构提供合法性和必然性的面具。因此，他们提出，自由主义主张中立是个托辞，因此掩盖了未公开承认的强国的利益和关系。在自由主义传统中，法律被看成是一种不可或缺的，以防止压迫和统治的方式来调节公权和私权的机制，但依赖法治和保护个人自由的自由主义使得私有财产制度具有了历史合理性，这反过来又在国家和国际层面上最终支持了不公平。在全球气候政策中，试图处理国际不公平问题时已经采用了灵活的市场机制，虽然包含了全球资本主义外部性的市场价值，但是自由主义对私有财产权制度的依赖为利此损彼的、以阶级为基础的制度进行了辩护。虽然这种做法是以个人自由的名义进行的,但批判法学派的学者仍然通过质问国际环境法在全球气候政策中的应用来挑战这个制度:这是在保卫谁的自由?是通过这些灵活机制保护了个人自由,还是反而助长了公司剥削和压迫的自由?最终,公司作为法人实体在经济核算时会任由环境退化,从环境估价中受益最多。

总之,自由主义认定法律是普适的、一致的、公共的,并且能够强制执行的,但当法律产生于仅在巩固业已存在的权力等级结构的国际体系时,认为这些法律具有上述任何一种特点的假定都是不切实际的。批判法学派在提供了对合法性的见解的同时,可用来帮助我们理解制度是如何强化这类等级结构的。因为诉诸一套法规作为秩序和自由的基础是主观价值观念的结果,所以我们必须承认国际法不会是普适或一致的。然而,倘若它们是普适和一致的,法规的适用技术仍是必要的,从这些技术中我们可以根据前提推导出结论,并且选择最有效率的方法来实现终极目标。自由主义司法理论将应用法律的任务看成要么是从法规作出推断,要么就是选择最佳方法来促进实现法规设计自身所树立的目标。

立法和司法问题

根据批判法学派的批判,为了制定法律,人们必须在竞争性的个人主观价值中作出选择,最终会厚此薄彼有所偏爱,从而导致立法问题。自由主义法律理论坚持认为立法程序建立在各种私人目标组合的基础上。据信,所有的个人都会出于自身利益而支持这些程序,也就是说为了实现自身的个人主观目标,对每个人需要什么都有明智的理解。然而,因为难以找到中立的方法来组合各种个人的主观价值,这种自由的实体理论(substantive theory)衰落了。

这种情况对于气候变化也是如此。人们已经注意到在努力寻求令人满意的处理气候变化的国际环境法时出现的实践和伦理的困难。美国一直不愿意加入《京都议定书》的一个主要原因是公平问题,这一问题涉及"有区别的责任",也与为全球南方国家设立时间表有关。反对美国参与气候制度的评论家问道:美国为什么要同意让其承担可观的减缓负担的一系列安排？虽然可以通过指出有关当前气候困境成因的几个关键差别来回答这个问题，但事实却依然是当新气候制度不能平等分配义务而利益却被所有国家共享时，牺牲美国的生活和经济水平也许不符合美国国家利益。另一方面，考虑到美国之类的国家历史上的全球温室气体排放，要求欠发达国家承担相同的责任和义务来处理一个他们几乎没有成因责任的问题同样也不合理。

仅有满意的规则制定方法是不够的，除非也有这些法规的应用和司法程序。批判法学者提出，由于诸如立法机关制定的法律条文要由执行书面文字的决策者（例如法官）来解释和实施，所以决定如何制定法律命令会与决定如何解释和实施这些法令一样困难。因此，批判法学派的学者坚持认为，司法问题实际上是立法问题的延伸；除非可以证明对法规的一种解释比另一种解释正确，自由主义所声称的争端裁决中的中立是靠不住的，必须予以放弃。除了解决制定和实施法律的适当程序问题以外，人们还必须解决标准问题，即根据什么标准，或以什么方式，可以实施法律而不会侵犯自由的规定。①

批判法学派的学者，如昂格尔，认为自由主义法律理论不能避免有目的性的立法和司法，因为法律是通过个人创立和解释的，没有保障措施能保证其决定能充分考虑所有利益相关者的利益。关于这一点，批判法学批评家坚持，自由主义法律理论不能缓解人们对法律公正和实体公正（substantive justice）的忧虑，国际环境法有可能受困于相同的难题。也即，我们如何可以保证法律机制的结果能与公正相关？法律公正的重点在于可以确保法律制度相似地对待所有个人，但它不能顾及个人需求、能力和责任上的差异。实体公正关注结果而不是程序，因而很难界定，更别提追求（个体差异），而且可能会顾此失彼。

应用国际环境法解决全球气候变化必须应对以上所指出的立法

---

① Roberto Mangabeira Unger, *The Critical Legal Studies Movement* (Cambridge, MA: Harvard University Press, 1986), 89.

和司法问题,而产生这些问题的主要原因是自由主义法律理论在保护法律免受主观的个人价值支配时表现出的能力不足。由于自由主义法律理论缺乏能力调解某些强权意志或凌驾于其他人之上的利益,因而无法得出令人满意的立法或司法理论。批判法学者揭示了这一困境,这样做可以促进关注点向实体公正转移。

法律的不确定性

批判法学派的学者提出的法律的不确定性主张已经对法律首先由确定性的法规构成的这个观点提出了挑战,这些法规被中立的司法者合乎逻辑地用于实现可预见的正确结果。国际法模糊的和特设的性质使其难以预料确定的结果,国际法应用于气候制度也脱离不了这一倾向。此外,法规本身也不一定是决定性的或可合乎逻辑地施用的,并且也难以保持有关法令和法规的一切都是中立的。因此,认为存在法治(具有以上提到的组成部分)就可足以解决全球气候变化之类的复杂问题是极其不可靠的,为了有效处理问题而努力协调国际合作时还会出现实践和伦理上的问题。

由于法律和法律公告的不确定性,国际环境法在其内部或自身强化权力的等级结构中,允许全球北方国家继续保持其特权地位。批判法学派的批评家争辩说,正如一般意义上的法律一样,国际环境法通常代表富国和强国的利益,同时在保护其所信仰的个人自由时经常不能提供自由和秩序。相反,却在不能有效地处理诸如气候变化问题时,国际环境法提供了合法性的外衣。单靠自由主义法律和正义理论是不充分的,而批判法学派揭示了法律和权力的重要性,其方法可以在追求国际环境公正时有效帮助处理气候变化。只有使用广义的多元主义方法我们才可以充分理解国际法学说的理论基础和局限。

结论

响应全球气候变化存在三种选择:预防、减缓和适应。当预防无法选择时,适应成为最不被人希望的一种选择,并且可能是三种选择中最不公平的一种;因此,目前的争论在于减缓的对策。减缓气候变化影响的尝试主要采用国际法的形式,但严重依赖国际环境法的气候制度存在一系列问题。这套制度体系不能完全解决由气候变化这类复杂问题所提出的各种各样的实践、社会和伦理问题。这并不意味国际环境法在促进全球公正与公平中没有价值,但我们必须坚持以批判的方式看待法律,法律是被用于为利此损彼的体系进行辩护的工具。

气候变化对个人和国家都构成了挑战,但是在个人通过自我选择形成个人责任时,指望国家形成全球责任却是不现实的。正如普吕埃·泰勒(Prue Taylor)指出的:

> 国家不是自觉的实体,不是生物,而是社会制度。它们不能自身发生变革,而只是反映并执行个人、团体和社会做出的改变。类似的,国际法自身不能带来变化。国际法只是条约、原则和制度的体现。其实施取决于国家在其国内法中结合国际义务以及同时应对新挑战的能力。[1]

虽然在努力驾驭国际合作解决气候变化之类的全球问题时,国家行动是不可或缺的,但我们仍必须质疑基于国家主权的国际法律制度。最终,主权必须得到再造,使其能包括对全球主权和人类主权的关切。这就要求环境治理更加民主化以便能包括更大范围的参与,同时仍要关注并更有效地回应地方的声音和地方感兴趣的事,而不是将国家看作为决定公共政策时竞争性利益的唯一仲裁者。我们只有能够使国际法律制度恢复活力,才能发挥国际法在处理实践和伦理问题中的补救作用。

（王潮声 殷培红译 殷培红 冯相昭校）

---

[1] Taylor, *An Ecological Approach to International Law*, 2.

第二部分

气候变化、自然与社会

五

气候变化与北极案例：
社会—生态系统分析的规范性探析[①]

艾米·劳伦·洛芙格拉芙特

　　本章对构成北极地区巨大而复杂系统的人类和非人类动物、植被和土壤、迁徙/洄游路线，以及海岸动力等情况进行了系统考察。本章促使读者从时间和空间的有利视角，考虑极地地区社会—生态系统的未来。从气候变化的方向来看，北极地区的社会—生态系统以及该地区居民的未来取决于人类所作出的选择，这种选择表现为人类的社会组织方式、生产模式以及生态系统对气候变化所作响应的整体适应能力。更准确地说，本章以美国阿拉斯加州为例，着眼于北极地区未来可能发生的情景，采用已经行之有效的跨学科视角，分析社会—生态系统（social-ecological systems，SESs）复杂的动态变化。那么，这种方法对政治理论家们有何价值？

① 感谢特里·蔡平（Terry Chapin）博士（阿拉斯加州费尔班克斯大学）的支持并与我交流了观点；感谢我的研究合作者哈乔·艾肯（Hajo Eicken）博士（阿拉斯加州费尔班克斯大学）贡献了有关海冰讨论，以及国家科学基金（NSF）阿拉斯加大学的北极系统科学计划中人类与野火互动项目（grant OPP－0328282）等研究发现。我也感谢 NSF EPSCoR 项目。最后，要感谢国家科学院和魁北克研究项目（*Proceedings of the National Academy of Sciences and Quebec Studies*）的合作者们允许我在此书中出版相关研究成果。

目前的社会—生态系统分析仍须对生态系统和社会系统之间动态反馈的政治属性全面建立理论,对于面临气候迅速变化的生态系统而言尤其如此。正如我们已经了解到的,人类的社会活动正在不断改变着决定生态系统基本属性的诸多因素,而生态系统基本属性的改变又反过来改变自然环境支撑人类社会的能力。在过去50年间,人类改变生态系统的速度和广度要高于人类历史上的任何时期,但是我们才刚刚开始理解这种改变可能带来的影响。[1] 尽管如此,数十年的科学研究已经证明,高纬度地区的环境尤其脆弱。"目前,北极地区正在经历地球上最为迅速、最为严重的气候变化。在未来100年间,预计气候变化将会加速,造成自然(无机的)、生态、社会和经济的重大变化,其中许多变化业已发生。"[2]《北极地区气候变化影响评估报告》所列举的各种气候变化跨越了人类存在的时间尺度。换句话说,气候变化所带来的生物物理效应本身就可影响北极地区和其他地区居民的社会动态变化[3](social dynamics)——直接或间接影响他们的生命世界。哈贝马斯(Habermas)的"生活世界"(lifeworld)意指个人或社会群体经过一定时间,在其文化、社会和个性中形成的共享的共同认识。生活世界包含了个人、团体或民族的价值观、信仰和最深层次的认识。所有人都要参与一个生活世界,相互参与是生活世界的核心;在潜移默化中,生活世界塑造着我们,使我们社会化,因为我们已经接受了其

---

[1] F. S. Charpin Ⅲ, A. L. Lovecraft, E. S. Zavaleta, J. Nelson, M. D. Robards, G. P. Kofinas, S. F. Trainor, G. D. Peterson, H. P. Huntington, and R. L. Naylor, "Policy strategies to address sustainability of Alaskan boreal forests in response to a directionally changing climate," *Proceedings of the National Academy of Sciences* 103 (2006): 16637 - 16643; Millennium Ecosystem Assessment (MEA), *Ecosystems and Human Well-Being: Synthesis* (Washington, DC: Island Press, 2005).

[2] ACIA, *Impacts of a Warming Arctic: Arctic Climate Impact Assessment* (New York: Cambridge University Press, 2004), 10.

[3] L. D. Hinzman, Bettez, N. D., Bolton, W. R., Chapin, F. S., Ⅲ, Dyurgerov, M. B., Fastie, C. L., Griffith, R., Hollister, R. D., Hope, A., Huntington, H. P., Jensen, A. M., Jia, G. J., Jorgenson, T., Kane, D. L., Klein, D. R., Kofinas, G., Lynch, A. H., Lloyd, A. H., McGuire, A. D., Nelson, F. E., Nolan, M., Oechel, W. C., Osterkamp, T. E., Racine, C. H., Romanovsky, V. E., Stone, R. S., Stow, D. A., Sturm, M., Tweedie, C. E., Vourlitis, G. L., Walker, M. D., Walker, D. A., Webber, P. J., Welker, J. M., Winker, K. S. & Yoshikawa, K., "Evidence and Implications of Recent Climate Change in Northern Alaska and Other Arctic Regions," *Climatic Change* 72 (2005): 251 - 298.

内在的过程,通过这些过程,生活世界得到定期肯定。定期举行的选举活动是美国人生活世界的组成部分,而捕猎弓头鲸则是依努皮亚人(Inupiaq)或西伯利亚尤比克人(Siberian Yupik)生活世界必要的组成部分。对于居住在北极地区的大部分族群而言,现在,气候变化现象是他们生活世界的一个组成部分,因为气候变化现象已经进入他们的社交领域,即人们交流思想和进行有意义讨论的社会空间。北极国家的大部分居民已经认识到气候变化,这种变化带来的影响已经成为众多公共机构采取行动、施加政治压力,以及公民对话和治理体制(governance regimes)的主题。

对于那些居住在北极地区,直接(通过收集和开采自然资源)或间接(通过二次创业和基础设施)依靠自然资源生活的居民来说,气候变化给他们提出了一个特殊的问题,原因在于,如果驱动生态系统的气候变量发生变化,如温度、洋流和降雪等,将改变居民生存所依赖的生态系统继续提供生态系统服务(如木材、清洁水源、动物、圣地等)的能力。此外,随着海冰变得不可预测,以及由于永久冻土层的融化,内陆冰路变得不稳固,北极的主要产业将被迫适应复杂的社会经济变迁。①

气候变化迫使人们开始思考其在与环境的关系中所扮演的社会角色(如经济、文化和政治的角色),有必要考察一下社会系统和与之相伴随的生态系统之间的政治联系。关键的气候变化驱动因素是如何影响二者之间复杂的交互关系的呢?绝大部分证据表明,在未来50年,北极地区的气候将迅速变化。政治学研究者理应思考北极地区将面临哪种未来,其中哪些将是可行的、公平的或者被大多数公民所期望的未来。目前,自然科学家和社会科学家提出弹性(resilience)和鲁棒性②(robutness)的概念作为评价社会—生态系统的期望目标,然而,这两个概念还需从社会公正、权力关系或者对受影响的人类生活世界的意义角度来充分而清晰地表述。本章重点以北极地区人类生

---

① Arctic Council, *Arctic Marine Strategic Plan*, 2004, www. pame. is.
② 又称为稳固性。——译者注

存的两个基本生态过程为例,考察快速变化的气候对北极地区社会—生态系统的影响。正如我们所知道的,这两个生态过程分别是北极森林的野火生态过程与北部和海岸带的海冰生态过程。这两个案例将用于向政治学家们说明社会—生态系统分析法的分析能力,同时也将证明当前采用的弹性和鲁棒性的隐喻作为社会规划、政府和公民的目标是何等的不堪一击。

这两个生态过程的转型将给规划者和各部门带来难题。政治理论如何帮助我们理解气候变化产生的转型效应对北极地区的影响及其后果?本章认为,为了全面理解这些变化的潜在影响,考察必须同时从自然科学和社会科学的角度制定一个作为共同讨论基础的框架。我认为,要正确地结合地区的背景对气候变化在社会政治领域的影响进行分析,需要对与气候变化相关的生态子系统的结构和功能有基本的认识。无论是生态系统,还是社会系统,都对在一定的时空范围内运行的控制因素作出响应。目前正在对相关时空范围进行跨学科整合,但是尚未制定任何分析的"黄金标准"(gold standard)。① 本章选取了社会科学和自然科学领域内的两套有代表性的理论体系——环境性(environmentality)和生态系统服务(ecosystem services)——来分析复杂的人类与环境的系统变化。围绕两套理论的核心前提构建分析框架,讨论每套理论的分析优势,然后引入生态过程案例,并进行相应考察。

简言之,本章的目的是逐步建立一个理论框架,以精确地考察气候变化所引起的北极地区社会—生态系统转型,及其对北极地区居民的**影响**。虽然案例取自北极地区,但是分析的相关程度却很广泛。例如,在未来几十年间,内陆国家、高山地区以及其他特别容易受到气候

---

① D. W. Cash and S. C. Moser, "Linking Local and Global Scales: Designing Dynamic Assessment and Management Processes," *Global Environmental Change* 10 (2000): 109 - 120; Chapin et al., "Policy Strategies to Address Sustainability of Alaskan Boreal Forests in Response to a Directionally Changing Climate"; W. C. Clark and N. Dickson, "Sustainability Science: The Emerging Research Program," *Proceedings of the National Academy of Sciences* 100, no. 14 (2003): 8059 - 8061; Neil Adger, "Social and Ecological Resilience: Are They Related?" *Progress in Human Geography* 24, no. 3 (2000): 347 - 364.

变化影响的地区,自身将面临一系列问题和机遇。就政治理论而言,这些案例展示了气候变化如何导致政治、制度和身份认同之间相互交织的变化。

环境政治理论

本章所采用的"政治"的定义范围要大于拉斯韦尔(Laswell)的定义。拉斯韦尔将政治定义为"谁得到什么？什么时候和如何得到"。[①]如果采用拉斯韦尔的定义,虽然在分析自然资源问题时,可以据此解释分配模式及其成因和影响,但是这种定义却妨碍我们思考制度的意义,依赖于人类生态系统交互作用的决策权的竞争,以及体现在环境管理的假设和目的中的微妙的权力关系。作为分析的一个出发点,为了使对气候变化所影响的社会—生态系统的考察不限于一般描述,例如火灾的类型、扑灭的地点以及灭火方法等,本章把"政治"定义为:"决定是什么、什么正确和什么起作用的权力诉求的争斗。"[②]笔者认为,有必要理解与北极地区气候变化相关联的争论和行动的**意义**。因此,必须考察北极系统内产生这种意义的人类和非人类两个方面,以及二者之间的关系,也即政治学。这样,研习政治学的学生有责任根据气候变化的要求,帮助创造一种有利于自然学家和社会学家沟通的语言和框架,用于评估社会—生态系统分析方法及其对政治关系转型的批判分析能力。换言之,这种分析法帮助我们理解社会系统和生态系统的转型对于居住在气候迅速变化地区的居民的未来意味着什么？这种转型的未来可能是什么样的？我们应该如何评价这些变化？

本文采用的分析方法是阿伦·阿格拉瓦(Arun Agrawal)近年来分析**环境性**(environmentality)时细化的分析方法。文中分析了人类对其与自然界关系的主观理解如何因为不同的环境治理技术的使用,而随着时间的推移发生变化。这里,我们详细引用阿格拉瓦对环境性

---

① Harold Laswell, *Politics: Who Gets What, When, and How* (New York: McGraw-Hill, 1936).
② D. V. Edwards and A. Lippucci, *Practicing American Politics* (New York: Worth Publishers, 1998).

所持的观点，这样做会有所帮助。阿格拉瓦使用的"环境性"一词意为：

> 在使用自身的技术和力量的范畴内的一种认识框架，这一框架包括与环境有关的、新主体的创造。环境主体重新塑造自己的努力与制度设计所寻求的稳固的技术力量之间总是存在一定差距。产生于这二者之间、对特定的环境主体性的认识，就像政治一样要视情况而定。事实上，正是对这种偶然性的认可，我们才可能在思考环境主体的创造时，引入政治的语域。[①]

阿格拉瓦追踪了印度库曼地区（Kumaon）的居民在殖民时期和后殖民时期近一个世纪的时间里，与森林环境相关的信念和实践所发生的种种变化。他主张："新的环境主体定位的出现，是参与了资源竞争的结果，并且与新制度的建立、自身利益计算方法以及自我身份认同的改变等有一定关系。这里三种概念元素——政治、制度和身份认同——是密切联系的。"[②]他进而解释了印度现代政府机制的成功对形成个人及社会身份认同结构的关系，因此，为了创造可持续性的未来，库曼地区的居民的实践及其生存的环境取决于政治关系的重新定义、制度安排的重新配置，以及环境主体性的转型。[③]

阿格拉瓦的文章利用福柯推理（Foucauldian reasoning）中的权力概念和主体性概念，详细地分析了这三种转型。不过，阿格拉瓦还指出，虽然由于国家和地区政府的原因，导致库曼居民对其作为环境主体的身份的一般理解发生变化，因此，作为主体，通过永远计算买入（buy-ins）让这些居民处于林业管理之下，实际上，控制的"生物动力"

---

① Arun Agrawal, *Environmentality: Technologies of Government and the Making of Subjects* (Durham, NC: Duke University Press, 2005, 166.

② Agrawal, *Environmentality*, 3.

③ Agrawal, *Environmentality*, 7.

正是来自居民本身。这种自觉不是来自全景式监视下的内化教育方式,而是源自一个调节过程,在这个过程中,环境主体参与规则制定、环境监测和规则执行。换句话说,森林使用的自我调节(机制)产生于新的调节空间,这种新的调节空间出现在"围绕环境发生的社会互动的地方内部"。① 阿格拉瓦还有更多的论点,他认为向去中心化的地方化政府监管社区(decentralized localized governmental regulatory communities)的转型表明:虽然控制技术现在可以轻易地进入到那些森林资源使用者们的日常生活、思想和行动中,但是这种调节方式确实推动了可持续的实践,原因在于,与集权式国家控制相比,这些社区可以更加有效地、人性化地实施"控制活动"。阿格拉瓦写道,这种地方自治权"从胁迫和抵抗的动力学关系,到监管实践的参与和环境主体的转型,这一变迁虽然可能是一个尚未确定的过程,但却是这些监管社区(regulatory communities)的努力目标"②。

阿格拉瓦透彻的研究证明,政府以最小的强制力,运用统治技术是如何在国民中推动可持续的自然资源利用的。但是,这一观点却在环境领域产生了问题:关于生态系统使用方式的讨论陷入僵局,政府行动遭遇政治阻力,以及最近出现的殖民地遗留问题。对于正在经历迅速的气候变化和社会混乱(social dislocation)的北极系统,政府如何定位统治技术?在政治斗争、制度设计乃至最终公民身份认同上,应当采用哪种"可持续性"的定义?对北极地区的整个历史范畴的分析,以及对其监管社区的归类,并不在本章讨论范围之内。这里使用阿格拉瓦的分析法,其目的仅限于解释一个社会生态框架对政治理论家的潜在调节作用,因为社会生态框架能为考察打开先前被掩盖的权力关系空间,并且将这些权力关系置于阿格拉瓦所明确提出的一个目的之下——认识什么可能是环境管理的适当目标。③ 因此,本章采用阿格拉瓦提出的概念,解释社会系统和生态系统之间的随机性政治空间

① Agrawal, *Environmentality*, 6 - 7.
② Agrawal, *Environmentality*, 163.
③ Agrawal, *Environmentality*, 8.

(contingent political space)，以及在该随机性政治空间内部，主体的形成是如何部分依赖于与这两个系统相关的治理目标的。

社会—生态系统

生态系统与社会系统的关系如此密切，以至于往往被描述为"耦合"。[1] 目前，已经开始对社会—生态系统的特点展开跨学科研究。相关的分支研究通过分析制度安排和管理实践[2]、时间尺度[3]，以及这些复杂系统可能怎样变化[4]，以努力认识来自社会系统和生态系统之间的反馈。安德里斯（Anderies）、杰森（Janssen）和奥斯特洛姆（Ostrom）把社会—生态系统定义为："受到一个或多个社会系统影响，并与社会系统有密切关系的生态系统。"[5]对于一个社会—生态系统而言，无论是其社会部分，还是其生态部分，都会包含可以自我组织的、独立的关系（如，选举周期不受永久性冻土层融化的影响），并且还包含某些相互作用的子系统（如，捕杀驼鹿的管理限额取决于存活至成年的驼鹿比例）。在后一种情况中，相互作用的子系统是"社会系统的子集，在这个子集中，人类之间的某些相互依存的关系通过与生物物

---

① F. Berkes and C. Folke, "Investing in Cultural Capital for Sustainable Use of Natural Capital," in A. M. Jansson, M. Hammer, C. Folke, and R. Constanza, eds., *Investing in Natural Capital: The Ecological Economics Approach to Sustainability* (Washington, DC: Island Press, 1994).

② E. Ostrom, *Governing the Commons: The Evolution of Institutions for Collective Action* (New York: Cambridge University Press, 1990); S. Hanna and S. Jentoft, "Human Use of the Natural Environment: An Overview of Social and Economic Dimensions," in Susan Hanna, Carle Folke, and Karl-Goran Maler, eds., *Rights to Nature: Ecological, Economic, Cultural, and Political Principles of Institutions for the Environment* (Washington, DC: Island Press, 1996); F. Berkes and C. Folke, "Investing in Cultural Capital for Sustainable Use of Natural Capital"; J. M. Anderies, M. A. Janssen, and E. Ostrom, "A Framework to Analyze the Robustness of Social-Ecological Systems from an Institutional Perspective," *Ecology and Society* 9, no. 1 (2004): 18.

③ T. Abel, "Complex Adaptive Systems, Evolutionism, and Ecology within Anthropology: Interdisciplinary Research for Understanding Cultural and Ecological Dynamics," *Georgia Journal of Ecological Anthropology* 2 (1998): 6 - 29; II. T. Odum, *Systems Ecology* (New York: Wiley, 1983); W. E. Odum, E. P. Odum, and H. T. Odum, "Nature's Pulsing Paradigm," *Estuaries* 18, no. 4 (1995): 547 - 555.

④ L. H. Gunderson and C. S. Holling, eds., *Panarchy: Understanding Transformations in Human and Natural Systems* (Washington, DC: Island Press, 2002); R. L. Constanza, L. Wainger, C. Folke, and K. Maler, "Modeling Complex Ecological Economic Systems: Toward an Evolutionary, Dynamic Understanding of People and Nature," *BioScience* 43, no. 8 (1993): 545 - 555.

⑤ Anderies, Janssen, and Ostrom, "A Framework to Analyze the Robustness of Social-Ecological Systems from an Institutional Perspective".

理介质和非人类的生物介质的相互作用得到调节"。请注意图 5.1 中的箭头。该图描述的是社会—生态系统的组成及其运动方向。社会系统的产物将直接和间接地影响与其相关的生态系统。社会系统的产物的范围不仅包括治理单元的集体选择，还包括经济生产模式，甚至个人的日常决定。此外，这种选择可能倾向于保护或收获，可能涉及减少自然灾害的工作，或者这些选择可能与环境没有直接关系，并且可能是其他社会过程的溢出效应（spillover effects）。[①] 无论如何，最终结果仍然对生态系统的功能产生影响。在图中，包含矩形 A 和矩形 B 的椭圆代表一个交互子系统，在该子系统中，两个窄长的矩形分别表示从社会系统流入生态系统以及返回的过程。在详细讨论两个矩形所代表的随机空间（contingent space）之前，我们必须讨论从生态系统到社会系统的系统流的其他直接流向，以便更清楚地看清人类社会与生态过程之间是怎样千丝万缕地相联系的。[②]

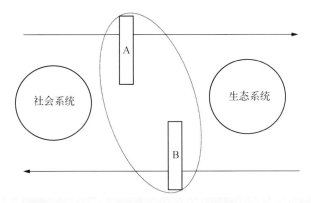

图 5.1　社会—生态系统的社会和生态输出流。A 代表各种社会输出部分，其中包括对生态系统的人类管理。B 代表人类管理的相应生态系统服务部分。围绕 A 和 B 的椭圆代表社会—生态系统内部的交互子系统（如淡水与人类生产和管理淡水的机构，地表火灾及其影响）。

---

① F. S. Chapin et al., "Policy Strategies to Address Sustainability of Alaskan Boreal Forests, in Response to a Directionally Changing Climate".
② 一个关于此概念适用在北美跨界淡水系统的例子，见 A. Lovecraft, "Bridging the Biophysical and Social in Transboundary Water Governance: Quebec and its Neighbors," *Quebec Studies* 42 (2007), 133 - 140。

生态系统服务

过去几十年(理论界)开发了一个有价值的分析工具,这个工具有助于我们更好地从跨学科角度理解社群、个人和政府是如何认知、使用和监管环境的。生态系统服务的概念注重过程,这种过程通过影响人类行动者将生态系统和社会系统联系起来。[1] 更简单地说,这些联系是社会影响生态过程,反过来人类从生态系统获得好处和遭遇灾害的交互输出影响的过程。首先来谈后一个问题。综合项目"千年生态系统评估"(the Millennium Ecosystem Assessment)记录了当前的全球状况,并且解释了生态系统与人类福祉之间的关系。由于本章将要建立一个分析框架,分析变化中的社会—生态系统的内部权力关系,因此,需要回顾和评价生态系统的各种性质,以及相关社会对这些生态系统性质的认知方式。

生态系统服务通常分为四种类型。[2] 第一种是**物品供给**服务(provisioning services),即人类从自然环境中获取实物物品,如食物、纤维、遗传资源、燃料和饮用水。第二种是**文化**服务(cultural services),生态系统为人类社会提供精神享受机会(spiritual opportunities)、知识系统、社会关系、美学及其他非物质利益。多数人在考虑"自然"或"环境"与人的关系时,通常首先考虑到的是这两种生态系统服务。第三种是**调节**服务(regulating services):生态系统自身的生物化学过程所衍生的益处,如森林的气候调节作用,开花植物通过动物迁移授粉,以及受冰川融化、土壤侵蚀和海岸过滤影响的淡水供应。第四种是对人类社会的**支撑**服务(supporting services):生态系统构成人类社会的生态基础,前述各项服务均有赖于生态系统的支持服务,如土壤形成、光合作用、营养物质循环,以及其他对生态系统中生命的存在起到关键作用的基础过程。(见图 5.2)

---

[1] Oran R. Young, *The Institutional Dimensions of Environmental Change: Fit, Interplay, and Scale* (Cambridge, MA: MIT Press, 2002); T. Dietz, E. Ostrom, and P. C. Stern, "The Struggle to Govern the Commons," *Science* 302 (2003): 1907 - 1912.

[2] Millennium Ecosystem Assessment, *Ecosystems and Human Well-Being.*

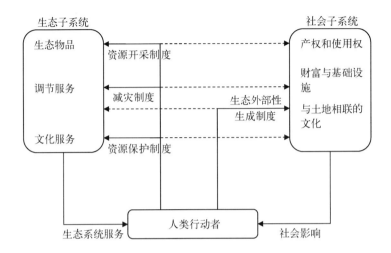

图 5.2　人类活动是社会系统和生态系统的驱动因素。图 5.2 是在图 5.1 基础上的扩展,图 5.2 表明社会制度与主要生态系统服务之间存在相互关系,同时也指出人类社会的某些特征与人类对生态系统的感知和管理存在普遍联系。规范性价值观和政治决策从人类行动者出发,向上流动,影响各系统的规则设置。[查平(Chapin)等,2006]

　　人类福祉的五个组成部分是由上述生态系统服务所衍生的,其中前四项是幸福生活所必需的,即安全、卫生、社会关系和实物性物资。第五项位于这四项之上,即选择和行动自由,从中又可派生出"实现个人价值的机会"。[1]第五项需要仔细分析,原因在于一个人何时可拥有根据自己价值观选择和行动的自由取决于一系列特殊的生态特征,那时,生态系统是人类福祉的基础。那么,在人类与北极资源的关系上,为保证人类的福祉,应当采取哪些适当的制度目标和机制? 与北极地区其他多数国家和地区一样,在阿拉斯加,沿着北冰洋沿岸也存在着高度本地化、资源依赖型(resource-dependent)的社区与其他一些社区混居的现象,尽管后一类社区的食物安全、工作和社会生活与本区域生态系统的关系不很密切,通常这些社区的空间距离也并不近。

---

① Millennium Ecosystem Assessment, *Ecosystems and Human Well-Being*, vi.

交互系统中的环境主体（Subject）

理解这些生态系统服务极其关键，因为无论作为与环境还是与政府相关的主体，各种生态系统服务与人们的生计，进而是生活世界以及身份识别之间都存在内在联系。要摆脱跨学科的羁绊，方法之一是分析下述相互作用：人们的自我认识、这种自我认识在与环境的关系中可能发生怎样的变化、这种变化如何影响人们的生计，以及个人/社区是否积极看待这种影响，最终创造一类特殊的环境主体。在这个连接点上，本章注意到阿格拉瓦使用"环境主体"（environmental subject）一词是很重要的，这个词是指人对自我主体意识与环境之间的一类特殊关系。他写道，这些人"关心环境"，并补充说：

> 对这些人而言，环境是对一些人的思考进行整理的一种概念性分类，环境还是一个有意识地与人们采取行动相联系的领域。……此外，在把一种行动作为环境主体考虑时，我并不像纯化论者/纯粹主义者（purist）那样，认为环境必须脱离或独立于物质利益、生计以及日常的使用和消费。即使认识到这种保护能够提高自身的物质利益，保护共同所有的/管理的树林和森林的愿望也会成为环境主体的组成部分。在这种情况下，自我利益从环境的角度得到认可和实现。[①]

不过，上述定义引出了服务关系问题。我们是否可以认为，那些支持开发阿拉斯加石油的人不是环境主体？如果这些人自己认识到环境是他们生活的源泉，为了继续开采资源而寻求保护环境，那么他们是否因此被归入其他类别？为了开采的目的，人们如何在社会系统和生态系统之间明确自己恰当的身份。如果把环境看作是"概念性分类"（conceptual category），人们可能在环境中采取充分的行动保护环境吗？

---

① Arun Agrawal, "Environmentality: Community, Intimate Government, and the Making of Environmental Subjects in Kumaon, India," *Current Anthropology* 46, no. 2 (2005): 161 - 190 (quote on 162).

是否必须把支持生态系统可持续性的人们与那些虽然在利用环境却并不一定认为自己在为环境的可持续发展做贡献的人们相区分？在这些方面，虽然"环境主体"是一个明确的、有效的概念，有其内在的逻辑性，但是却给社会—生态系统分析带来问题，这是因为只有个人才能知道自己与环境的真正的主体关系，而作为学者，我们只能做行为分析。假如我们主张只有那些将人类对地球影响最小化的行为才是环境主体的表现，那么我们将遗漏一部分类型，这部分人虽然把其与生态系统之间的关系归为服务关系，但却可能没有能力实施可持续行为。因此，主体性的制度维度是主体形成的基础，根据阿格拉瓦的观点，如果没有与社会制度可能推动或要求的可持续行为建立联系，主体不能存在。由于这种主体性以个人对其社会生态环境的认识为前提，因此环境主体的存在、性质和产生的结果是本章讨论的关键。声称"我的汽车不需要森林"的人，其环境主体性就弱于地球优先组织的成员吗？因为前者察觉到了自身与自然关系的区别，但是其一直都意识到这种不同吗？此外，北极地区的土著族群（Arctic groups）和其他当地族群（place-based people）的价值系统和生活生计都依赖于一个特定类型的北极，如何认识他们对环境的认识与传统意义上的环保主义者（如野生动物保护者）并不一致？文泽尔（Wenzel）[①]以加拿大因纽特人为例，有效地描述了这种差异，他指出现代因纽特文化所面临的最大挑战是"改变南方人对北极地区的认识，包括对因纽特人居住的北方生态系统的认识"[②]。行动主义者（activist）的新观点往往并不能真正认识技术（如雪地汽车和舷外引擎）在不可预测的生态系统背景下（如降雪差异和海冰差异）为因纽特人提供的适应优势，这种优势能使因纽特人继续追求捕猎和教育下一代的社会文化目标。是否因为因纽特人使用了北极的资源而否认因纽特人就是环境主体？

---

① George W. Wenzel, "Warming the Arctic: Environmentalism and Canadian Arctic," in D. Peterson and D. Johnson, eds., *Human Ecology and Climate Change* (Bristol, PA: Taylor & Francis, 1995), 169 - 184.
② Wenzel, "Warming the Arctic," 175.

虽然在认定环境主体的真正本质时存在上述问题，但是这并不妨碍环境主体概念成为一个建设性的功能分类，以用于揭示生态系统与社会系统之间的政治空间。尤其是，它证明了认识每个系统目标的重要性。图 5.1 中所描述的交互子系统中同时包含矩形 A，即社会产物部分，和矩形 B，即生态系统服务部分。这些部分分别对应着任何一套制度（如规则、规章或实践），以及社会系统所保持的有关生态系统以及生态产品（ecological products）的信念，或者这种行动的结果，或关于生态系统的信念。在内外压力的作用下，主体形成将发生在这个椭圆中。阿格拉瓦的定义在争议中产生，但是该定义在用于理解人们如何通过规则控制自然资源和这些规则如何反过来影响人类将自身与环境关系概念化的方式时，其纽带作用显而易见。

弹性、脆弱性和适应

随着时间的推移，人类在描述生态系统目标时所使用的词语也在发生变化。目前，多数社会生态研究都提倡以弹性或鲁棒性作为主要目标，这一目标一旦实现，生态系统将提供人类所期待的服务。这一目标近来也成为图 5.1 中的系统目标。

生态系统弹性理论往往被用来解释人类与其居住的生态系统之间的动态关系。简单地说，弹性是指在发生扰动时，保持社会—生态系统基本属性的能力。

> 在生态系统中，弹性依赖于功能群必备的多样性和提供恢复之来源的累积资本。系统弹性通过规模较小、速度较快的系统破坏和更新来体现。生态系统的弹性可以通过系统的"记忆"过程重新建立，这种系统记忆过程包括当前系统与过去系统和邻近系统相联系的再生过程和更新过程。减少时空多样性的管理制度或者人类行为将导致系统弹性减弱。[1]

---

[1] Gunderson and Holling, *Panarchy*.

与弹性理论成对出现的还有脆弱性理论。脆弱性与系统因遭受干扰或压力/压力因素而受到损害的可能性有关。[1] 在气候迅速变化的时代，生态系统的某些属性可能比其他属性具有更高的弹性，或者更低的脆弱性，因此生态系统的不同方面对压力的反应也将有所不同。

那么，我们该如何界定社会系统的弹性？艾德加（Adger）对社会系统和生态系统之间的关系做过详细讨论，他提出，我们不能否认两个系统之间存在"协同关系和共同进化关系"。[2] 不过，社会对单一生态系统或者单一自然资源的依赖程度越高，当该生态系统的功能或者资源开发充裕度受到影响时，该社会越容易受到影响。有鉴于此，他**把社会系统的弹性**界定为**脆弱性**的广义反义词，即"社区承受外部对其基础设施冲击的能力"。社会弹性的增强是通过社会制度实现的，普遍认为，社会制度是"控制社会的习惯行为、规则和规范，以及通常所理解的正式的组织机构"，其本身必须表现出弹性。[3] 艾德加指出，社会制度的弹性可以促进文化的适应性和社区的稳定性，但是社会制度的弹性取决于两个方面："文化背景"以及"不同知识系统对人类与环境的交互作用的不同认识"。[4] 因此，要用社会制度解决交互的社会生态子系统的问题，取决于创造社会制度和塑造环境主体的那些人的环境主体性。

弹性是自然科学中广泛使用的概念，不过最近，出于对社会—生态系统管理的不同认识，有人又提出以鲁棒性为目标。安德里斯（Anderies）、杰森（Janssen）和奥斯特洛姆（Ostorm）建议我们探索决定系统鲁棒性而非弹性的条件，他们提出，我们可以建立一个能够抵抗外部干扰和内部压力、不会发生整体崩溃的耦合系统，以建立系统

---

[1] B. L. Turner II, R. E. Kasperson, P. A. Matson, J. J. McCarthy, R. W. Corell, L. Christensen, N. Eckley, J. X. Kasperson, A. Luers, M. L. Martello, C. Polsky, A. Pulsipher, and A. Schiller, *Proceedings of the National Academy of Sciences*, USA 100 (2003): 8074-8079.

[2] Neil Adger, "Social and Ecological Resilience: Are They Related?" *Progress in Human Geography* 24, no. 3 (2000): 347-364 (see especially 350).

[3] Adger, "Social and Ecological Resilience: Are They Related?" 348.

[4] Adger, "Social and Ecological Resilience: Are They Related?" 351.

的鲁棒性。① 他们承认在社会—生态系统中应用工程概念的复杂性，因此开发了一个分析框架，他们认为该分析框架将有助于分析自然资源及其治理系统、相关基础设施的鲁棒性。此外，他们还考虑到多种可能涉及鲁棒性的社会生态关系：

> 由于我们精确分析了社会—生态系统，我们可以辨别出一种**资源**的崩溃或不受欢迎的转型……与**整个系统**的崩溃或丧失鲁棒性的差别。我们规定，只有社会系统和生态系统**同时**崩溃，我们才能把社会—生态系统归为崩溃的社会—生态系统，因此，我们的分析范围（系统界限）不仅包括人类社会系统，还包括人类社会系统从中提取物品和服务的**所有**生态系统……
>
> 综上，我们认为，如果一个社会—生态系统能够防止其所依赖的生态系统发生以下转变：向不能支持人类生存的新吸引域（domain of attraction）转变，或者向给人类造成长期苦难的方向转变，那么这样一个社会—生态系统就是稳固的社会—生态系统。②

作者们提出几个例子说明一些地方生态系统的崩溃可能是社群渴望社会扩张而开发一类新的生态系统的结果。在泰国和越南，红树林和稻田被改造成不可持续的虾池，这被看作为实现鲁棒性而做出的选择，因为这是两国社会实现工业化发展所需的长期的、可持续的"基石"。③然而，把维持一定数量的人口和保留一定形式的生态条件的全部社会

---

① Anderies, Janssen, and Ostrom, "A Framework to Analyze the Robustness of Social-Ecological Systems from an Institutional Perspective".

② Anderies, Janssen, and Ostrom, "A Framework to Analyze the Robustness of Social-Ecological Systems from an Institutional Perspective," 7; italics in original.

③ Anderies, Janssen, and Ostroin, "A Framework to Analyze the Robustness of Social-Ecological Systems from an Institutional Perspective"; L. Lebel, N. H. Tri, A. Saengnoree, S. Pasong, U. Buatama, and L. K. Thoa, "Industrial Transformation and Shrimp Aquaculture in Thailand and Vietnam: Pathways to Ecological, Social, and Economic Sustainability?" *Ambio* 31, 110. 4 (2002): 311 - 322.

经济系统都描述成同等稳固或适当，未免有些牵强。

有弹性的社会系统是否要依赖有弹性的生态系统？利用社会—生态系统框架来追踪社会与资源之间的相互依存模式，很大程度上是一种价值中立的计划。不过，一旦为每个系统设立目标，人类的价值观将主导该目标的形成，以及实现该目标的最佳手段选择。这些目标通过社会制度来界定和定向，而这些社会制度所支持的社会实践可能导致环境主体性，或者事实上导致人类对环境主体的抵抗。

人类与环境的互动：制度的作用

在制度研究中，统治技术与生活世界相遇——为实现某种目的，由规则、标准和共享策略构成的系统把人们组织在一起。[1] 个人和群体通过复杂的制度网络，感知社会和生态环境并对其做出响应。由于制度有组织和指导社会行为的作用，因此制度程序、组织文化和管理策略决定了政治结果。一种制度在其存续期间，会在其势力范围内创立特定的行为模式和认识论，这些行为模式和认识论涉及人们对相关规则的认同，以及他们遵守或违反相关规则的方式。彼德·布洛修斯（Peter Brosius）是一位著名的人类学家，他在研究环境运动中的制度效应时做出了详细论述："制度本身被定义为话语和实践的特定空间的填充物，这样在效果上制度就重新定义了行动的空间。制度偏向某些行为方式，限制其他行为方式；偏向某些行动，边缘化其他行动。"[2] 换句话说，可持续性、社区、气候变化甚至科学等概念都渗透着制度所赋予的明确意义。以下案例证明，围绕一套有组织的规则形成的文化影响了与社会治理相关的政治学和身份认同的形成。在第一个案例中，各种制度之间相互协调，并且具有普遍性；在第二个案例中，虽然不存在制度化的海冰管理体制，但是却有一系列与生态系统服务相关的规则体系。在前一种治理制度中，公民有权使用限定和调节野火的

---

① Oran R. Young, *The Institutional Dimensions of Environmental Change.*
② J. Peter Brosius, "Green Dots, Pink Hearts: Displacing Politics from the Malaysian Rain Forest," *American Anthropologist* 101 (1999): 36 - 57 (quote on 50).

行动和规则,这种制度很灵活,可能会对干扰系统的变化迅速采取行动。另一方面,缺乏针对海冰的措施和主次不分的相互重叠的制度,妨碍了那些受到海冰快速消退影响的群体(如北极熊、以海象为生的社区等)的有效迁移。

简言之,在社会系统与生态系统两者之间的空间中,制度发展和变化的潜力意味着政治学的潜力。人类与环境的互动空间被表述为交互作用的子系统中的矩形 A 和矩形 B,这个交互空间是随机的,并且易受制度植入(institutional colonization)的支配,正如环境主体是在考虑到气候变化之后,(调整)各种规则,并(建立)新的社会实践用于对这些互动空间进行塑造的结果。历史塑造了制度,制度则是"历史轨迹和转折点"的体现,[1]并通过提供特定的组织机遇,与各种目标和操作程序相联系的永恒价值观,以及在政治系统内部培养一批行动者来创造历史。关于阿拉斯加州的土著,他们曾经受到多个政府的殖民和压迫,直到 20 世纪 70 年代,他们的土地权利才得到解决。图 5.2 所示的制度与社会—生态系统之间相互关联的实质,尤其体现在了以下两个不同的案例中。

运动中的交互系统:野火和海冰

治理系统的主要作用是为其国民提供稳定保障。所有西方式民主最基本的概念就是社会契约论,在社会契约论中,为了得到个人安全的保障,人们放弃了部分自由。不过,这种稳定性一般都会进一步提供可靠的经济生产模式,形成一种能够参与定期举行的集体行动决策(如选举)的预期,以及对个人文化随时间发展的一般性感知。气候变化威胁并削减着政府提供稳定保障的能力,从长期看,政府可能无法为某些人群提供稳定保障。气候变化将不断提高人类所依赖的、为其提供生态系统服务的天气过程和地球过程的不可预测性。在综合考察这两个方面的同时,我们必须记住,政府还在其规则、技术、实践

---

[1] Robert Putnam, *Making Democracy Work* (Princeton, NJ: Princeton University Press, 1993), 8.

和行政职能中，或明或暗地提供了各种价值观。[①]

　　文中两个阿拉斯加的案例表明，北极地区正在发生着一些生物和地理的变化，这些变化将检验政府能够管理多种社会—生态系统，以便为各类群体提供所期望的、不同的生态系统服务的制度建设能力。这两个案例还揭示了不同层次的制度结构与生态系统之间的联系，以及与人类福祉相关的环境主体形成的随机本质。第一个案例是关于横跨北美的北方（boreal）森林中存在的野火管理体制，这个业已形成的体制体现出了人们对与人类相关的野火本性的灵活理解。第二个案例说明了海岸带海冰系统的脆弱程度，这里的海冰系统没有受到任何制度的约束，因为该地区的如北极熊之类极富魅力的大型野生动物正濒临灭绝，直到近期海冰系统的生态系统服务功能才成为人类需要面对的"问题"。

阿拉斯加的北方森林

　　全球许多地区的地表景观都依靠野火，或者野火适应性地保持生态系统的健康，[②]因为长期压制野火可能增加火灾发生的强度、规模和频率。[③] 在这种情境中，野火具有许多重要的社会作用和环境作用。从生物学的角度看，阿拉斯加北方森林的生物多样性部分依赖野火。

---

① John Kirlin, "What Government Must Do Well: Creating Value for Society," *Journal of Public Administration Research and Theory* 6, no. 1 (1996): 161 - 185.

② D. A. Wardell, T. T. Nielsen, K. Rasmussen, and C. Mbow, "Fire History, Fire Regimes and Fire Management in West Africa: An Overview," in J. G. Goldammer and C. de Ronde, eds., *Wildland Fire Management Handbook for Sub-Sahara Africa* (Freiburg: Oneworldbooks, 2004); S. C. Chapin, S. T. Rupp, A. M. Starfield, L. DeWilde, E. Zavaleta, N. Fresco, J. Henkelman, and D. A. McGuire, "Planning for Resilience: Modeling Change in Human-Fire Interactions in the Alaskan Boreal Forest," *Frontiers in Ecology* 1, no. 5 (2003): 255 - 261; A. N. Andersen, G. D. Cook, and R. J. Williams, eds., *Fire in Tropical Savannas: The Kapalga Experiment* (New York: Springer, 2003); Seth Reice, *The Silver Lining: The Benefits of Natural Disasters* (Princeton, NJ: Princeton University Press, 2001); R. J. Whelan, *The Ecology of Fire* (New York: Cambridge University Press, 1995).

③ G. J. Busenberg, "Adaptive Policy Design for the Management of Wildfire Hazards," *American Behavioral Scientist* 48, no. 3 (2004): 314 - 326; S. J. Pyne, *Fire in America: A Cultural History of Wildland and Rural Fire* (Princeton, NJ: Princeton University Press, 1982); D. Carle, *Burning Questions: America's fight with nature's fire* (Westport, CT: Praeger, 2002); C. Dennis, "Burning Issues," *Nature* 421 (January 2003): 204 - 206; R. N. Sampson, "Primed for a Firestorm," *Forum for Applied Research and Public Policy* 14, no. 1 (1999): 20 - 25.

多样化的动植物产生多样化的功能,它们是生态系统弹性的关键。[1]生态系统的弹性越大,就越能适应人类群体及其活动给生态系统施加的压力。换句话说,生物多样性越高,具有生态系统发挥作用所需关键特征的物种就越多。即使因为环境变化,某些物种消失了,一个丰富而多样性的系统,可能仍然具有足够多的、具有必要特征的物种以保持整个生态系统的功能。[2] 人类同样也以这种方式依赖生物多样性,因为我们生活其间的自然系统为人类提供了从食物和水源到衣物和娱乐等十分宝贵的生态系统服务。在北方森林系统中,野火在保持生物多样性的过程中发挥着关键作用,野火可以分解有机物质,促进某些植物萌芽,并为动物们在森林中创造出镶嵌式栖息领地。

这里应该提几个问题。野火为居住在北方森林系统中的社区带来了什么?野火如何影响环境的主体性?野火将随着气候的可预测变化而发生哪些变化?野火产生的影响随时间传播,影响的人类群体也有所不同。当然,野火对社会—生态系统也有负面影响,如财产的毁坏,生命或生活条件的消亡,烟气造成的健康问题和伤害,以及某些森林资源的损失等。不过,在阿拉斯加的北方森林中,无论从长期来看还是从短期来看,野火都有一定好处。从短期来看,野火的好处主要是对森林消防员以及那些依靠火险季节获得部分收入的救火员。在阿拉斯加,农村居民往往过着自给自足的生活,消防收入占他们年现金收入最高达 50%。[3] 发生火灾的另一个好处是形成自然防火隔离带,一片区域经过火烧,重新覆盖的植被在未来 30 至 60 年内不大可能再次起火。野火的长期好处在于跨越时间提供生态系统服务。在火灾发生后 2 至 4 年,(腐烂的)植被开始长出蘑菇;2 至 20 年后,开始盛产浆果;10 至 30 年后,驼鹿和其他毛皮动物开始出现。[4] 不过,

---

[1] Constanza et al., "Modeling Complex Ecological Economic Systems".

[2] S. C. Chapin, B. H. Walker, R. J. Hobbs, D. U. Hooper, J. H. Lawton, O. E. Sala, and D. H. Tilman, "Biotic Control over the Functioning of Ecosystems," *Science* 277 (1997): 500 - 504; Seth Reice, *The Silver Lining*.

[3] Chapin et al., "Planning for Resilience".

[4] Chapin et al., "Planning for Resilience".

火灾却对北美驯鹿产生了更多负面影响，北美驯鹿冬季食用的地衣非常容易受到火灾的影响。

应当注意，这些资源不仅对那些因为文化或经济原因采取自给生活方式的人很重要，对于食品生产、渔猎、旅游和房产开发企业来说也很重要。火灾发生后一段时间内，整个北方森林就会恢复，可以继续以上述目的向社会提供产品。简而言之，野火帮助那些具有野火适应性的森林保持生态弹性，生态系统的弹性越强，向人类提供的生态系统服务种类越多。相应的，人类可以更多地实现生存、资本生产和扩张等典型的社会目标。但是，野火既可以作为基本的生态过程，带来更好的生态系统服务，又可以构成自然危险，毁坏人类的生活，二者之间的微妙平衡遭遇气候变化的威胁。野火效应的正反两面性对不同部门的人口影响不同。由于联邦政府和各州政府之间的管辖范围，以及预算问题、设备的使用权和公众预期等原因，人们对如何才能最好地管理野火产生了争议。

从 1958 年阿拉斯加州加入美国，直至 20 世纪 80 年代，阿拉斯加州野火消防政策的发展体现了一种与美国其他各州一样激进的控火理念。[①] 根据火灾发生的区域，共有三个机构负责灭火协调工作。这三个机构分别是：（美国内务部的）国土管理局（Bureau of Land Management，BLM）、阿拉斯加州自然资源部（Department of Natural Resources，DNR）和美国林业局（U. S. Forest Service，USFS）。然而，20 世纪 80 年代出现了转折点，原因有两个。首先，保证北方森林生态健康的观念得到广泛认可，人们认识到北方森林是一个适应野火的系统。其次，整体灭火费用已经超出联邦政府和州政府愿意承受的范围。因此，州政府、各火灾管理机构和普通公众开始支持有限火灾管理的政策，而不是将野火完全消除。1984 年，启动了阿拉斯加统一跨机构联合防火管理计划（Alaska Consolidated Interagency Fire

---

① D. C. Natcher, "Implications of Fire Policy on Native Land Use in the Yukon Flats, Alaska," *Human Ecology* 32, no. 4 (2004): 421 - 441.

Management Plan，ACIFMP），重新安排救火的优先序和消防机构。根据新的计划，阿拉斯加州被分割成 13 个规划区域，在各个区域内，州政府和地方政府的官员、土地资源局以及各地区和各村的土著代表共同决策，[①]预先确定本区域需要的消防等级。

1998 年，该计划进行了重新修改，修改后的计划称为阿拉斯加跨机构野地防火管理计划（Alaska Interagency Wildland Fire Management Plan，AIWFMP），该计划统一了 13 个区域的规划，以便为土地管理者、所有者及其他人/机构提供统一的参考文件。现在，阿拉斯加州的消防管理实际上共有三个机构负责：国土管理局下属的阿拉斯加州消防处（Alaska Fire Service，AFS），该机构负责管理美国内务部所有部门和土著居民共同经营的全部土地，以及大部分军事用地，该机构还负责管理阿拉斯加州北部的全部土地，共计 78 509 014.71 公顷（1.94 亿英亩）；阿拉斯加州自然资源部下属的林业局，该机构负责管理阿拉斯加州中部的一片面积为 60 702 846.43 公顷（1.5 亿英亩）的土地，包括费尔班克斯地区（Fairbanks），但不包括费尔班克斯的整个北星市（North Star Borough）；还有美国林业局，该机构负责管理阿拉斯加州中部以南的面积为 10 521 826.71 公顷（2 600 万英亩）的国家林地。三个机构通过 1998 年的阿拉斯加州跨机构野地防火管理计划协调野火管理工作。

阿拉斯加州跨机构野地防火管理计划是阿拉斯加州野火管理的协调和运营机制，它明确规定了人类与野火之间的关系。

> 现在人们认识到，野火是许多生态系统自然发展史的关键特征。动植物的演化发展在自然系统中发生，野火是自然

---

① 简要地说，当阿拉斯加取得州的地位，美国国土管理局将 40 468 564.23 公顷（1 亿英亩）的联邦土地划分出来给这个新的州，美国国家公园服务局（U. S. National Park Service）以及美国渔业和野生动物服务局（U. S. Fish and Wildlife Service）。1971 年底，阿拉斯加土著人权利要求的清算法案（Alaska Native Claims Settlement Act，ANCSA）获得美国国会批准，以解决阿拉斯加土著居民要求的土地所有权问题，该法案为 13 个能够盈利的地方和区域本土公司建立了一套土地所有权制度。在此方案下，美国国土管理局进一步给这些本土公司划分出 178 061 682.86 公顷（4.4 亿英亩）土地。结果，地方当局与阿拉斯加防火服务局为野火管理形成了契约关系。

环境中存在的主导特征。占据一定区域的人类也受到野火机制的约束,野火的发生次数因为人类的活动而增加。在阿拉斯加州,野火机制的自然特点表现为 50 至 200 年一遇的间隔周期,这取决于植被类型、地形和位置。

该计划的目标是通过合作规划,以成本效益最佳,符合所有者、管理机构和部门政策的方式,为土地和资源的管理者/所有者提供实现消防、用地和资源管理目标的一个机会。管理方案的选择应当具有良好的生态性和经济性、操作可行性,以及充分的灵活性,对目标、消防条件、用地模式、资源信息和各种技术的变化做出适当响应。[①]

该计划继续将野火对景观的重要性(并非阿拉斯加的全境所有地区都具有野火适应性,如沿着南部海岸分布的雨林)与有关消防的公共基础设施建设优先结合起来一起讨论。在该计划的目标清单中,第一个目标是:"依据需要保护的人类生命、私有财产、高价值资源,以及燃料类型和相应的火情建立野火管理备选边界,而不是依据行政管理边界确定野火管理预案分界。"[②]从第二个目标开始直至第六个目标,内容分别涉及灭火响应、土地管理者和所有者的消防管理需求评估,以及灭火成本。第七个目标和第八个目标再次重申野火对景观的重要性,要求"尽量减少灭火活动的负面环境影响",并且承认"符合规定的野火是重要的资源管理工具,有助于实现土地和资源管理的目标"。[③] 在这个文件主体的前面部分概括了管理政策选择和管理程序,作为一个灵活管理社会—生态系统的最终文件样例,该计划规定了六条"一般性指导原则"。第一条指导原则是:"北方森林和苔原环境属于野火依赖型生态系统,这种生态系统与野火共同发展,如果排除野

---

① U. S. Department of the Interior (USDI), *Alaska Consolidated Interagency Fire Management Plan*, operational draft (Fairbanks, AK: U. S. Bureau of Land Management, 1998), 12.

② USDI, *Alaska Consolidated Interagency Fire Management Plan*, 12 - 13.

③ USDI, *Alaska Consolidated Interagency Fire Management Plan*, 13.

火,这种生态系统将丧失其特点、活力和动植物的多样性。"①

野火管理政策和相关景观中的野火构成交互作用的子系统。由于气候要素的改变,如大气温度和海洋温度升高,区域条件变得更加温暖和干燥,导致该子系统似乎在发生变化。在阿拉斯加州内陆,野火的强度和范围都有所增加或扩大。过去50年的火灾记录表明,有60%的最大火灾都发生在1990年以后。甚至北方森林的某些方面,如昆虫和永久冻土层,也与野火有着密切关系。在阿拉斯加州北方森林的南部边缘,由于气候变暖,甲虫的生命周期从两年减至一年,从而改变了树木与昆虫之间的平衡,树皮甲虫的爆发次数增加了。昆虫的爆发提高了自然或人为引发其他干扰的可能性(如野火和除害砍伐)。因为燃烧释放的热量和有机绝缘层的丧失,导致永久冻土层的温度更容易受到大气温度变化的影响,火灾过后,永久冻土层很有可能融解。在过去50年间,据估计,阿拉斯加州境内已经损失了3%的永久冻土层,并且预计在21世纪,该州将损失剩余的全部永久冻土层。如果这种情况真的发生,这将深刻地改变生态系统过程的控制因素(生态系统支撑服务的调节反馈,见图5.2),并将使极地系统中生态成员的弹性面临挑战。②

由于居住在人口稠密区的居民要求扑灭附近的火灾,以减少烟气,以及为了保护位于城市与郊野交界处的家园、第二家园和商业企业,随着时间的推移,阿拉斯加州消防体制的变化将迫使我们对社会制度和政治策略做出重新安排。这些变化也将产生新的身份认同,同样的,人们学着改变他们对野火在景观塑造以及保护性服务能力方面的看法。2004年,阿拉斯加州[以及附近的育空地区(Yukon Territory)]发生了史无前例的火灾,这场火灾既证明了相关机构主动

---

① USDI,*Alaska Consolidated Interagency Fire Management Plan*,14.
② Chapin et al.,"Policy Strategies to Address Sustainability of Alaskan Boreal Forests in Response to a Directionally Changing Climate".

控制火灾的能力,也说明了公众不愿接受火灾靠近的事实。[1] 因此,这种气候驱动的复杂情况给政府和环境主体带来了一系列棘手的问题,并且这些问题没有最佳解决方案。[2] 要考虑到自身是火灾适应型景观中一个交互作用的组成部分,就需要物理学的迁移率与社会经济文化相匹配。另一方面,全然不考虑野火就去开发景观,与为景观再造而控制灾害所带来的后果是一样的。

海岸带海冰

海冰是北极地区的另外一个特征。与野火一样,当初也被视为对人类文化生存无关紧要的海冰,实际上对阿拉斯加州的各类社会—生态系统都很至关重要。如果我们考察广阔的阿拉斯加州或者加拿大沿北极地区的海岸线,就会发现许多大小不一的社会—生态系统。例如,阿拉斯加州的巴洛(Barrow)和威尔士(Wales)虽是两个不同地区,但是它们都要依靠一个类似的共享特征——海冰。在这些案例中,存在一个交互作用的海冰子系统,该子系统包括那些利用这种生态系统特征的人们,还有与海冰的使用关系密切的规则、实践和身份认同。不过,如果作为整个北极社会—生态系统的一个泛北极特征来看待,那么海岸带海冰就可以被看作是一个系统。与海冰相关的交互作用的子系统把依靠海冰为生的人,以及因为海冰系统的变化其生计选择变得更危险和消失的那些人联结在了一起。

在过去30年间,海冰的年均覆盖范围已经减少了三分之一,减少的面积比挪威、瑞典和丹麦面积的总和还要多。[3] 2005年和2007年,

---

① A. L. Lovecraft and S. F. Trainor, "Organizational Learning and Policy Change in Wildland Fire Agencies: Cases of Uncharacteristic Wildfires in Alaska and Yukon Territory," unpublished manuscript, 2006.

② F. S. Chapin, S. F. Trainor, O. Huntington, A. L. Lovecraft, E. Zavaleta, D. C. Natcher, A. D. McGuire, J. L. Nelson, L. Ray, M. Calef, N. Fresco, H. Huntington, S. Rupp, L. DeWilde, R. L. Nayor, "Increasing Wildfire in Alaska's Boreal Forest: Causes, Consequences, and Pathways to Solutions of a Wicked Problem," *BioScience* (2008) (in press).

③ ACIA, *Impacts of a Warming Arctic: Arctic Climate Impact Assessment*; J. C. Comiso, "A Rapidly Declining Perennial Sea Ice Cover in the Arctic," *Geophysical Research Letters* 29 (2002): 1956.

出现了两次创纪录的最小海冰面积。[①] 夏季海冰的覆盖范围急剧减少，低于预计覆盖面积的 15％ 至 20％。[②] 海冰不仅覆盖面积减少，而且变得越来越薄，从 20 世纪 60 年代起到 90 年代，海冰的初始融化厚度减少了将近 40％。[③] 不仅海冰的减少是个问题，而且，由于气候变化，海岸带海冰的可预测性降低。[④]

海冰的变化不仅会给自然界造成干扰，如大气温度升高、海洋的表层盐度降低以及海岸侵蚀的增加等，而且也会造成社会影响，尤其是对那些依靠海冰进行经济生产和社会教育的人们。北极熊、几个种类的海豹以及海象等分别利用冰层的不同方面，把冰层作为它们的捕猎平台、休息平台和养育后代的平台。这些动物对于生活在沿岸地区的土著居民的生活方式都有着极其重要的作用。人类利用海冰来行动和捕猎，而随着海冰的变薄和消退，以及变得不可预测，那些依靠海冰获取食物和保持文化传承的人群将面临困境。[⑤] 不仅是捕猎活动受到海岸带海冰动态的威胁，而且还影响到所有的村庄。其中受到影响最大的是一个位于阿拉斯加州北部的名为希什玛莱福（Shishmaref）的沿海村庄，这个村庄已经在此存在了 400 年之久。由于温度上升，海冰冰盖减小，风暴潮的高度超过了警戒高度，侵蚀着海岸线，破坏了该地区的住宅和基础设施，目前该村庄正计划重新选址。[⑥] 当地居民通过本地人，主要是通过因纽特人环极地委员会（Inuit Circumpolar Council）（居住在美国、加拿大、格陵兰和俄罗斯的约 15 万因纽特人的代表委员会）不断努力，传递北极地区正在经历的海冰系统恶化的紧

---

① J. C. Stroeve, M. C. Serreze, F. Fetterer, T. Arbetter, W. Meier, J. Maslanik, and K. Knowles, "Tracking the Arctic's Shrinking Ice Cover: Another Extreme September Minimum in 2004," *Geophysical Research Letters* 32 (2005): L04501; Serreze, M. C., M. M. Holland, and J. Stroeve, "Perspectives on the Arctic's shrinking sea-ice cover," *Science* 315 (2007): 1533–1536.

② ACIA, *Impacts of a Warming Arctic*.

③ ACIA, *Impacts of a Warming Arctic*.

④ I. Krupnik and D. Jolly, *The Earth is Faster Now: Indigenous Observations of Arctic Environmental Change* (Fairbanks, AK: Arctic Research Consortium of the United States, 2002).

⑤ S. Fox, *When the Weather Is Uggianaqtuq: Inuit Observations of Environmental Change*, CD-ROM (Boulder: University of Colorado Geography Department Cartography Lab, 2003).

⑥ NOAA, "Arctic Change: A Near-Realtime Arctic Change Indicator," 2006 (updated November), http: www. arctic. noaa. gov/detect/human-shishmaref. shtml.

迫状况和问题等信息。① 美国和加拿大的联邦机构已经扩大了研究范围，把土著居民也列入海岸带海冰研究内容。②

海冰的消退极有可能提高北极的海洋运输水平，使航行季节变长，矿产资源投机增多，如海上石油和天然气的开采。③ 在更广大的范围内，夏季海冰的最小覆盖范围的变化成为最重要的环境因素。新航路的开通，在先前难以到达的大陆架上开采石油和天然气资源，以及许多环北极地区的国家先前因为北极地区的难以到达而未加重视的国防问题，最近几年在国际舞台上开始受到重视，成为广泛讨论的话题。④ 自 2008 年开始，美国的矿产资源管理服务部（Minerals Management Service）已在彻奇海（Chucki Sea）租售外大陆架（Outer Continental Shelf），此举已经在那些身份认同和生计与海冰有密切关系的人们中引起了广泛的政治争议。例如，在这些地区做钻探准备时，需要进行地震波勘探，穿透海床，有观点认为，地震波勘探会干扰野生动物，如鲸和其他海洋哺乳动物，而这些哺乳动物是北极沿海地区居民生活的重要组成部分。在几十年间，由于海洋堆冰的存在，钻探浪费时有发生，但是由于海冰消退，某些政治、社会和经济活动变为可能，这给居住在北极地区的人口乃至整个社会带来巨大的机会，同时也是巨大的挑战。是否将北极熊列为濒危物种的争议，体现了北极地区复杂的特性。北极熊不大可能从这种一贯采用的保护措施中获益，如加强禁猎（在阿拉斯加州，打猎被高度限制，不允许任何娱乐形式的捕猎活动），但是，禁猎规则并不能阻止海冰消退，而海冰消退对动物种群数量下降的影响最大。海冰消退给制度理论提出了一个远不同于野火的问题。如果

---

① Sheila Watt-Cloutier, "Inuit Circumpolar ConferenceTestimony," U. S. Senate Committee on Commerce, Science, and Transportation, Washington, DC, September 15, 2004, http：Nwww. ciel. orglPublications/McCai1—HearingSpeechl5SeptO4. pdf.

② NOAA, "Changes in Arctic Sea Ice over the Past 50 Years: Bridging the Knowledge Gap between Scientific Community and Alaska Native Community," 2000 年海洋哺乳动物委员会关于北极圈内浮冰和其他环境参数改变的影响的工作坊的概要, http://www. arctic. noaa. gov/workshop_summary. html.

③ L. KT. Brigham, "Thinking About the Arctic's Future: Scenarios for 2040," *The Futurist* (Sept/Oct 2007): 27 - 34.

④ Arctic Council, *Arctic Marine Strategic Plan*.

没有一套规则体系用于处理生活在冰原上的人们当前所面临的现实问题,无论是生活在冰冻岛屿上的阿拉斯加土著猎人,还是忙碌在为运输设备而开辟的公路上的石油天然气工人,都必须把北极这个社会——生态系统看作一个彻底的随机系统,参与其中的那些方式,正在影响着他们的观点、对话和治理策略。

随机性(contingency)、机构和环境

社会系统与生态系统之间存在交互空间,包括制度空间、政策空间和社会身份认同空间,在对这些空间进行理论化讨论时,有两个关键要素:时间和范围。首先,对人类依靠的生物过程,例如土壤中的营养物质循环、森林覆盖率、水位、天气型及动物行为等的干扰,可能反映了周期性的模式,也可能指示着更大范围的不稳定趋势,这需要几十年后科学给出解答。其次,地方的观测结果可能独立于州、全国,或者全球观测结果显示的趋势在地方尺度上无法察觉,或者地方尺度观测到的证据不能体现这种趋势。前者促使我们更好地理解生态系统科学及人类对其的影响。我们的确知道趋势性的气候变化(directional climate change)正在发生。后者促使我们更加仔细地用多学科、非学术的视角审视有关气候变化对人类和生态系统的影响效果。本章提出一个有助于此研究的通用分析框架。

未来50年,北极的北方森林是否会变成开阔的草原?对于居住在北方森林系统中的人类来说,野火干扰的管理体制(fire-disturbance regime)的瓦解将意味着什么?如果没有了赖以生存的海冰,猎人如何获得食物?有鉴于此,我们该如何思考北极地区可能面对的未来?安德里斯、杰森和奥斯特洛姆以及其他学者已经为回答这些问题打开了一扇窗,他们建议将鲁棒性和弹性作为社会——生态系统的期望特征。[1] 安德

---

[1] 此时,只有安德里斯、杰森和奥斯特洛姆提出了一个社会——生态系统目标框架。研究弹性时依然倾向于既讨论社会和生态的弹性,也考虑两者的对比(见 Adger, "Social and Ecological Resilience: Are They Related?"),但未考虑耦合的社会——生态系统本身的目标。所以,我关注安德里斯、杰森和奥斯特洛姆的模型。

里斯及他的同事们提出，社会—生态系统的管理应当以鲁棒性为目标，他们认为，即使社会—生态系统中的生态学成分已经萎缩，并超出了可恢复的阈值，也可考虑社会—生态系统的鲁棒性。于是在实践中，社会可以使其使用的自然资源（包括整个生态系统）变为不可持续发展状态，如果社会能承受相应的人口，并且"人类没有遭受长期的苦难"，那么该社会仍然可被描述为稳固的。[①] 因此，根据他们对鲁棒性的定义，虽然他们提出了分析社会—生态系统的变量框架，但是除了鲁棒性本身以外，他们并没有给出任何保证社会—生态系统特定类型的变量。

如果我们应用这个理论分析社会系统和生态系统的交互作用时，例如，分析野火依赖型社会—生态系统，如果资源使用者和基础设施提供者同意扑灭任何时间可能发生的任何火灾，尽管这样做会损害多种生态过程，但因为人类仍然存在于正在运行的社会中，这个社会—生态系统仍将被看作是稳固的，那么，分析系统的鲁棒性就可能没有实际意义。海冰也是同样道理，如果没有海冰，就可能在北极开发大型油田。另一方面，如果我们想要评估一个社会—生态系统的长期甚至短期的鲁棒性，以选出一个有价值的社会经济混合体，那么首先我们必须使一些与人的价值观更为密切的观念发生改变。在社会—生态系统中，怎样才能使得长期的鲁棒性成为考察因素？资源损耗和生态系统崩溃将导致物品和服务的提取转向不同的资源基础。当一个社会不能再继续支持或者不愿意继续支持与资源损耗和生态系统崩溃相关的成本（金钱及其他）时，上述观点尤为重要。例如，世界上许多农村地区在向城市过渡时，都进入不可持续状态。这些地区的民主制度通常都在正常运行，向城市过渡被认为是现代化过程的积极组成部分。如在上文提到的越南渔业的例子中，向城市过渡也可以看成是实现长期稳定的一个战略步骤。但是，不是所有社会都会以牺牲可持

---

① Anderies, Janssen, and Ostrom, "A Framework to Analyze the Robustness of Social-Ecological Systems from an Institutional Perspective".

续性自然资源和与该资源相联系的文化模式来换取现代化的。同样的，在上文提到的例子中，虽然许多资源使用者和火灾管理者都曾公开表示希望减少火灾的发生次数，但是，他们也承认自己没有资金能力（或者，从文化上当我们考虑北方森林为人们提供的各种服务时），不能够把野火——他们的社会—生态系统的组成部分——彻底地消除。那么，对于复杂的社会，该如何管理，才能实现居民所希望得到的那种鲁棒性呢？随着社会居民的主体性被制度塑造，以及居民本身也在推进某种类型的鲁棒性，那么他们自己将会推动哪种鲁棒性呢？

回答这些问题时，一个要素是找到一个概念化而非主观臆断的方式，对鲁棒性理论进行语法分析。就算一个稳固的社会—生态系统必须能够承受自然灾害，但是自然灾害在多大程度上是一个变量，尤其是当自然灾害以生态上必要的、提供多重资源（如野火）的自然事件形态出现的时候？如果我们思考野火依赖型系统的例子，这个例子可能对于思考以上问题没有多大帮助，但会让人注意到社会—生态系统的长期健康取决于短期的破坏力量。假设各社区不希望全盘改变其居住环境，如不希望将北方森林转变成农田，那么各社区必须在以下两项内容之间取得平衡：对火灾的短期脆弱性及其相伴随的社会低效后果（如烟气、登山路线变更、旅游业损失和财产损失等）与提供长期生态系统服务（如驼鹿、森林景观、健康木材林、浆果等）之间的平衡。有鉴于这些权衡，我们能将强与弱的社区以及强与弱的生态系统概念化。例如，我们是否需要让所有的人都离开北方森林，以便野火可以自由蔓延？我们是否要扑灭火灾，以便得到最多的清新空气和家园的扩展？如果鲁棒性概念因"强调成本/收益权衡与设计系统以解决不确定性相关联"[1]而成为一个有用的概念，那么这些权衡应当在一定程度上反映到这个概念的应用上。在从实践上帮助理解社群意愿以及

---

[1] Anderies, Janssen, and Ostrom, "A Framework to Analyze the Robustness of Social-Ecological Systems from an Institutional Perspective," 1.

为何做出某些权衡方面,社会—生态系统鲁棒性概念的四重模式还有很长一段路要走(见图5.3)。

	最大化生态系统	最小化生态系统
最大化社会	(1) 这是最佳选项。我们可以把这一系统的属性定义为:社会提供很高的生活质量,生态系统繁荣发展,且具有弹性,能够承受外部冲击(自然灾害或气候变化)和生态系统服务要求的变化。	(2) 生态系统几乎没有可持续性,但是社会系统繁荣发展。在相关场所,往往是人类生活的进步以资源的破坏/损耗和生态系统的不可持续性为代价。在这样的地区,社会完全依靠非本地化的资源,如主要的城市中心。
最小化社会	(3) 不稳定的可持续性社会(可变化幅度小),但是生态系统兴旺发展。可能是游牧群体、小规模的捕猎群体。位于边远的、人烟稀少的地区。	(4) 土地贫瘠,社会没有可持续性,是最差的选择。遭受自然灾害的地区,自然灾害将人类社会和生态系统全部抹去。位于极端寒冷或极端炎热的地区。

图 5.3 耦合的社会—生态系统的鲁棒性类型图

环顾全球,我们能发现一些富有弹性的生态系统与繁荣的人类社会相伴存在的例子,也可以看到相反的例子:生态系统退化与几乎不可持续的人类族群相伴。不过,也存在处于不毛之地而高度成功的人类社会,以及生态系统繁荣而人类社会可持续性极不稳定的情况。这里提出了在社会中选择的问题。是否所有社群都能认识其所面临的权衡问题? 换句话说,我们不能假设所有社群都能很好地应对不确定性。此外,社群首先必须能够理解其未来的生活方式**可能**也**是**不确定的。他们都能从这些权衡中得到期望的结果,平等地拓展长期决策的能力吗? 如果上述两问题的答案均为否,那么我们能否依然称这种社会—生态系统是稳固的? 当社群能够认识到未来的不确定性,但是却因为内部或外部的原因,而不能设计出社会上可接受的处理这种不确定性的方式方法,那么我们能否用这些概念来衡量这种权衡能力? 这些问题为进一步研究社会选择与生态未来之间的关系留下了空间。

结论:问题与机遇

如果把政治看作"决定什么是、什么正确和什么起作用的权力诉求的争斗",这就意味着北极社会—生态系统的政治,部分根植于有关本性、意义和地表景观的野火管理或者海冰覆盖的社会性构建的争论。这些争论塑造了制度,这些制度现在已经有权决定跨越地理和时间尺度影响社会—生态系统。围绕这些制度的政治部分受到生态系统内部力量的推动,因此,这种主张并不是一种歪曲。因为在美国,在一个多头民主政治的社会系统中,这类政治表现得淋漓尽致,对于多数公民而言,系统内部所经历的紧张局面目前并非社会崩溃或生态系统毁灭的先兆。但是对于那些数量较小、其身份认同与社会—生态系统密切联系的人群来说却不是这样,那些政治和制度似乎并未能对其提供任何短期帮助,或许因为他们的人数不足以影响选举的变化。作为一个整体,泛北极社会—生态系统所面临的主要挑战是其制定和实施长期规划——进行研究和做出有关气候变化、人口增长和自然系统需求转变的决策——的能力。此外,这一问题不能仅仅通过以牺牲其他方面为代价强化某些环境主体性的"常规政治"方法来解决。

由于人类福祉的定义中包括选择自由和行动自由,因此人类福祉取决于以这种方式给那些受气候变化影响最大的人群提供真正选择的制度创建能力。为了能够实现其认为值得做和有存在价值的目标,一个人必须要拥有合适的机遇以形成一种环境主体性的发展空间。同样的,必须为主体性的形成提供各种机遇(如利用多样的生态系统)。但是,北极系统面对的定向压力为人们展现出这样一种情景:其中的土著文化和那些选择温饱水平生活方式的土著居民,因他们生活所需的环境将发生巨大变化,而不能选择活动方式或者选择那些作为文化生存基础的生活方式。目前,这种制度的形成和主体创造的空间不仅取决于居住在北极地区居民的选择,而且也取决于远至北极以南地区人们的选择。

(殷培红译　殷培红　耿润哲校)

作为社会批判的气候学：全球变暖、全球变暗及全球变冷的社会建构/创造①

提摩太·W. 卢克

　　本研究质询当代工业生产和消费的早期运作模式为何会留下大量的有害副产品，如二氧化碳、甲烷、氧化亚氮和氯氟烃，造成"全球变冷"、"全球变暗"或"全球变暖"；同时也研究这些趋势怎样以持久的方式缓慢重构自然。现在作为社会批判的一种形式，气候科学已对这些问题进行了公开的探讨。一些气候学家接受了这一社会任务；然而，他们的分析也暗示这些变化是如此迅速、深远和重要，以致在这些变化的相互作用中形成了一种新的环境，有人称之为"社会自然（socionature）"、"技术自然（technonature）"或"都市自然（urbanatura）"。此外，尽管有科学家不间断地监测，但因气候变化具有明显的不可预见性，影响范围广，其复杂性大大超出了人类的响应程度。为了审视这些变化，本研究将重新考虑全球变暖、变暗和变冷的社会创造（social creation）和社会建构。

　　没有环境能独立于其包围着的生物体而演化，为了维持不可持续

---

① 本章内容选自 *Rethinking Globalism*，ed. Manfred Steger（Lanham，MD：Rowman & Littlefield，2004）；*Capitalism Nature Socialism*，16（2005）；*Alternative Globalizations：2006 Conference Documents*，ed. Jerry Harris（Chicago：LuLu. com，2006）。

的经济,为地球环境所包围的人类生活模式有意无意中深刻地改变了这些环境。因此,一旦人们认识到人为过程如此广泛、确切地导致了地球变热、变暗或者变冷,那么现在就必须根本性地改变一些共同理念,如曾经如何理解地球的"环境",为保护地球应如何组织"环保主义者"等。[①]

全球变暖

大约 200 万年前,人属(genus Homo)的早期原始人系(protohuman lines)出现在化石记录中,后来的智人(Homo sapiens)就出自这一支系。随着人类的进化,大约在 900 000 年前发生的一次明显的全球性降温,引发了一系列相当有规律的冰期旋回,每次冰期大约持续100 000 年左右,但是冰期交替出现的间隔期变得越来越短,温度越来越高,这样的间隔期时间为 8 000—40 000 年。该循环中,最后一次冰期在约 18 000 年前结束,但新仙女木事件(Younger-Dryas event)是个例外,仅在约 200 年的时间内突然将地球带回到冰期时的温度。回暖发生得很快也同样明显,例如,在不到 10 年内格陵兰岛的温度上升了约 5.6℃(10℉)。[②]

许多气候学者接受史学传统,认为工业革命开始于 18 世纪,因为蒸汽机(的发明)和城市的扩张导致了煤炭、木材和生物燃料消耗极大增加,以满足现代工业生活所需要的能源。地质学、植物学和海洋学的证据也揭示出二氧化碳和其他温室气体水平的增加始于那一时期。所以,早在 1824 年,让-巴普蒂斯-约瑟夫·傅里叶(Jean-Baptiste-Joseph Fourier)的科学研究就已经提到将地球作为"基础设施系统[③]

---

① 见 http://www.globalissues.org/EnvIssues/GlobalWarming/Globaldimming。ASP 网页。这两种(变冷和变暗)截然相反的大气吸收效应均源于使用化石燃料排放出的温室气体和颗粒物。17 世纪以来这些效应的强弱与大气中的二氧化碳和其他污染物浓度上升同步反向变化。那时,每人每次吸入 280 个二氧化碳分子,而现今则为 380 个二氧化碳分子。这种上升水平相当于 1 年增加 2 个二氧化碳分子。见 Robert H. Socolow, "Can We Bury Global Warming?" *Scientific American* 293, no. 1(July 2005): 49。

② Douglas Long, *Global Warning*(New York: Facts on File, 2004), 60.

③ Timothy W. Luke, "Liberal Society and Cyborg Subjectivity: The Politics of Environments, Bodies, and Nature," *Alternatives: A Journal of World Policy* 21, no. 1(1996): 1-30.

(Infrastructural Systems)"和空间进行重新构想。他在《地球陆地表层和星际空间温度总论》(General Remarks on the Temperature of the Terrestrial Globe and Planetary Spaces)一文中重构了大气化学、太阳辐射和陆地温度相互作用的生物物理学结构，这种结构就像一个巨型玻璃罩维持着生物圈中所有人类和非人类栖居者所需的热量。[①]

傅里叶的工作是在 1300—1900 年"小冰期"(Little Ice Age)的最后几十年间进行的，因此他对地球温度如何能够得以维持感兴趣并不令人惊讶。同样的，瑞典化学家斯万特·奥格斯特·阿伦尼乌斯(Svante August Arrhenius)在一项研究中对全球变暖持同样积极的观点，该研究将地球的冰期和较温和的间冰期循环与地球大气中二氧化碳水平的变化联系在一起。如同 19 世纪 60 年代的约翰·廷德尔(John Tyndall)(他创造了"温室气体"这一术语)一样，阿伦尼乌斯认为水蒸气和臭氧也有助于吸收并保存热量，但他比廷德尔更进一步，论证了二氧化碳排放增加能够增强温室效应，维持全球变暖，并且改善人类的气候条件。一位在英国工作的气象学家，盖伊·S. 卡伦德(Guy S. Callendar)，赞同廷德尔的研究，他引用文献证明地球温度从 1880 年到 1934 年上升了约 0.6℃(1°F)。他将温度增加与人类使用化石燃料相联系，并指出到 21 世纪 30 年代行星平均温度(planetary temperatures)会再增加约 1.1℃(2°F)。卡伦德有关这些趋势的结论是积极的，因为他相信这种全球变暖会改善农业生产条件，延缓全世界周期性的冰期重现，并且可以维持更好的生存条件。[②]

因此，不言而喻，工业化开始不久，自然/社会、城市/农村以及市镇/乡野等概念的传统边界特征就受到了挑战。类似的，人们普遍认为由工业化带来的有害副产品(by-products)以及有益产品，已打破并消除了城市的特征边界。伴随化石燃料(燃烧排放)的废弃物在大气

---

① Long, *Global Warming*, 61 - 63.
② Long, *Global Warming*, 61 - 63.

中积累,作为人工体系(artifice)、建筑或人工制品,科学想象重塑了地球自身,因为伴随着大气化学变化,人类活动产生的废弃物成为地表温室效应中关键温室气体的事实日益明确。城市和自然迅速融(混)合,"都市自然"(urbanatura)混合体随同烟尘一起有争议地出现了,并正在重建地貌。

经过仓促研究、试验,以及委员会考察上溯至 1970 年代的氯氟烃、臭氧和二氧化碳变化趋势,1980 年,与世界气象组织(World Meteorological Organization,WMO)、联合国环境规划署(United Nations Environment Programme,UNEP)和国际科学联盟理事会(International Council of Scientific Unions,ICSU)[①]一起工作的科学家们聚在一起,特别表达了对二氧化碳排放迅速上升的忧虑。经过几年的补充研究后,联合国同意资助一个工作组以关注气候变化,监测诸如全球变暖、变暗和变冷的趋势。1988 年,联合国成立了政府间气候变化专门委员会,作为联合国环境规划署和世界气象组织的联合行动小组。正如马斯林(Maslin)断言,作为争论科学观点的论坛以及世界主要的国际政府组织(International Governmental Organizations,IGOs)的产物,政府间气候变化专门委员会意在提供"有关气候变化各方面知识状态,包括科学、环境和社会经济影响以及响应策略在内的持续评估。政府间气候变化专门委员会被认为是发布气候变化方面最具权威的科学观点和技术见解的机构,其评估结果对《联合国气候变化框架公约》及正在进行的《京都议定书》的谈判者有着深远的影响"[②]。

鉴于这个机构的地位,政府间气候变化专门委员会的运作通过一个联合工作组和三个工作组来进行,四个工作组的主席全部由两名分别来自发达国家和发展中国家的代表共同担任。

[①] 国际科学联盟理事会(简称国际科联),是世界上最大的国际学术组织之一,前身为国际研究理事会(International Research Council),1931 年在比利时布鲁塞尔成立。1998 年 4 月改名为国际科学理事会(International Council for Science),简称仍为国际科联(ICSU),现法定驻地和秘书处设在法国巴黎。——译者注

[②] Mark Maslin, *Global Warning* (Oxford: Oxford University Press, 2004), 4.

第一工作组从科学角度评估气候系统和气候变化，第二工作组研究人类和自然系统应对气候变化的脆弱性、气候变化的负面和正面结果以及适应选择，第三工作组评估控制温室气体排放、减缓气候变化以及相关经济问题的政策选择。因此，政府间气候变化专门委员会也向政府提供有关风险评估及应对全球气候变化的科学、技术和社会经济信息。[①]

尽管三个工作组的任务明显重叠，并且，在政府间气候变化专门委员会的工作中共同主席的安排使国家间的不平等制度化，但这些机构仍努力整合来自十几个国家的数百位科学专家所提供的发现，以对温室气体及其在全球变暖中的作用进行评估。继阿伦尼乌斯和卡伦德的工作之后，夏威夷冒纳罗亚观测站（Mauna Loa Obserbatory）从1958年开始利用新的连续数据采集系统，持续监测二氧化碳浓度上升趋势。逐年测量结果显示，仅在40年间地球大气中二氧化碳浓度就快速上升了11%。[②]

全球变冷

气候变化（climate variation）通常发生在比人类历史时间尺度更长的地质历史时期。古气候学、地质学、古生物学和海洋学已经发现并验证了许多过去全球变暖和全球变冷的周期。其中一些表现得非常短且呈周期性，有些似乎变化得相当迅速且是事件式的（episodic），而有少数则是极具灾难性的并且持续时间很长。过去的2 000年间，从公元900年至1300年出现了一幕持续400年的全球暖期，这一时期与欧洲的中世纪时期和中国的宋朝至元朝同期。同样的，1300年至1900年间出现了一个持续600年的"小冰期"，这恰好是欧洲工业资本主义上升的时间背景。除了相对短暂的中世纪变暖时期，全球平均温

① Maslin, *Global Warming*, 14.
② Long, *Global Warming*, 4.

度从 1000 年到 1900 年事实上几乎变冷了约 1.5℃（2.7℉）至约 2℃
（3.6℉）。显然，20 世纪是过去 1 000 年来最暖的世纪，20 世纪 90 年
代是 20 世纪最暖的十年，1998 年则是北半球 1 000 年以来最暖的一
年。[1] 自末次冰期在约 12 000 年前结束以来，过去 10 000 年间，全新
世温度在短短 1 500 年里就已升高了约 5℃（9℉）至约 8℃（14.4℉）。[2]
全新世也是过去 400 000 年来持续时间最长、相对稳定的温暖时期，这
一时期也是定居的城市文明兴起的时期。不过这期间也有全球变冷
的时候，尤其是在以碳排放为特征的工业资本主义早期。20 世纪 70
年代，气候学家事实上还预言，经过近 40 年冰川作用扩大、温度下降
和严冬之后会有持续的全球冷期。[3] 尽管有一些科学家认为全球变暖
会变得更普遍，但与工业污染相关的反照率（albedo）或反射效应
（reflective）也确实使科学家相信全球会变冷。

地质记录中的全球变冷与从地外因素（extraterrestrial）到地表因
素（terrestrial）的多种因素有关，地外因素如陨石撞击，而地表因素如
因非人为的全球变暖而引起的洋流改变。全球变暖的影响并不是一
致的，该现象大多出现在北纬 40 度至 70 度之间的地区。然而，在过
去的几十年里，这一纬度范围内，某些陆地区域和北大西洋中的一些
区域实际已经变冷了。[4]

地球的冰冻圈在这些变化中起着微妙作用。北极、格陵兰岛和南
极的巨大冰量如果融化将会引起海平面上升。20 世纪，这些地区冰层
变薄以及高山地区冰川融化已经使海平面上升了约 2—5 厘米。美国
和俄罗斯的军事潜水艇观察显示，20 世纪 90 年代北冰洋深水区域中
的浮冰厚度比 20 世纪 50 年代变薄了 1 米。[5] 此外，自 2000 年以来，
北冰洋已经露出了更加宽阔的开敞水面，甚至在冬季也如此。冰冻圈

① Bjorn Lomborg, *The Skeptical Environmentalist : Measuring the Real State of the World* (Cambridge：
　Cambridge University Press, 2001), 261 - 263.
② Lomborg, *The Skeptical Environmentalist*, 261.
③ William K. Stevens, *The Change in the Weather : People, Weather, and the Science of Climate* (New
　York：Delta, 1999), 18.
④ Maslin, *Global Warming*, 52.
⑤ Maslin, *Global Warning*, 55.

变薄显著影响地球反照率。冰冻圈可将数量相当可观的太阳辐射反射回宇宙中，使地球局部保持凉爽。随着开敞水域、土壤或植被取代了冰层，目前的冰冻圈内将吸收更多的太阳辐射，并可能加剧全球变暖。

然而，人为引起的大气变化不仅仅与全球变暖有关。工业领域的温室气体排放也涉及更多的颗粒物和气溶胶（aerosol）排放，其区域浓度可将相当可观的太阳辐射反射回大气中，从而引起局部变冷。同样的，由温度升高和天气型转换（shifting weather patterns）而增加的水蒸气正在将更多的太阳辐射反射回宇宙。因此根据一些模型，大气中聚集的工业气溶胶、颗粒物或其他密度大的温室气体，很有可能在促进全球变暖的同时也促进全球变冷。[1]

全球变暗

即使全球变暖或变冷尚未得到普遍关注，仍有一个现象似乎也与极端的大气变化有关，这就是全球变暗。全球变暖和全球变暗的研究在科学界中仍有争论，但从 20 世纪 60 年代以来所作的详细观察显示，到达地球表面的太阳辐射量急剧减少。许多科学家继续排斥这些观测结果，认为其不准确，不大可能，甚至不可能。然而，研究 20 世纪 50 年代至 90 年代的时间序列的确表明，到达地球表面的太阳辐射量平均每年减少了 0.23％至 0.32％。[2]

这些结果不会只是由太阳辐射自身减少而引起的，因为这一时期太阳辐射的输出基本上保持不变。相反，人造颗粒物和化合物显然正在非常迅速地增加。随着这些物质排放到大气中，促使更厚、更暗且

---

[1] Maslin, *Global Warming*, 73 - 74.

[2] 见 Gerald Stanhill and Shabtai Cohen, "Global Dimming: A Review of the Evidence," *Agricultural and Forest Meteorology* 107(2001): 255 - 278. 化石燃料及其释放的温室气体，如二氧化碳，是导致全球变暖的主要来源。根据国际能源署的估计，1751—2002 年间，大约 10 700 亿吨二氧化碳释放到大气中。这一总量中 5 420 亿吨来自煤，1 420 亿吨来自天然气，3 860 亿吨来自石油；此外，这些来源的排放对下一代来说也是"肮脏的"，因为据预测，2003—2030 年间，排入大气的 7 350 亿吨二氧化碳总量中，5 010 亿吨来自煤，2 260 亿吨来自天然气，80 亿吨来自石油（Socolow, "Can We Bury Global Warming," 52）。

更持久的云层形成,这种云将更多的太阳辐射反射回宇宙。化石燃料使用量的增加,雾化化学药剂的广泛应用,与冷凝水相结合,起到了使污染物变暗的作用。同样的,喷气式飞机运输在大气中留下的凝结尾流也会导致这样的结果。事实上,这种因素在很大程度上引发了更多的对全球变暗的系统研究。2001 年 9 月美国发生恐怖袭击后的三天内,进出北美的喷气式飞机几乎全部停飞。北半球附近的观察结果表明气温立即升高了 1 摄氏度以上。这样的变化通常经过许多年才发生,但是这次气温变化仅仅在 72 小时内就产生了。[①]

从 20 世纪 80 年代中期开始,在几个地方进行的野外测量已经记录了这一变暗趋势,但是在有关全球变暖和核冬天威胁的激烈争论中,这些事实被忽视了。1985 年,瑞士联邦理工学院的蔍大村(Atsumu Ohmura)首先认识到全球变暗,当时他发现到达地球表面的太阳辐射水平在 30 年里似乎已经减少了 10% 以上。1989 年,他发表了自己的研究发现,但是这些发现基本上被忽视了。[②] 实际上,直到最近,政府间气候变化专门委员会甚至也没有在其官方报告中提出过全球变暗的问题。同样的,全球变暗究竟是在加剧还是减轻也还有争议。举例来说,蔍大村对云层覆盖卫星图像的后续研究表明,自 20 世纪 90 年代早期以来,天空可能略微变亮了,并且在其他更专门的研究中也已经观测到了一些类似的结果。然而,包含在全球变暗中的复杂相互作用使得这些研究缺乏可靠性而难以推广或长期预测。[③]

尽管全球变暗已经在科学上得到证实,但减缓这种变化将是困难的和令人失望的,并且进展缓慢。由于全球变暗的主要诱发因素是化石燃料和/或化学气溶胶污染物,除非能发现更清洁的能源并且产生

---

① 参见威斯康星大学的 David Travis 关于这一研究的报告,见 http://www. bbc. co. uk/sn/tvradio/programmes/horizon/ddimming_qa. shtml。
② 欲进一步了解 Ohmura 的科研工作,见 David Adam, "Goodbye Sunshine," *The Guardian*, December 18, 2003. 也见 A. Ohmura, "Reevaluation and Monitoring of the Global Energy Balance," in M. Sanderson, ed., *UNESCO Source Book in Climatology*, 35 - 42(New York: UNESCO, : 1990)。
③ 见 Peter Christhoff, "Weird Weather and Climate Culture Wars," *ARENA Journal* 23(2005): 9 - 17. 这种气候变化的复杂程度,正如 Christhoff 观察到的,现在被制作成广为流传的小说和科幻电影,如 Michael Crichton 的小说 *State of Fear* 及电影 *The Day After Tomorrow*。

更少的气溶胶，否则人类不可能减轻全球变暗。尽管政府间气候变化专门委员会 2007 年发布的第四次气候变化评估报告在非常有限的程度上支持全球变暗的发现，但形成对策——类似于《蒙特利尔议定书》和《京都议定书》的形成过程——却需要多年的谈判。即使形成对策，各国却可能和经常藐视其指导作用。更为重要的是，即使这些变暗的事例在世界各地都有案可查，但要逆转这类环境污染事件可能需要很长的时间，或者实际上可能证明这种影响是不可逆转的。[①] 从 20 世纪 50 年代到 90 年代，到达地球各地的太阳辐射水平明显下降：南极大陆下降 9％，美国下降 10％，英国下降 16％，以色列下降 22％，俄罗斯部分地区下降近 30％。这些新的生物物理现象（biophysics）仍有待在地图上准确地标注出来，但是对曾经可预见的"自然"所作的初步调查已经显示，目前在远不可预见的区域环境中已出现相当混沌的特性[②]。

因此，全球变暗是一个错综复杂且知之甚少的过程。如《科学》的一篇文章所报道的：

> 地球气候与全球平均表面温度是地球表面和大气吸收的太阳辐射量与地球系统的长波辐射量之间平衡的结果。前者受系统的反照率（反射）支配，而后者则强烈依赖大气中气体和粒子（如云和尘埃）的含量。[③]

作者在此注意到了二氧化碳和其他温室气体的累积在促进全球

---

① 见 Michael Roderick and Gerald Farquhar, "The Cause of Decreased Pan Evaporation over the Past 50 Years," *Science* 298(2002)：1410‑1411。这些观察结果虽然简单但非常明显。科学家已经在全球范围监测到蒸发皿中的降水具有相当大的蒸发率，这还仅仅是测量了蒸发皿中每天有多少水蒸发掉。这些基础性的测量自 19 世纪就已经开始，因此数据非常全面且文档也很齐全。平均而言，过去 30 年，多数蒸发皿的蒸发量低于 100 毫米。每蒸发 1 毫米降水吸收 2.5 兆焦耳的太阳能，因此，例如在俄罗斯，30 年间不到 100 毫米的蒸发量意味着降低 250 兆焦耳的太阳能。这个数据与美国和欧洲的相应观测结果相符。见 http://www.bbc.co.uk/sn/tvradio/programmes/horizon/dimming_trans.shtml。

② 见 Beate Lepert, "Observed Reductions in Surface Solar Radiation at Sites in the U. S. and Worldwide," *Geophysical Research Letters* 29, no.10(2002)：1421‑1433。事实上，小说 *State of Fear* 和电影 *The Day After Tomorrow* 所描述的一类新的"自然"那样扣人心弦的场景，是相当难以预测的极端现象。

③ Robert J. Charlson, Francisco P. J. Valero, and John H. Seinfeld, "Atmospheric Science: In Search of Balance," *Science* 308, no.5728(May 6, 2005)：806‑807。

变暖趋势中的作用。然而,同时,更高浓度的气溶胶和更多的云会明显增强大气反照率,或者加剧全球变暗,从而形成全球变冷效应。[①]

再造物[②](A Second Creation):从自然到都市自然

然而,现在的趋势显示,到 2050 年,人为源排放的温室气体和气溶胶正在同时引起大气圈发生更明显的变化。因此,许多专家宣称所有这些观测结果都"强调理解地球反照率中的自然变化和人为变化,以及要用目前可用的任何方法对反照率进行持续、直接和同步观测的重要性。就影响全球气候变化而言,反照率变化可能与温室气体变化同等重要"[③]。专家们指出,由于缺少整个地球可靠的遥感影像数据,现有的全球变暖和变暗分析模型均有局限性,因此他们主张直到能有比现有模型所提供的估算更可靠的卫星遥感(satellite-sensing)数据用于详细的经验分析(empirical analysis)以前,要谨慎使用这两个术语。

全球变暖、变暗和/或变冷是人类有机体再造地球自然环境和人为环境以支持其生存的无意而为的结果。并且,正是这些活动,使得人类和自然生命体开始栖居在一种被企业实验室、主要工业和大型农工商联合体(agribusiness)的产品所改造的自然——作为一种居住地——中。这些产品及其副产品通过人类的行动渗入陆地生态系统,而这个技术自然(technonature)伴随着新的大气、变化着的海洋、不同的生物多样性和再造土地,在"再造物"或自然都市化(urbanaturalized)环境中积淀成形。[④] 任何的气候变化研究都必须考虑所有这些复杂而又难以预料的结果。

---

① M. Wild, H. Gilgen, A. Roesch, A. Ohmura, C. Long, E. Dutton, B. Forgan, A. Kallis, V. Russak, and A. Tsvetkov, "From Dimming to Brightening: Decadal Changes in Solar Radiation at Earth's Surface," *Science* 308(May 6, 2005): 847 – 848.

② 基督教认为上帝创造万物,地球上的一切包括人类都是上帝所造。作者将《创世记》中上帝创造的万物称为第一次造物,人类自己创造的事物为再造物。——译者注

③ Charlson, Valero, and Seinfeld, "Atmospheric Science," 806.

④ 见 Timothy W. Luke, "Reconstructing Nature: How the New Informatics Are Rewrighting Place, Power, and Property as Bitspace," *Capitalism, Nature, Socialism* 12, no. 3(September 2001): 87 – 113。

来自世界各地的一系列谨慎的科学观察提供了强有力的证据,基本上证明大气圈中正在发生着人为原因引起的巨大变化,这些变化的结果引发了大量难以意料和无法预测的天气类型、土壤湿度、植被生境、平均海平面和地球温度等的强烈变化。有人相信萨赫勒地区(the Sahel,即非洲荒漠草原)的干旱、欧洲的热浪和全球各地更极端的天气类型都可能与这些急剧变化有联系。

与地球环境的去自然化相伴,人类社区的去乡村化正在被组合成一个更加难以预测、乏味和不快的城市主义(urbanism)与自然的混合体,或称作"都市自然"(urbanatura),在几乎没有预警和明显适应方法的情况下,使当代及后代去适应更加城市化的居住地。其实,谈及"温室气体"已经是在暗示现在的地球最好被理解为一个本来就是人造的环境、人类—机器混合体或者是具有讽刺意义地由废弃物、副产品或废液组合在一起的庞大的人工体系(artifice)。考虑到假如气候变化的原因与燃烧化石燃料紧密相关,并且很少有能轻易替代的代用品,假定急剧的气候变化可以在几天、几周或几个月内发生,应对都市自然这种人为怪癖(quirks),当前对所有人都形成了巨大挑战。[①]

全球变暖、变暗及变冷对地球大气构成重大威胁已经好几十年了,但自 20 世纪 50 年代以来到现在,更加挥霍性地使用化石燃料加快并加强了早先的趋势。自 20 世纪 70 年代以来,雄心勃勃的跨国公司和积极扩张的国家开发机构推动的工业和农业生产国际化也为新自由主义的专业—技术世界观带来了优势地位,这一世界观导致了这些问题却又不予承认。这种观点主张:

> 全球市场,也即由全球市场统治的思想形态,新自由主义思想,消除或取代了政治行动。这种思想进而以单成因的和经济学的方式继续将全球化的多维性缩减为线性的、单一

---

① 见 J. Chen and A. Ohmura, "Estimation of Alpine Glacier Water Resources and Their Change Since 1870s," *Hydrology in Mountainous Regions 1*, *IAHS Publication* 193(1990): 127 - 135。

的经济维度。即使提到全球化的其他维度——生态、文化、政治、公民社会——也仅仅是将它们置于全球市场体系之下。[1]

这一全球主义思想形态,通过本质上要求国家、社会团体和经济体系以资本主义企业法人(corporate capitalist enterprises)的方式进行管理的方式,推动社会力量将以上信念和实践付诸实施,即使"在公司需要能够优化自身目标的基本条件时,涉及名副其实的帝国主义经济学"。[2] 由于没有一个团结一体的国家机器来监督国际社会,反过来,全球主义的公司和精英就可以享受对快速增长最有利的条件,"因为不存在无论经济上还是政治上的支配力量和国际制度,全球性**无组织的**资本主义制度继续扩张"。[3] 无论多么微弱的抵消现有气候变化的力量,大多数都来自政府间气候变化专门委员会,以及使用气候学作为社会批判而持更积极支持态度的国家或州。

在国际社会中,由于没有一个中心支配力量来约束经济增长,正如利奥塔(Lyotard)所声称的,在一个层面上对于业绩和利益的无止境的追求"会继续发生,而不会导致实现任何摆脱这种束缚的梦想"[4]。为了增长而使用更多的化石燃料,由于缺少任何有关超越这种状态的事实陈述、启示或进步,躲在巨大的商业利益背后的科学网络仍在经济增长中推动大众和市场通过地球的自然都市化来追求更多的"物品"。

此外,科学经常因为商业利益而妥协,处于关键时刻的全球竞争亦如此。正如利奥塔断言,政府和公司已经放弃了"理想主义和人文主义有关合法化的述说而为其新目标辩护:在当今科研资金资助者的语境中,唯一可靠的目标就是权力。招聘科学家、技术人员和购置仪器不是

---

① Ulrich Beck, *What Is Globalization?* (Oxford: Blackwell, 2000), 9.

② *What Is Globalization?* 9.

③ *What Is Globalization?* 16.

④ Jean-Frangoir Lyotard, *The Postmodern Condition: A Report on Knowledge*(Minneapolis: University of Minnesota Press, 1984), 39.

为了发现真理，而是为了扩大权力"①。全球变暗和变暖现象的发现不仅揭示了人类危险的破坏行为，同时也展现了一个新的操作空间，在此操作空间中可以依据当代资本主义公司和国家所保存的科学记录（scientific registers）对性质完全改变了的自然从各个方面进行研究、精简和改造。有些科学家已变得更具批判性，但是许多人却依然在追逐权力和利益。

在另一个层面，随着生产增长而过量产生的"有害"副产品，如全球变暗、缺水、水土流失、气候失调，或生物多样性丧失，可能是"古典资本主义制度之后一种新社会系统"的负面指标，并在"多国资本的国际空间"中疯狂扩散。② 事实上，全球变暖、变暗及变冷应该被看作为一种生态学标志，其标志着全球主义自由积累（flexible accumulation）已经很大程度上突破了一系列不确定的经济和生态约束条件（circumstances），如地球有限的化石能源蕴藏量和大气的气候调节机制，"其结果是在高度统一、资本流动的全球经济中产生了碎片化的、不安全的，昙花一现式的不平衡发展"③。

全球一市化（Omnipolitan）和都市自然（Urbanatura）

在某种程度上，目前全球主义思想形态和跨国社会力量正在结合起来创造经济和社会，并在维威里奥（Virilio）所使用的术语——"全球一市的"（omnipolitan）的尺度上发挥作用。全球一市化（omnipolitanization）代表了地球去乡村化（deruralization）和超城市化（hyperurbanization）的两个方面。因此，商业化价值和经济实践高度集中在"世界城市（world-city），即终结所有城市的城市"中，也集中"在这些很古怪的，或可称其为全球一市的（omnipolitan）环境中，多种多样的社会和文化现实构成了一国的财富，不久这些将让位于一种'政治的'立体现实（stereo-reality），在此现实中交换看起来将无异于

---

① Lyotard, *The Postmodern Condition*, 46.
② Fredric Jameson, *Postmodernism, or the Cultural Logic of Late Capitalism* (Durham, NC: Duke University Press, 1991), 59, 54.
③ David Harvey, *The Condition of Postmodernity* (Oxford: Blackwell, 1989), 296.

当今金融市场的自动互联。① 全球—市化在"社会"中带来新自由主义市场(neoliberal markets)的全球化,将市场的要求与必要的"自然"物质条件合为一体,结果产生了支持着、藏匿于或伴随着全球城市展开的全球化的人工体系(artifices),如"都市自然"。虽然在地质年代中也可能发生过其他全球变暖、变暗或变冷的事件,但是从这些事件的出现频率看,似乎只能是人为原因造成的,同时也是全世界的人类社群(human communities)面临危险的一些征兆。全球变暖既是这种全球—市环境无处不在的最好表征,也是使全球—市秩序更加巩固的最大借口。

因此,如今认真分析文化、城市主义(urbanism)和全球化,必须认识到全球—市化趋势是如何与未加慎思的、以化石燃料为基础的全球交换所具有的商品化短命现象迅速共同演进的。"因为运动创造事件",如维威里奥宣称,"现实是**突然显现的**(kinedramatic)"。② 2001 年9 月北美航空交通停飞后气温升高的事实仅是一个小小的证据。这种突然显现的全球事件通过生产和消费的一体化结构在全球范围传播,并在都市自然中具体化,同样的,在全球主义的经济和社会组织中,以石油为动力的运作模式使自然和人工因素混杂在一起。正是这些戏剧化载体造就的都市自然集合体稳定了世界新秩序脆弱的生态和经济。③

实际上,都市自然是人造的世界生态/经济,其空间和物质状态具有运动戏剧化的本质(kinedramatic quiddity)。④ 美国加利福尼亚州

① Paul Virilio, *Open Sky*(London: Verso, 1997), 75.
② Paul Virilio, *The Art of the Motor*(Minneapolis: University of Minnesota Press, 1995), 23.
③ William Greider, *One World, Ready or Not: The Manic Logic of Global Capitalism*(New York: Simon & Schuster, 2997), 11–53.
④ 见 Timothy W. Luke, "At the End of Nature: Cyborgs, Humachines, and Environments in Postmodernity," *Environment and Manning* A, 29(1997): 1367–1380. 全球—市化迅猛替代都市自然的趋势,带来全球性的政策和坏境保护问题。事实上,这种城市主义与环境主义干预融合的典型想象就是如下计划,如将来自化石燃料的二氧化碳和污染物一起捕获、封存或吸收到老油田、深层基岩中,甚至是大洋底部,以阻止这些气体进入大气导致大气变暖和/或变暗。作为一种想象,这里的都市自然是一种整合生产、流通、消费和积累的机制,以控制导致都市自然衰落的温室气体排放。见 Howard Herzog, Balour Eliasson, and Olav Kaarstad, "Capturing Greenhouse Gases," *Scientific American* 282, no. 2(February 2000): 72–79; S. Pacala and Robert Socolow, "Stabilization Wedges: Solving the Climate Problem for the Next 37 Years with Current Technologies," *Science* 305(August 13, 2004): 968–972; Soren Anderson and Richard Newell, "Prospects for Carbon Capture and Storage Technologies," *Annual Review of Environment and Resources* 29(2004): 109–142。

面积都没有哥伦比亚、乍得或柬埔寨大，其纵横交错的集中供电网，就如一个脆弱的电力基础设施，在 1 月份必须输送超过 35 000 兆瓦的电力以维持每日正常生活，而在哥伦比亚、乍得、柬埔寨这三个国家的许多农村和城镇每天使用的电力远比洛杉矶市中心一两幢大型办公建筑所需要的电量少得多。在仅仅使用民族主义、人文主义或现实主义的术语，尤其是使用"社会"或"自然"之类较旧的概念时，不能很好地解释都市自然中富人与穷人的关系。[1] 所以必须找到替代的分析术语，如都市自然，来重新解释这些关系，尤其是当加利福尼亚的数兆瓦电(力生产)污染了大气，使全球变暗变暖，影响到包括那些哥伦比亚人、乍得人和柬埔寨人在内的每个人，然而这些人却仍在努力生产并更有效地使用几千瓦电，以致他们不太可能与加利福尼亚人具有相同的使全球变暗的能力。

燃烧化石燃料、汽车制造、商品购买文化已经融入新天气类型、土壤条件和几乎无处不在的大气条件等地球物理过程中，这些活动方式对全球变冷、变暗及变暖明显起着决定性作用。八国集团国家的日常生活具有破坏性的生态足迹，这些足迹通过地球的大气、水域、气候、土壤和生物多样性留下印记。[2] 正如 2001 年 1 月份联合国政府间气候变化专门委员会在上海的报告(所揭示的)，"过去 50 年大部分全球变暖可归因于人类活动"[3]，这可导致平均温度升高差不多约 5.9℃(10.6℉)[4]。不是所有的人都负有相同的责任，但是人类显然是这些剧烈变化的主要根源。随着自然蜕变为都市自然，财富的流动正破坏

[1] Lewis Mumford, *The City in History: Its Originc, Its Transformations, and Its Prospects* (New York: Harcourt, Brace & World, 1961); J. R. McNeill, *Something New under the Sun: An Environmental History of the Twentieth-Century World* (New York: Norton, 2000).

[2] Leon D. Rotstayn and Ulrike Lothmann, "Observed Reductions in Surface Solar Radiation at Sites in the U. S. and Worldwide," *Geophysical Research Letters* 29, no. 10(2002): 1421–1433; Real Climate, "Global Dimming"(January 18, 2005), http://www.realclimate.org/index.dhd? p=los.

[3] Philip P. Pan, "Scientists Issue Dire Prediction on Warming," *Washington Post*, January 23, 2001, Al.

[4] 此处英文原文为"10.6 degree"，若理解为华氏度，则过去 50 年全球平均升温幅度相当于 5.9℃，显然是不对的。参看政府间气候变化专门委员会第四次评估报告结论：过去 100 年(1906 至 2005 年)线性趋势为 0.74(0.56℃至 0.92℃)。——译者注

着地球的大气圈;因此,看起来越来越不像"自然的经济"了。① 环境的变化是真实的,如果没有理解当今全球交换背后所掩盖的资源枯竭现象,那么就不足以应对多数环境变化,也难以有效解决环境变化问题。②

　　由于工业革命以来的 250 年期间迅速增加的二氧化碳浓度超过了过去 42 万年里的排放水平,自然本身的,或者说人类活动出现以前的地球环境,无论是否排除人类活动因素,从未见过这样高的二氧化碳浓度。③ 都市自然,或者说人类机械代谢混杂体(很多有害产品和副产品正在渗入地球的许多生态系统),以其固有的能量流、物质交换和生态位(habitat niches)构成了全新的生态秩序。④ 全球变暖、变暗及变冷仅仅是这些变化最明显的大气指标。例如,美国人口仅占世界人口的 5%,在全球环境蜕变成都市自然的过程中,美国居民全部的机械设施产生了约占总量 1/4 的地球温室气体——因为这些设施烧掉了全球化石燃料能源的近 25%。⑤

　　一方面,美国全部的人口与物质条件有足够能力获得或控制生产,并使用充足的石油、天然气和煤生产大量能源供他们日常使用。然而,另一方面,美国的这些生产和消费相联系的不平等而引起的气候变化这一副产品传递出去而加害到其他国家。它们共同产生的交换,在世界环境中,从有限的几个生态位到其他所有生态位,消除(offload)温室气体排放的副产品。然后,都市自然在那些现代化过程终结之处,塑造出大量人造生境,明显地将那些在全球资本主义和工业革命以前构成自然的东西变成了物品。⑥ 如今许多都市自然表现为

① Donald Worster, *Nature's Economy: The Roots of Ecology*(Garden City, NY: Anchor Books, 1979).

② Hilary F. French, *Vanishing Borders: Protecting the Planet in the Age of Globalization*(New York: Norton, 2000).

③ Pan, "Scientists Issue Dire Prediction on Warming," A1.

④ 见 Timothy W. Luke, " Cyborg Enchantments: Commodity Fetishism and Human/Machine Interactions," *Strategies* 13, no. 1(2000): 39 - 62; Luke, "Liberal Society and Cyborg Subjectivity".

⑤ Vaclav Smil, *Energy in World History*(Boulder, CO: Westview Press, 1994).

⑥ Michael J. Dear, *The Postmodern Urban Condition* (Oxford: Blackwell, 2000); Edward Soja, *Postmetropolis: Critical Studies of Cities* (Oxford: Blackwell, 20003; Michael Peter Smith, *Transnational Urbanism: Locating Globalization*(Oxford: Blackwell, 2000).

高度都市化和去乡村化国家，像八国集团和其他主要的经济合作与发展组织（OECD）国家，与更多的不那么富裕和强大的经济体和社会，如77国集团国家的乡村居民和难民之间的复杂的不平等物质关系。①举例来说，东非国家乌干达每天需要约450兆瓦的电力，但现在仅能生产约100兆瓦，并且全部来自水力发电厂。持续的干旱已经让维多利亚湖缺乏湖水，导致那里的大坝仅可生产不到1/4该国所需的电力。结果是每天人们临时断电，电压不足，或者停电。这次干旱有多大程度是正常原因引起的，又有多大程度是全球变暖带来的结果？目前没人知道。气候学正在研究这个问题，但是否能将其归咎于加利福尼亚35 000兆瓦电力生产所排放的温室气体而直接引起的天气异常呢？

气候学必须成为社会批评（critique）（的工具），因为何人何物造成这些新的世界范围的环境变化，又是何人何物在这种混乱转型中受到损害，这些正成为非常重要的问题。尽管还有更多国家在燃烧化石燃料、使用气溶胶化学药剂并创造着其他一些大气污染物，而作为社会批评的气候学揭示了在每个销售环节和生产地点完全的物质不平等是如何明确地表现出来的。②

作为"再造物"的都市自然

自然实质上是一个有争议的概念，全球变暖的任何研究都表达了这种争议性。通过现代科学知识的成就而准确知道的纯粹、客观、未经干预的（unmediated）自然的核心（centrality）是一个正在死去的僵化观念。作为对恩格斯著名的社会主义特征的一个讽刺性的歪曲，在自然都市化背景（urbanaturalized settings）下，大量监测数据从太空中的卫星或地球上的传感器蜂拥而至，促使许多人考虑放弃人的统

---

① Robert D. Kaplan, *The Ends of the Earth: A Journey at the Dawn of the 21st Century* (New York: Random House, 1996).

② Timothy W. Luke, "Placing Powers, Siting Spaces: The Politics of Global and Local in the New World Order," *Environment and Planning A: Society and Space* 12(1994): 613 - 628.

治而去接受物的管理。相应的，这些工具调节控制人和物的新模式，以更局部、更私人化、更具生产性的实践等多种方式来表达什么是都市自然。

从 17 世纪牛顿物理学为先导到 20 世纪社会生物学为后盾，现代科学的许多学派都相信自己学派所使用的方法可为认识自然中何为"真实的"提供良好的基础，可以十分明确地(definitive)在方法论上严密地(rigorous)描绘确实"在那里"的神授造物(God-given creation)。相应的，他们也相信这些观察揭示了关于一个真实而未受玷污的，现在被当作"自然"的那种"造物"的客观实体的知识。这一知识经常在物理学的数学证明中被理想化，并且大家相信这种知识在日常生活中的应用是现代性的(modernity)技术熟练应用的基础。说到底(When all is said and done)，人类相信自己知道自然的世界是如何工作的，因为人类能将科学方法严格应用于观察、试验和验证。然而，现在对这些现代性的认识论的、本体论的和技术上的信条有了更多的动摇。①

20 世纪后，每个人都必须应对后现代环境条件，如詹姆逊(Jameson)所指出的，这些条件基本上是"现代化过程完成、自然永远消失时"所盛行的。这个世界已成为比旧世界更加彻底的人类世界，但在这个世界中技术科学的产物和副产品已经成为都市自然的"再造物"的基础。② 在这里，技术经济为日常生活带来的种种便利动摇了科学技术的合法性，并且同时引发了如下这种自反现实(reflexive realization)，即地球上人为原因引起的气候、土壤、大气、水域和生物质的变化削弱了人类对地球特征根深蒂固的认知方面的确定性。

新的再造物不如上帝造物(First Creation)那样可预见。在一个层面上，持生态学观点而反对现代科学技术的人们在此受到鼓舞，因为他们的担心最终正体现在当代科学家和技术专家的理论与实践中。相应的，新的反对运动主张一种更具自我反省能力的科学，其可能对

---

① 见 Bruno Latour, *The Politics of Nature*(Cambridge: Harvard University Press, 2004)。
② Jameson, *Postmodernism, or the Cultural Logic of Late Capitalism*, ix.

曾经的自然破坏性较少，同时也对仍在地球上的许多生境中生存的人类和非人类生命更加尊重。然而，在另一个层面上，再造物并不能保证一定会有正面的结果，因为每一个公开支持或不怀疑现代科学的人都会发现，在政治权力和经济财富方面，数百万人在 20 世纪无论取得什么改进，在一定程度上都依赖于让科学继续以新的探索性实践在都市自然中造就技术熟练程度。他们需要商品和服务，而全球经济持续发展的技术经济生产力为此提供了可能。

然而，因为许多的工业副产品不可预知的影响以及资源枯竭引起的现实的物质短缺，使得这些有益的结果变得更加难以获得。因此，都市自然改变了以往认识"环境"的方式：

> 地球进入了一个内在的扁平（pure plane）世界，这个世界既是精心构思的（Being-thought）结果，也是具有无限图解（diagrammatic）运动的自然思想（Nature-thought）。思考存在于一个展开的固有平面，这个平面合并了地球（或者更确切地说是，"吞并"了地球）。这类平面的去领土化趋势并不排除再领土化的可能，而是提出了一个未来新地球的新事物（the creation of a future new earth）。然而，绝对去领土化仅能根据某些仍待确定的与相对去领土化的关系来进行思考，而相对去领土化不仅是宇宙的，也是地理、历史和社会心理的思考。①

无论是地貌的变化，土壤化学、水质或天气的随机变化，更大的生态压力，土地使用压力，基础渔业资源的过度使用，森林资源承受的总体压力，还是不可预知的大气变化，都市自然并不能像宣称的自然本身一样，是能够被轻易地勘测或控制的分析目标。仅仅为了维持农业和工业生产的大部分实践活动，作为再造物的都市自然重建属性就需

---

① Gilles Deleuze, *What Is Philosophy?* (New York：Columbia University Press，1994)

要用一层层的字节空间包围地球,以便进行信息监测和数据跟踪来对物质进行操控。[①]

归根结底,自然向都市的转型是世界经济中全球主义重构的一种功能。如果自然永远消失,那么作为再造物的都市自然就必须不断地受到监视、测量,然后在有机和系统层面上进行控制。初级农业或林业产品不再是经济增长的必需途径,或者甚至已经稳定占有这一位置的产品也不是。反常的气候可以在几周内将这些生产一扫而光。因此,人们要求找到能在全球经济中开发或创造比较优势的新方法,都市自然要求新的融合型的科学技术对国家、区域和地方的不同层面的跨国商业重新进行理性解释。只有通过高技术科学寻求更大的权力和利益,例如(建立)全球综合账户(comprehensive global accounts),才能随时记录下人类对地球生物量的明显透支、持续滥用或未充分利用。[②]

通过这样的系统扫描,自然的人造化重建可以被解释为一种历史—地理状态、一种生产的政治—经济手段,或者文化—伦理制度的一种表象(representation)。所有这三种可能性都揭示了一个独特的空间和时间工程,这一工程设法以都市自然的技术应用术语改写自然密码。

> 个人**消费**影响公司资本的**生产率**;它因系统自身功能的要求,通过自身再生产和生存(survival)成为一种生产力。换言之,因为公司生产系统的需要,所以有了这类需求。今天由个人消费者投入而产生的需求与资本主义企业家投入的资本和以劳动者工资形式投入的劳动力一样,对生产秩序同样重要。这**全关乎**资本。[③]

---

① 见 Luke, "Reconstructing Nature," 110 - 113。

② Luke, "At the End of Nature".

③ Jean Baudrillard, *For a Critique of the Political Economy of the Sign* (St. Louis, MO: Telos Press, 1981), 82.

在此范畴内，生态学和经济学合并为技术科学成为生产的关键模式，也是再生产的最内在之处。

> 每个事物都必须为这一原则作出牺牲，即凡事必有一个操作之源。就生产而言，生产不再是地球在产出，或者劳动者在创造财富，而是，资本**使**地球和劳动者**生产**。工作不再是一种行为，而是一种操作。消费不再意味着对物品的简单享用，而是意味着让人享用某些事情——一种模式化的和键控符号—对象差别范围的操作。交流不再涉及发言，而是使人发言。信息不再与知识有关，而是使人知道。[1]

作为自然中存在的/自然自身的/通过自然的技术应用的一种再造物，这些操作手法实质上为都市自然写出了新的本体论（ontologues）。无论是地理信息系统能够实现的（GIS-enabled）生物复杂性建模，还是一种转基因生物体的生物信息图谱，正如哈拉维（Haraway）所主张的，这样的重建自然正在使"自然与人造、心智与躯体、自我发展与外部设计，以及许多其他曾经适用于生物体和机器的区别变得彻底模糊不清"[2]。将世界重塑为可以超越和控制的机械体系、可互换的事物和可营销的代码，是一项致力于"系统化那些绝对不能系统化的事物，历史化那些绝对不能历史化的事情"的工程，[3]即通过不间断地（24/7）重建自然完善商品化的必备条件。实际上，自然的技术化转型实现了哈拉维的以下预测：当代本体论一定是通过种种幻想（chimeras）、建立理论和构造机器和有机体的混合体的方式而被提出的。[4]

应对全球气候变化的最好方法也许不是坐等这些趋势有了更广泛且明显的记录，更直接且有效的步骤可以是采取预防原则。就当这

---

① Jean Baudrillard, *The Transparency of Evil: Essays on Extreme Phenomena* (London: Verso, 1993), 4546.

② Donna Haraway, *Simians, Cyborgs, and Women* (New York: Routledge, 1991), 152.

③ Jameson, *Postmodernism, or the Cultural Logic of Late Capitalism*, 418.

④ Haraway, *Simians, Cyborgs, and Women*, 150.

些科学发现是准确的，立即采取行动并且积极减少使用化石燃料和化学气溶胶。这些决策的意外效果会如同期望减缓全球变暖或变冷一样有益，因为它们必然会涉及发现更有效的方法，同时减少不稳定的来源，以生产完全清洁的能源。

处在自然的这些不确定性中，都市自然似乎越来越杂乱无章了。复杂的生态系统动力学，脆弱的大气平衡，以及基本的水、空气或土壤化学已经让位，工业化、城市化和去乡村化的进程已经成为地球环境形成中的关键力量。以预防原则来应对这些不确定性尚不算太晚，但指望以这类干预来防止严重的、不可逆转的或长期的生态退化却已太晚。几十年的环境运动和抵抗之后，阿拉斯加的永冻层正在解冻，世界上的大部分珊瑚礁正在死去，冰川在阿尔卑斯山、格陵兰、安第斯山和不列颠哥伦比亚后退。显然本就应该做出预防性努力，但对于现有陆地生态及其出现的人为破坏，我们的知识是支离破碎的，仅在地球的自然都市化的生态体边缘减缓进一步危害，并不能必然保证成功。

作为一个其维度、方向和限定因素（determinations）仍在为那些谋求权力和财富的人攫取剩余价值提供补救的复杂场所，都市自然以更为紧密、系统的有机和无机交互作用的方式将政治和经济结合在一起。因此，现在必须对"政治因素"，或那些谁统治谁的安排，从其治理体系的内外进行检查。要想谈论"自然"，首先，必须质疑这种生态化的人化自然及其所有功能性的重建。[①] 此外，至少都市自然中这些行星尺度的（plantwide）发展变化，如全球气候变化，极大地挑战了曾经被理解为稳定的"环境"，既然都市自然的再造物不应该再被看作是传统"环保主义者"曾经担心的对象，那么，究竟谁可能是"环保主义者"，以及他们中的这些人应该如何工作来"保护"这个领域。[②]

作为社会批判理论的气候学必须超越现在的关注**空间**的生态口

---

① 见 Latour，*The Politics of Nature*。

② 见 Timothy W. Luke，"Global Cities vs. global cities: Rethinking Contemporary Urbanism as Public Ecology," *Studies in Political Economy* 71(2003)：11 - 22。

号，或"本地思考，全球行动"，而进入一个注重**时间**的新领域，人们在使用化石燃料时必须"从历史角度思考，从地质学角度行动"。如果现在和过去消耗产生的副产品及其所有的负面影响会由气候带到很久以后的未来，那么仅在"物品"经过生产和消费之后，建造一个几百年、几千年或更长年代都不易察觉的环境"有害物"储存场，这种做法是不可接受的。作为一种社会批评，气候学通过记录有机代谢是怎样为了人类舒适生活而开始用一种能够终结这一舒适生活的无机代谢（metabolic inorganicity）方式决定了所有人类生存的，由此而具有了重要的新末世论（eschatological）特征。具有 40 万年或 4 亿年时间不等的历史的、含有二氧化碳的空气气泡仍冰封在今天的南极。这种尺度的地质时间足以完全排除从任一时间点上排放的工业污染物或者温室气体所带来的经济外部性的影响。虽然早期原始人的石器工具完整无缺地保存了这么久，事实上没有有益的人类产品能留存超过5 000 年，但是，具有讽刺意味的是，许多有害的人类副产品，就其对大气、海洋或地球土壤的气候影响来说，却可以持续 50 倍、80 倍或者100 倍的更长时间。

气候学与资本的"第二矛盾"[①]（Capital's "Second Contradiction"）

经过 200 多年如此快速且极度不公平的经济增长，与物质需求作斗争的许多技术性的和组织结构的挑战无疑地已经通过工业技术力量得到了化解。也就是说，就发达工业社会的物质文化而言，对于许多行业，给定任一组"X"操作条件就可生产和分配几乎任一范围的"Y"产品。然而，与这些广受称赞的工具理性效率相伴随，是否还存在一组不太明显的、更隐蔽的"Z"副产品呢？而环境破坏是这组更隐蔽

---

① 詹姆斯·奥康纳（James O'Connor）在 1997 年出版的《自然的理由》中，提出了经济危机和生态危机同时存在于资本主义社会的双重危机理论。奥康纳把马克思主义关于资本主义的基本矛盾概括为第一类矛盾，即资本主义生产力与生产关系之间的矛盾；而把资本主义生产的无限性与资本主义生产条件的有限性之间的矛盾称为第二类矛盾，即资本主义生产力、生产关系与资本主义生产条件之间的矛盾。——译者注

的、未经评估的外部性最严重的事例之一吗？如果存在可持续发展，那么事实上，当结果"Z"开始削弱生产结果"Y"的初始条件"X"时，这就是一种根植于将系统性退化合法化的计划中的神秘命令。

由于持续性退化系统具有讽刺性地建立在奥康纳所定义的资本主义"第二类矛盾"之上，这种系统退化也就含蓄地允许或明确地扩大了这种矛盾。[①] 奥康纳承认，与破坏自然相耦合的资本产出不足（underproduction）成为一种生产关于新经济环境的知识的手段，同时也为动员力量应对其环境影响——他指出系统性的生态退化其实从未停止过——提供了一个机会。由于在资本家建造的自相矛盾的都市自然环境中，生态破坏仍在继续，所以反而要在假定的耐受范围内进行测量、监测与调控。

尽管几十年里数十个国家采取许多行动开展了强有力的工作，但温室气体排放背后的生产、消费、累积和循环的资本主义模式却保持不变。实际已经证实，这种通晓多国语言的和流动的经济形态的适应能力是相当引人注目的，然而这却被气候学指控为破坏气候。草根社会对生态可持续性的愿望是真实的，但是在现有的司法（juridicolegal）条件下，还必须辅以使那些能量被捕获和被容纳的必要治理，进而有更多的商品化选择和传统实践被引导到当今全球资本主义运行的参数体系内。作为社会批判理论的气候学只是这些适应性响应的一个实例。

有人可能还在为发展真正可持续的生态社会而奋斗，但是大部分人却已抓住了当今流行的可持续性言辞所创造的商业机会，或已向其投降，反而强调起基于市场的发展。经过几十年不断增加的温室气体排放，可持续发展看起来有几分偶然也有几分必然，它其实是一种持续退化系统，管理着人类的破坏性与自然的相互作用。这些策略成为集体的解决方案，这种解决方案被伪造为反对当代全球资本主义的

---

① James O'Connor, "Capitalism, Nature, Socialism: A Theoretical Introduction," *Capitalism, Nature, Socialism* 1(fall 1988): 11 - 39.

"资本产出不足和资本产出低效使用（unproductive use of capital produced）"的一种方案①。

　　20 世纪 80 年代到 90 年代期间，资本主义生产的持续危机要求进行大规模的结构改革，而到 21 世纪的头十年这些变革还在继续。如奥康纳已经观察到的，资本的连续重组，一方面，必须依赖日益增加的"劳动力使用的可变性（variability）、其他资本形式的灵活性，以及削减工资和其他生产成本；另一方面，必须依赖外部性或社会成本的危险扩张以及对生产条件的蔑视，或者还有其他方面"②。当然，失修的环境不断被发现迫切需要减缓环境退化。由政府间气候变化专门委员会策划的全球气候变化意识是重要的，但是政府间气候变化专门委员会的专家们只是对环境退化提供表面的、零星的补救措施。

　　全球气候变化是"资本主义生产条件"压力严重的一个清晰信号③。奥康纳认为这些条件，首先，是不变资本与可变资本所要求的"外部物理条件"或者自然因素；其次，是与工人个体生产条件紧密联系在一起的"劳动力"；再者，是"社会生产的一般公共条件"。④ 他辩解说，当前的生态学批评应该以更加宽阔的视野看待所有"生产条件"的来龙去脉（articulation）和规则。当然，政府间气候变化专门委员会不可能轻松地完成这项工作的全部。因此，他坚称：

> 　　当今对"外部物理条件"的讨论应就生态系统的可行性、大气臭氧水平的充足性、海岸线和分水岭的稳定性，以及土壤、空气和水的质量等而言。对"劳动力"的讨论应就劳动者的生理和心理健康，社会化的种类和程度，工作关系的有害性和劳动者的应对能力，以及人类作为普遍意义上的社会生产力和生物有机体而言。对"公共条件"的讨论应就"社会资

---

① O'Connor, "Capitalism, Nature, Socialism," 27.
② O'Connor, "Capitalism, Nature, Socialism," 7.
③ O'Connor, "Capitalism, Nature, Socialism," 16.
④ O'Connor, "Capitalism, Nature, Socialism," 16.

本"和"基础设施"等而言。在"外部物理条件"、"劳动力"和
"公共条件"等概念中所隐含的是空间和"社会环境"的概念,
这些反过来(原文如此)又帮助生成社会环境。简而言之,生
产条件,除了商品生产、分配和交换自身,应包括商品化或资
本化的物质条件和社会条件。[1]

当代资本主义中,连续不断的危机使总体生产力改变成为必然,
并且要求受生产条件影响的社会关系因势而变,而政府间气候变化专
门委员会则在这些运行条件下审查有助于提前控制、指导规划和表现
灵活的最合适的气候变化方案。尽管如此,全球市场仍会继续为富有
的消费者的生活带来更多令人兴奋的产品,并且仍将更多的有毒副产
品留给贫穷的生产者。

具有讽刺意味的是,当今许多科学家对气候相关问题的社会批判
无异于 19 世纪的许多社会主义者对商业的批判思想。危机是他们共
同面临和都在谈论的,正如我们所知,这是一系列正威胁着我们日常
生活的,内在的、不可改变的、无法阻挡的趋势。在家庭以及更重要的
是公司层面上的富有目的性的理性行动,正在形成国家和全球行动上
的日益强烈且不稳定的无政府主义关系。经济中产品及其副产品数
量的迅速增加,可能正在带来质上不同的秩序,这种质变一旦出现就
不容易逆转。隐含的自我驱动因素以一种可预见的方式推动事件向
前,但是没有一个单独的预知性框架能在任何一个社会中保持足够的
影响力,以形成关于如何演进的共识。

滥用共享的大气资源显然导致了另一个公地悲剧,现有体制应当
有所改变,但是这一公地悲剧妨碍了期望作出重大改变的努力的效
果。如同社会批评语境中的社会主义,在令人绝望的斗争中,气候
学也正在分裂为众多各种类型的社会批判理论,以试图找到一些政
治上的牵引力。因为受挫于消费者和生产者不愿放弃化石燃料以

---

[1] O'Connor, "Capitalism, Nature, Socialism," 17.

阻止全球变暖，一些气候学家已经采取更自觉、更坚定、更团结的先锋团队的立场，依据政府间气候变化专门委员会有关化石燃料使用、预期违约的气候管理和日常民主慎议（democratic deliberation），准备推行他们的生态未来主义（ecofuturist）替代方案。

对政府间气候变化专门委员会友好（IPCC-friendly）的气候学家［或许是政府间气候变化专门委员会追随者（IPCCrats）？］对大众不关心、政府不作为及企业低效率感到震惊，他们调动其有限的然而却是真正的全球权威，唤起人们对应该如何管理全世界的经济和社会以应对这种迅速笼罩的全球变暖现象的关注。虽然他们的挫折感是真实的，但许多人想知道或明白，这种源自政府间气候变化专门委员会的政府管理制度对于生活在政府间气候变化专门委员会追随者权威下的大众意味什么。然而，强力推进的全球大气治理（governmentality）是建立在批判气候学所描述的，地球环境即将面临的危机之上的，这为政府间气候变化专门委员会的统治（IPCCarchy）照亮了一条细小的轨迹。

1988 年，奥康纳设想，这种危机引发的结构改革是资本通过集体规划来行使更多控制的机会。正如政府间气候变化专门委员会所说，无论是公司还是国家，新型的灵活规划和规划的灵活性的确已经产生。《京都议定书》是明显的成就。即使其带有致命的缺陷，但毕竟这是通过全球的商业、技术科学和治理机构进行谈判和实施的。此外，这一组全球政策响应现在也被整合到了持续退化系统中，以至于有人质问是否只是用生态司法规范的光泽在意识形态上进行了装点，而不是用作为积极的生态转型策略。

思考一下奥康纳的第二类矛盾，那么就会清楚，自然作为整个生态系统、生物群落或环境，作为受控的空间域，政府间气候变化专门委员会为减少温室气体所做的各种努力并不能有效管理、减缓，或者，如果需要的话，控制强加给自然的损害。气候学的社会批评是实在的，但它可以容忍承认持续的退化吗？气候学家承认的确存在危机，然后设法以主动、有利并且有力的方式进行应对。然而，难道政府间气候变化专门委员会的工作只是掩饰负面结果，保持一些环境生活力

(environmental viability)，并且创造最多也只是减轻退化的控制地带，而温室气体排放却从未停止过吗？科学研究项目数量的增加提高了人们关于气候变化的意识，但气候变化鲜能得到根除。现有的商品生产和消费的不平等会影响到商品副产品（commodity by-production）和消费者无法选择的其他新的不平等，因为技术科学能做的只是小心翼翼地记录更多的生物圈损失了，它并不能轻易改变引起损失的方式。

如奥康纳所坚持的，这些变化"要么典型地预先假设，要么要求在资本之间/之内，和/或者资本与国家之间，和/或者国家与国家之间形成新型合作关系，要么在人类与自然之间，以及个体与自然和社会环境之间形成更加社会化的新陈代谢'规则'"①。气候学作为社会批评只强调公司合作；因此，人们发现"更多的合作具有使（已经政治化了的）生产条件的政治化更透明的效果，因此进一步颠覆了资本存在的明显的'自然本性'"②。

持续退化系统确保在旨在监督自由民主社会的工作的全球论坛上，由技术科学专家行使特权，向公司的角色和责任发起有限的民主挑战。然而，公司的专业知识和私有财产在现有生产条件中构成了实权的关键物质形式。对于与温室气体排放相关的大多数商业和职业，通过惯例、默认和习惯法，将专家和业主看作为比与政府间气候变化专门委员会关联的气候学更具特殊合法性的、更著名的、更大的权威中心。正是这类狭隘的解释和可疑的合法化的权力，使自由民主资本主义向公众开放。在过去 200 年的资本发展中，许多社会运动在公共背景下与其抗争，而成功的记录参差其间。批判的气候学继承了这一传统，但它也只在非常有限的范围内获得了成功。

作为批判理论的气候学最终将历史气象学转变成为一种关于生态未来主义的实用政治话语。考虑到这么多复杂的长期趋势，这么多

---

① O'Connor, "Capitalism, Nature, Socialism," 27.
② O'Connor, "Capitalism, Nature, Socialism," 27 - 28.

的不可预见的巨大变化，并且无论做最坏准备还是期望最好的结果，都有着不确定性，所以气候学有无数机会来论述"必须做些什么"。温室气体继续没有得到减排。并且，因为对其进行控制的努力已举步维艰，一些批判的气候学话语转为提出一些站不住脚的规范性诉求。作为批判理论家的气候学家，虽然承认气候科学还无法清晰解释许多事情，却仍然坚信自然"具有"某些可预见的特征，而且坚信，根据有关全球变暖、天气异常、海平面上升和海洋变化的预测，政府和公司"应该"做出 A、B 和 C(的选择)进行应对。

然而，这些生态未来主义的政治建议并不具备强制性。尽管科学家设法从对正面的"是"(is-ness)的预测中推导出规范性的"应当"(oughts)，但这些努力还缺乏逻辑上的必然性。此外，对正面的"是"的解读也存在争议，这削弱了作为应对眼前挑战而提出的"应当"(ought-ness)的坚实性。生态未来主义政治话语的写作风格造成了理解威胁的错觉，形成了理性应对环境中增大的压力的表象，产生了地球物理科学引导社会解决因气候变化而出现的严重的经济和安全问题的幻影。遗憾的是，最能起改善作用的应对措施迄今为止只在变化的边缘出现。有关气候变化的批判性思维仍在政界和科学界中争论，并且生态未来主义所叙述的受淹的国家、侵蚀的海岸、超级破坏力的风暴和恶劣的天气也没有导致全部重构当代资本主义社会和经济体，从而将温室气体减少到威胁较低的水平。即使有的话，也只是强化和深化了始于 18 世纪和 19 世纪的对燃烧化石燃料的内在的路径依赖(path dependencies)，留下可怜的生态未来主义批判气候变化变成一种实际上自我实现的预言。

然而，在组织上作为社会批评使用的气候学仍然重要。这样的分析使"资本和国家"能直面一些基本矛盾，然后将这些基本矛盾迁移到"政治和意识形态领域(两次从直接生产和生产周期中移出)"，而同时又"引入更多生产的社会形式。由物质和社会因素定义的生产条件，例如，有关城市再开发、教育改革、环境规划以及以其他形式提供生产条件的两党政治的控制力，这些生产条件是阶级调和的重大新形式的典范"。① 无政府主义的政府间气候变化专门委员会（IPCCarchic）机构投身于与技术科学结盟，同时新的国际妥协也可能扩展当今有关逐步减少温室气体排放的约束力弱的协议，但是也不必要立即冻结社会主义国家的排放量。在有些人看来，至少更具想象性，政府间气候变化专门委员会的行动可能被认为服务于使社会主义迈上一个台阶，但同时也被视为全球交换工作中的一个小扳手。

当然，工作中的这些小扳手经常很快就成为另一些工作中的支持因素，因为批判的气候学（critical climatology）也能蜕变成实用的另外一种版本的环境关怀（environmentality）。虽然尚未如"海洋法"背后的海洋专家那样明显，一些前卫的气候学家已经指定自己和他们的网络帮助起草"大气法"。由于相信气候科学作为社会批评已为政治领域做好了准备，一些学术机构，如纽约的哥伦比亚大学，正在将气候科学、地球科学和社会科学的项目绑定在一起以影响决策。如哥伦比亚大学的气候和社会文学硕士新项目所建议的：

> 最近的研究已经在有关长期气候变化、更短期气候波动及其社会经济影响等方面产生了丰富的新知识。决策者在临近的气候冲击问题上需要清晰而可靠的指导，也需要实用的信息和工具来处理气候冲击的后果。建立在对气候更好的科学理解和改进应对机制的基础上，哥伦比亚大学在社会科学、气候科学和公共政策的交叉领域（nexus）培养新一代的学术和专业人才。②

尽管承认全球变暖仍是充满争议的命题，在其背后可能既有人为的也有非人为的力量，哥伦比亚大学具有环境关怀意识（environmentality-minded）的专家仍然愿意培训新的气候学从业人

---

① O'Connor, "Capitalism, Nature, Socialism," 29 - 30.
② 见 http://www.columbia.edu/cu/climatesociety/aboutclimate.htm。

员,使之具有通过知识获取权力的能力："无论科学辩论的结果如何,政府、公司和公民社团中正在形成一种共识,即气候异常对社会具有破坏性并且需要将气候因素融入决策和经济战略中。"①

决定结局（Determining Ends）

总之,本章回到政治经济学领域,以社会创新和社会建构的方式对全球变暗和全球变冷进行了分析。作为社会批判灵活运用气候学,成为当今用来回答奥康纳所定义的资本第二类矛盾的更重要的学术和制度策略之一。同时,正当公众和决策者承认全球变暖、全球变暗或全球变冷的重要现实的时候,作为社会批判理论的气候学正在寻找一些社会机构,以使破坏性的全球经济生产条件适应当今的环境危机。然而,如果没有政治经济学的实质性批判,气候学（的批判）是不充分的。政府间气候变化专门委员会机构的慎议制度允许当权者利用资本主义文化自身,为的是能在应对气候变化时说"正在做出行动",但这些行动的结果最多可能也就是经济可持续形式下的生态退化系统化。获得气候和社会文学领域硕士学位正是这类事情变成现实的一个不祥之兆。在资本自私的算计中,许多价值是在地球资源的过度使用中被创造的;更有甚者,持续退化系统使得资本在自然赤裸裸的退化现实中更加精细地剥削,同时维持可持续性的表象,从而榨取更多的价值。

作为社会批判理论的气候学描绘了一种仅仅开始改变地球大气的工业资本主义的非故意后果,是如何以大规模生产与消费的副产品形式被外部化的图景。"科学社会主义"曾经一度向世界劳动者预言,资本主义危机即将到来,由此会出现更合理、公正和公平的共产主义秩序。据信,一组内在的趋势会为生产手段完全合理化建立基础,也会为推行新形式的物质平等、政治慎议和社会心理解放创造机会。随着市场的无序动荡将更迭中的无政府状态推向共产主义秩序,剩余价

---

① 见 http://www.columbia.edu/cu/climatesociety/aboutclimate.htm。

值的不变规律会必然导致这些结果的出现和永存。

当代气候学在公共政策、大众科学或经济预测等方面更为专业，虽然它关于这些方面的清晰表达并不是完全一致，却也不是彻底的不同。这些互补性、趋向性或共同性，反而值得更密切的关注。用气候变化的周期性重点分析全球变暖，最终显示了预言的贫乏性。好的科学(good science)已经用可靠的发现为决策者预测了数十年的全球变暖趋势。然而，在这几十年间，除了以 1990 年测定值作为基准值(floor values)计算未来排放上限值(ceiling level)目标以外，对减少温室气体净排放有实际效果的工作微乎其微。事实上，具有可靠预测性的有效科学研究成果一直被公司和政府领导人轻视、嘲笑或摒弃。

然而，批判气候学一直在坚持。气候学家们已经将这些成果集中起来，从社会批判转向培养"生态管理专家"。[①] 如哥伦比亚大学的气候和社会文学硕士项目主任所称：

> 气候模型和预报的进展已经改变了人类知识的概貌。对于发展中地区备受干旱打击的农民，对于侥幸生活在飓风和泥石流影响中的棚户区居民，对于在努力发展中试图尽量利用有限资源的政府，对于亿万规模的保险业和食品业，这一新的科学知识可以提供应对由气候变化所产生的问题和机会的最佳方法。但是决策者必须明白如何有效使用这一新知识。
>
> 理解气候与社会之间联系的专业人才奇缺，并且对这类人才的需求会随着人类活动改变全球大气而更加紧迫。哥伦比亚气候和社会文学硕士项目将给予你知识和技能以满足这一需求。

---

① 见 Timothy W. Luke, "Training Eco-Managerialists: Academic Environmental Studies as a Power/Knowledge Formation," in Frank Fischer and Maarten Hajer, eds., *Living with Nature: Environmental Discourse as Cultural Politics*, 103 - 120(Oxford: Oxford University Press, 1999)以及 Timothy W. Luke, "Environmentality as Green Governmentality," in Eric Darier, ed., *Discourses of the Environment*, 121 - 151(Oxford: Blackwell, 1999)。

哥伦比亚大学在气候变化、气候预报和地球与大气科学领域有一流的研究人员。我们位于联合国和世界政治中心所在的纽约市的心脏，在培养决策者、领导者和思想者方面的经验无人能够超越。

这个创新的项目可将世界各地献身这一领域的人士聚在一起来研究和塑造我们共同的命运。①

即使关于大气的科学知识是有限的和不可靠的，一些人还是明显看到了机会，在"世界政治中心"附近进行运作，以知之甚少影响一无所知。

虽然如此，他们的行动能力受对化石燃料依赖的政治的高度限制。尽管科学计算中心主义、预测性实证主义模型和工具理性受尽了口惠，但气候学作为好的科学，其预言仍基本上被忽视。最多也只在城市、地区或省级政府层面的零星政策中，在偶尔来自污染较轻、较小的州的指令，或者个人的保护努力中，在变化的边缘，才能感觉到这些努力的作用。这样的变化是有益的，但也不是随处可见的，作为基础性的、持久的或彻底的转变，这些变化应当足以影响温室气体问题的根本逆转。

当然，现实问题是，科学自身并不能为应对全球气候变化提供权威的、不会出错的或精确的指导。事实上，在预测目前的行动效果如何影响地球气候的过程中，科学也只能继续按事件顺序记载目前的行动。过去几世纪以来的温室气体排放的惯性不大可能立即发生剧烈变化，使全球变暖趋势增强。事情应能变得更好，但不能确切知道这种变化会有多快，程度如何，或有什么副作用。实际上人为原因和非人为原因具有不确定性，两者之间目前也有相互作用，这些因素都削弱了科学评估的权威性。科学是中立的，所以必须承认一种可能性，也就是目前全球变暖若不是周期性的，可能也是相对周期性的事件，

---

① 见 http://www.columbia.edu/cu/climatesociety/director.html。

也许是由于太阳活动、大洋环流、自然温室气体排放，或其他有待于确定的非人为原因的变化。人类活动产生的温室气体并没有增强这些动力学机理，但仍不清楚温室气体的人为来源和非人为来源，哪个相对来说更重要。不过有非常多的专家始终认为有证据显示两种因素交织在一起。

全球变暖既是科学现象，也是公共政策难题，它还可能是代表意识形态神秘化的一个事例，即使不同学派的分析都在痛斥其有害影响。人为来源的温室气体浓度已形成了一种趋势，因其规模之大、持续时间之久，这种趋势已基本上自然化。在都市自然取代自然的时候，对人为来源还是非人为来源上的吹毛求疵也许只不过是个统计误差。由于"温室气体排放者"从根本上是直接或间接参与烃类燃料燃烧的每一个人，因此温室效应也就成了众多个人决策和无决策的集体表现。一些临时力量的作用正是以这种方式经常被抹杀。创造了这些工业副产品的个人消费者大众市场正在具体化为"温室气体排放"之类的实体，这些实体的起源和运行也被全球生产和消费的机械代谢所堵塞。

如果按习惯条块划分温室气体产生者的"国家"账户，这个账目可能很准确，但并不总是有效的，对于现实也并不真实。责任主体模糊不清的特性消解为太多匿名的大众。根据混合机械代谢中石油、天然气和煤炭消耗的自然输入—输出能源平衡表，能快速导出技术消费化石燃料体系和一种确定的气体排放趋势下更顽固而迟钝的能源结构。很显然，通过更精确地计算生态足迹，可以将其中的一些趋势追溯到家庭或个人的使用水平，但是这些计算大多数是对自然总产量过于简单化的人均平分。数据可以计算，但是没人能指出哪些结果应归咎于个人还是集体的作用？

此外，一旦每个人成为责任主体，准确指控这类个人环境过失就会失去政治动力。因此，尽管人人有责，但也没有人为改变本应大家都应对之负责的变暖趋势而采取更多的行动。这样，只有勉强接受资本主义的破坏行为，因为个人在购买和使用化石燃料的所有节点上作出了亿万个初始决定，燃烧了更多的碳排放物，其二级和三级连带关系(second-and third-order implications)是不可避免、迫不得已或不可预测的，所以必须一再原谅这种破坏行为。如果不确定的生产集合体引发了危机，却通过将责任完全归结于确定的个人消费者身上，神秘化结构性规则去鼓吹改变的做法，对改变关键结构性(问题)的效果甚微。

事实上，当生产者现在还没有真正好的能源替代品在化石燃料产品之后能"不依赖石油所创造的利润"生存时，假使英国石油公司(BP)及其客户确实可扭转过度依赖石油等化石燃料的战略，或更重要的，不依赖"英国石油实力"，也还有待于英国石油公司这样的能源生产跨国公司倡导消费者选择"不依赖石油"(beyond petroleum)生活。这些集体响应气候变化的闹剧使人质疑自由主义秩序，而这种秩序据说是以自然状态下起草的社会契约为基础的。事实上，这些闹剧突出了对大多数社会关系——契约性的或其他性质的——进行重新谈判，以适应当今的都市自然状况的可悲的必要性，至于是采用伦理上的还是在政治上的方式都仍有待确定。

（王潮声　殷培红译　殷培红　冯相昭　王潮声校）

城市扩张、气候变化、石油耗竭与生态马克思主义

乔治·A. 冈萨雷斯

美国的城市带是世界上城市扩张最明显的地区。[1] 在石油价格不断上涨以及城市化对全球变暖或者气候变化的影响越来越大的背景下,美国的城市化一直吸引着世人的关注。[2] 只有在卡尔·马克思创设的政治经济学框架内,才能够真正完全理解城市扩张这一现象。马

---

① Jeffrey R. Kenworthy and Felix B. Laube, with Peter Newman, Paul Barter, Tamim Raad, Chamlong Poboon, and Benedicto Guia Jr., *An International Sourcebook of Automobile Dependence in Cities 1960 – 1990*(Boulder: University Press of Colorado, 1999). 描述城市扩张和机动车依赖度的两个关键指标是人均机动车拥有量和人均机动车使用量。在 Kenworthy 和 Laube 对 46 个国际城市的研究中,他们发现美国的城市在所有的研究对象中两项指标均最高。在作者研究的美国城市中,每 1 000人拥有 604 辆机动车。其他国家城市每千人机动车拥有量分别是:澳大利亚 491 辆,加拿大 524 辆,欧洲 392 辆,亚洲富裕国家 123 辆,发展中的亚洲国家 102 辆。在所研究的美国城市中,每辆机动车平均行驶11 155公里。澳大利亚为6 571公里,加拿大为6 551公里,欧洲为4 519公里,富裕的亚洲城市为1 487公里,发展中的亚洲城市为1 848公里。美国城市每辆机动车平均使用量与其他国家城市的比值为:澳大利亚 1. 70,加拿大 1. 70,欧洲 2. 47,富裕的亚洲城市 7. 50,发展中的亚洲城市 6. 04 (Ken worthy and Laube et al., *An International Sourcebook of Automobile Dependence in Cities*, 529 – 530)。

② 例如, Dolores Hayden, *Building Suburbia* (New York: Pantheon, 2003); Jennifer Wolch, Manuel Pastor Jr., and Peter Drier, eds., *Up against the Sprawl*(Minneapolis: University of Minnesota Press, 2004); George A. Gonzalez, *The Politics of Air Pollution* (Albany: State University of New York Press, 2005); George A. Gonzalez, "Urban Sprawl, Global Warming, and the Limits of Ecological Modernization," *Environmental Politics* 14, no. 3 (2005): 344 – 362; George A. Gonzalez, *Urban Sprawl*, *Global Warming*, *and the Empire of Capital* (Albany: State University of New York Press, forthcoming); Robert D. Bullard, ed., *Growing Smarter: Achieving Livable Communities*, *Environmental Justice*, *and Regional Equity*(Cambridge, MA: MIT Press, 2007)。

克思的价值理论和地租概念,对于理解挥霍性地使用化石燃料、城市扩张及其相互关系是不可或缺的,这些现象显著地影响着石油耗竭以及当前全球变暖趋势。[1] 这种论点与生态马克思主义者主张的,以及马克思和恩格斯的著作中所包含的对资本主义彻底的生态批判观点是一致的。[2]

20世纪30年代,城市化成为振兴美国资本主义、走出经济大萧条的一种重要手段。城市化过程大大增加了汽车以及其他一些耐用品的需求量。城市化增加经济需求的功能,与马克思所主张的"资本主义的内在需求具有可塑性,并且这种需求是指向增加消耗由社会劳动所生产出来的商品与服务的"观点是一致的。[3] 社会劳动力的开发利用是增加资本主义财富的基础。[4]

美国支持城市扩张的政策演变也与商业主导的公共政策制定的观点是一致的。持这种决策过程观点的人认为,经济精英和生产团体处于公共政策制定的核心。[5]

概况

本章从解读马克思的交换价值概念入手,得出这样的假设,即在

---

[1] David Goodstein, *Out of Gas : The End of the Age of Oil* (New York : Norton, 2004); Paul Roberts, *The End of Oil* (New York : Houghton Mifflin, 2004).

[2] Howard L. Parsons, "Introduction," in Howard L. Parsons, ed. and camp., *Marx and Engels on Ecology* (Westport, CT : Greenwood Press, 1977); Paul Burkett, *Marx and Nature* (New York : St. Martin's Press, 1999); Jonathan Hughes, *Ecology and Historical Materialism* (New York : Cambridge University Press, 2000).

[3] 在《政治经济学批判大纲》中,马克思依据生产力的增长与发展,列举了"(资本主义制度下)生产剩余价值"的三种方式,正如生产周期业已完成的那样,要求生产新消费;要求在流通领域扩张范围内实现消费循环;完成这种要求"第一,通过已有消费的数量扩张;第二,在社会大循环中通过复制已有的消费创造新的需求;第三,产生新需求和发现以及创造新的使用价值"。[Karl Marx, *Grundrisse* (New York : Vintage, 1973), 408]

[4] Robert Paul Wolff, *Understanding Marx : A Reconstruction and Critique of Capital* (Princeton, NJ : Princeton University Press, 1984); Duncan K. Foley, *Understanding Capital : Marx's Economic Theory* (Cambridge, MA : Harvard University Press, 1986).

[5] Ralph Miliband, *The State in Capitalist Society* (New York : Basic Books, 1969); Mancur Olson, *The Logic of Collective Action* (Cambridge, MA : Harvard University Press, 1971); John F. Manley, "Neo-Pluralism," *American Political Science Review* 77, no. 2 (1983): 368 - 383; Clyde W. Barrow, *Critical Theories of the State* (Madison : University of Wisconsin Press, 1993), chap. 1; George A. Gonzalez, "Ideas and State Capacity, or Business Dominance?

转下页

资本主义社会内部,原材料的交换价值为零。接着,本章将运用美国原油市场来佐证这一假设。正是由于原油没有自身的交换价值,并且一直以来美国的原油供应充足[①],城市扩张才可以作为 20 世纪 30 年代初大萧条时期吸收国家工业基地生产能力的一种手段——从 20 世纪 20 年代开始,这些国家工业基地转向以生产耐用消费品(能够维持三年及以上使用期),特别是以生产汽车为主。本章在后面将会提到,城市扩张对美国耐用消费品革命(consumer-durables revolution)具有重要贡献。20 世纪 70 年代的石油危机使城市扩张对美国经济发展的核心作用凸显出来。依赖石油推动的城市化增加了美国经济和地缘政治的脆弱性,但是美国政府并不考虑这种风险,没有寻求遏制这种城市扩张的方法,而是通过军事和外交手段来扩大原油的供应量。这一点将在本章最后部分阐明。

原材料与马克思的价值理论

马克思对资本主义的政治经济学分析的核心是,只有从社会必要劳动中才能够获得交换价值,基于此,马克思提出了他的重要主张:资

(接上页)A Historical Analysis of Grazing on the Public Grasslands," *Studies in American Political Development* 15(2001):234 - 244;George A. Gonzalez, *Corporate Power and the Environment* (Lanham, MD:Rowman & Littlefield, 2001);George A. Gonzalez, "The Comprehensive Everglades Restoration Plan:Economic or Environmental Sustainability?" *Polity* 37, no. 4(2005):466 - 490;Andrew S. McFarland, *Neopluralism* (Lawrence:University Press of Kansas, 2004);G. William Domhoff, *Who Rules America* (New York:McGraw-Hill, 2005);Paul Wetherly, Clyde W. Barrow, and Peter Burnham, eds., *Class, Power and the State in Capitalist Society:Essays on Ralph Miliband* (New York:Palgrave MacMillan, 2008).美国的经济精英由大公司的决策者和财力雄厚的人组成。这些人通过社会俱乐部、相互锁定公私组织的管理者职位、政策讨论小组,以及联姻等方式整合为一个牢固的精英阶层。参见 Michael Useem, *The Inner Circle:Large Corporations and the Rise of Business Political Activity in the U. S. and U. K.* (Oxford:Oxford University Press, 1984);Clyde W. Barrow, *Critical Theories of the State*, chap. 1;G. William Domhoff, *Who Rules America?* 总之,经济精英大约占美国总人口的 0.5%—1%。这类精英是公共政策制定的主导力量,因为他们拥有美国最重要的政治资源——财富和收入,这些人财富和收入上的优势使他们极易得到公司财务和组织机构的支持,有足够能力进行广告宣传、游说政府与聘请科学和法律专家为之出谋划策。所有这些"政治工具"就都被用来影响公共政策(Barrow, *Critical Theories of the State*, 16 - 17)。

考虑到他们的物质财富、收入和在组织中的高位生产者群体对他们自身而言是令人敬畏的政治因素。见 Olson, *The Logic of Collective Action*;Charles E. Lindblom, *Politics and Markets:The World's Political-Economic Systems* (New York:Basic Books, 1977);Barrow, *Critical Theories of the State*, chap. 1。经济精英们出于分享思想、经济和政治利益的目的,通常能够在广泛的生产者群体中结成政治联盟,如果不能分享,就彼此不合作(Domhoff, *Who Rules America?*)。

① 相反,世界其他资本主义的主导产业区(如中西部欧洲和日本)过去一直很少出产石油。

本家通过剥削工人的劳动从而在经济、政治以及社会中取得主导地位。工人通过他们的劳动创造了所有交换价值,得到的却是仅仅能够维持他们生理生存所需要(必要劳动价值)的部分(交换)价值,资本家们则保留了其余的价值,也就是剩余(或超额)价值。

所以,根据马克思的政治经济学观点,原材料自身没有交换价值——再者,因为在资本主义制度中创造的所有交换价值都来自社会必要劳动。其结果是,在资本主义制度中,出售自然资源并不能对财富(例如价值)创造有所贡献。除了将原材料运到市场所需的那部分劳动力之外,任何出售原材料所获得的金钱/利润都被马克思认为是地租。换句话说,原材料销售中所获得的金钱/利润更倾向于是战略性控制或者控制原材料供应的结果。从这种交易中获得的金钱仅仅是资本的转移而不是创造资本。这仅仅是金钱(如资本)从资本家和/或劳动者手中转移到了原材料(包括土地)的控制者手中。①

所谓的自由市场环保主义者(free market environmentalist)接受了马克思的关于自然资源自身没有交换价值的观点。这些环境思想家支持为所有自然资源创造租金。自由市场环保主义者认为,对自然资源的合理使用只能通过提高自我利益来实现。结果,因为自然资源(如空气和水)是由自然免费提供的,没人有任何动力去保护它们(例如公地悲剧)②——只有那些能够通过使用自然资源而获得地租的个人才愿意节约资源。所以,如果人们能够获得对包括空气和水在内的自然资源特定的所有权,这样他们就可以从其他人对自然资源的使用中收取地租,那么,资源的所有者就会有动力来保护和节约所拥有的自然资源。③

赛勒斯·比纳(Cyrus Bina)认为:在古典政治经济学家中,正是马

---

① Burkett, *Marx and Nature*, chap. 6; Paul Burkett, "Nature's 'Free Gifts' and the Ecological Significance of Value," *Capital & Class* 68(1999): 89 - 110; Paul Burkett, *Marxism and Ecological Economics: Toward a Red and Green Political Economy* (Boston: Brill, 2006).

② Garrett Hardin, "The Tragedy of the Commons," *Science* 162(1968): 1243 - 1248.

③ Terry L. Anderson and Donald R. Leal, *Free Market Environmentalism*(New York: Palgrave, 2001); John Dryzek, *The Politics of the Earth*, 2nd ed. (New York: Oxford University Press, 2005), chap. 6.

克思的关于自然资源和地租等经济学基本概念提供了对全球石油市场运作最深刻的洞察力。[1] 新古典主义经济学家提出，过高的地租会造成市场失衡（例如，20 世纪 70 年代发生的石油危机），并且认为正是地租本身导致了局部的市场失衡（例如，在高度拥挤地区的土地）。因此，这些思想家都只是证明地租的影响，却不对地租进行分析性的解释。在马克思之前，大卫·李嘉图（David Ricardo）提出了在市场经济中解释和度量地租的论点[2]。与马克思一样，李嘉图认为劳动是资本主义财富的来源，同时他认为土地收益是通过农业商品从工业资本家和工人那里收取地租而获得的。但是，与马克思的观点有一个关键的不同：李嘉图将生产力最低的土地地租定为零，并作为基线；那些具有更高生产力的土地则根据产出规模的增加收取相应的地租。比纳将他对石油地租的分析集中在波斯湾地区。[3]

美国的石油工业

美国石油工业的历史验证了马克思的关于自然资源经济学概念的有效性与实用性。从 19 世纪后期到 20 世纪中期，美国一直是世界主要的石油生产国。美国标准石油公司（the U. S. firm Standard Oil）在石油产品，特别是在用作室内照明的煤油方面，第一个实现了贸易全球化。这项贸易最初是在宾夕法尼亚州石油生产的基础上发展起来的，之后，在加利福尼亚州、俄克拉荷马州、德克萨斯州、印地安那州、路易斯安那州发现了石油，直至整个 20 世纪 50 年代，美国成为世界盛产石油的国家。[4]

几乎从一开始，美国的石油工业就存在过度生产的问题。19 世纪进入美国的石油开采行业是相对比较容易的，但是，美国标准石油公

---

[1] Cyrus Bina, "Some Controversies in the Development of Rent Theory: The Nature of Oil Rent," *Capital & Class* 39(1989): 82 - 112.

[2] David Ricardo, *On the Principles of Political Economy and Taxation* (Washington, DC: J. B. Bell, 1830).

[3] Cyrus Bina, *The Economics of the Oil Crisis* (New York: St. Martin's Press, 1985).

[4] Daniel Yergin, *The Prize: The Epic Quest for Oil, Money, and Power* (New York: Simon & Schuster, 1991).

司逐渐主宰石油工业并非通过石油开采，而是通过石油炼制。因为美国的油田大部分是新开发的，油田的自然压力比较高，石油几乎是自喷的。因此，采油者开采石油基本上是不需要成本的。美国标准石油公司向采油者购买便宜的原油并对炼油产品收取一定的溢价（charge a premium price）。[①] 过度生产的问题因新油田的发现而进一步恶化。20世纪30年代初，德克萨斯州油田的大开发，对于美国的石油工业来说更是毁灭性的。[②]

美国石油工业的过度生产问题部分归咎于法院拒绝对储油区赋予所有权，因而也就不可能对储油区建立起全局性的控制体系并进一步运用这种控制体系对石油供应进行调控。任何人只要对油井所在的土地拥有合法所有权，那么他都可以无限制地开采足够多的石油[③]。这是一种有悖于保护的措施，因为没有人知道是否会有其他人从自己正在作业的同一储油区上开采石油，所以，合乎逻辑的行动就是以最快的速度开采掉所有的石油，因为有些人可能从不同的井口抽取同一储油区的石油。

19世纪后期，美国的木材业也遭遇了与石油工业相似的两难情境。树木的零成本，并且铁路能够一直到达森林密布的西北太平洋地区，使得木材市场供应过分饱和，而木材的价格常年走低。与石油行业的情况不同的是，在此期间联邦政府成立了美国林业局（US Forest Service），对木材行业采取了干预措施以提高木材的价格。美国林业局成立于1905年，负责监管全国的森林，并且这些受监管的森林分布很广泛。一般来说国家森林的质量要比私人所拥有的森林差。一旦

① Yergin, *The Prize*, chap. 2.
② David Davis, *Energy Politics* (New York: St. Martin's Press, 199. 3), chap. 3; Steve Isser, *The Economics and Politics of the United States Oil Industry*, *1920 - 1990* (New York: Garland: 1996); Diana Davids Olien, and Roger M. Olien, *Oil in Texas: The Gusher Age*, *1895 - 1945* (Austin: University of Texas Press, 2002).
③ Stephen L. McDonald, *Petroleum Conservation in the United States: An Economic Analysis* (Baltimore: Johns Hopkins University Press, 1971); Edward Miller, "Some Implications of Land Ownership Patterns for Petroleum Policy," *Land Economics* 49, no. 4(1973): 414 - 423.

这些公共森林处于林业局管辖下,进入国家森林就会受到严格的限制。[1] 然而,还是会有很多小型木材经营者从中开采大量的树木。一直到二战后房地产热爆发,木材的价格才提升到了一个高水平。[2]

城市扩张与美国经济

二战期间,美国的房地产热伴随城市扩张而出现。石油和木材的价格很低,足以支撑房地产热的膨胀,因为这些丰富资源的所有者中,没有任何一个业主或者业主团体对这些资源具有主导权或全局控制能力(1910 年代,美国标准石油公司基金解散)。此外,将石油与木材资源运到市场所需的劳动力价格有限,也是石油与木材价格足够低的另一个原因。

业已证明,战后房地产热的膨胀本质上具有政治、经济以及环境的重要意义。这是因为,城市扩张增加了汽车需求量。实际上,城市扩张使得汽车成了一种必需品。[3] 同时,由于城市扩张使得居民住所面积更大,也增加了对家具和电器等耐用消费品的需求。更大的居住空间需要更多的加热、制冷以及特大的电器和照明,导致能源需求也会更高,进而要求扩大美国境内所有权相对比较分散的煤、天然气和铀矿等资源的供应数量以满足需求。[4]

美国城市扩张最初是由土地所有者以及开发商推动的,主要缘于

---

[1] William G. Robbins, *Lumberjacks and Legislators: Political Economy of the U. S. Lumber Industry, 1890 - 1941* (College Station: Texas A&M University Press, 1982); George A. Gonzalez, "The Conservation Policy Network, 1890 - 1910: The Development and Implementation of 'Practical' Forestry," *Polity* 31, no. 2 (1998): 269 - 299; Gonzalez, *Corporate Power and the Environment*, chap. 2.

[2] Randal O'Toole, *Reforming the Forest Service* (Washington, DC: Island Press, 1988); Paul W. Hirt, *A Conspiracy of Optimism: Management of the National Forests Since World War Two* (Lincoln: University of Nebraska Press, 1994).

[3] Peter Newman and Jeffrey Kenworthy, *Sustainability and Cities: Overcoming Automobile Dependence* (Washington, DC: Islands Press, 1999).

[4] Richard H. Vietor, *Environmental Politics & the Coal Coalition* (College Station: Texas A&M University Press, 1980); David Davis, *Energy Politics*; Harvey Blatt, *America's Environmental Report Card* (Cambridge, MA: MIT Press, 2005), chap. 5. 能源专家 Paul Roberts 解释说当代美国家电所用能源强度至少是欧洲和日本的两倍。Paul Roberts, *The End of Oil*, 152; 也见 Martin Fackler, "The Land of Rising Conservation: Japan Offers a Lesson in Using Technology to Reduce Energy Consumption," *New York Times*, Jan. 5 2007, p. C1.

这些人设法将公共设施建到他们所拥有土地所有权的城市边缘。[①] 早期的城市扩张正式开始于 19 世纪后期有轨电车或无轨电车的使用。[②]

在 1910 年代到 1920 年代期间，随着汽车的出现和销售价格的下降，以及公众对汽车越来越高的信任，土地开发商开始在远离无轨电车路线的城市边缘地带开发土地。[③] 这一趋势在洛杉矶尤为显著。[④] 研究美国城市公共交通的历史学家马克·福斯特[⑤]（Marh Foster）这样解释汽车："汽车对无轨电车服务不便的（洛杉矶这样的）边远地区产生了巨大的影响。"他进一步解释洛杉矶"20 世纪 20 年代房地产的繁荣见证了成千上万个地段的升值，其中许多地段位于最近的无轨电车线路之外数英里之遥"。[⑥]

到 20 世纪 20 年代末，洛杉矶成为美国最适应汽车发展的地区，凭此，"洛杉矶的人均汽车消费量比美国其他任何一个城市的人均汽车消费量都要高"。这段时期，"洛杉矶市平均每五个人就拥有两辆汽车，仅次于美国最大的'汽车城'底特律，每四个人拥有一辆汽车"。[⑦]

联邦政府与城市扩张

从 20 世纪 30 年代开始，联邦政府开始将城市化作为恢复经济的一种手段。这段时期，联邦政府通过联邦住房管理局（Federal Housing Authority，FHA），推出了住房抵押贷款承销计划。在 1934 年的联邦住房法案中可以找到对联邦住房管理局的法律授权。撰写

① Marc Weiss, *The Rise of the Community Builders : The American Real Estate Industry and Urban Land Planning* (New York: Columbia University Press, 1987); Jeffrey M. Hornstein, *A Nation of Realtors : A Cultural History of the Twentieth-Century American Middle Class* (Durham, NC: Duke University Press, 2005).

② Mark S. Foster, "The Model-T, the Hard Sell, and Los Angeles's Urban Growth: The Decentralization of Los Angeles during the 1920s," *Pacific Historical Review* 44 (1975): 459 – 484; Gonzalez, *The Politics of Air Pollution*, chap. 4.

③ James Flink, *The Car Culture* (Cambridge, MA: MIT Press, 1975); James Flink, *The Automobile Age* (Cambridge, MA: MIT Press, 1990).

④ Weiss, *The Rise of the Community Builders*; Greg Hise, *Magnetic Los Angeles : Planning the Twentieth-Century Metropolis* (Baltimore: Johns Hopkins University Press, 1997).

⑤ Mark S. Foster, *From Streetcar to Superhighway : American City Planners and Urban Transportation*, 1900 – 1940 (Philadelphia: Temple University Press, 1981).

⑥ Foster, "The Model-T, the Hard Sell, and Los Angeles's Urban Growth," 477.

⑦ Foster, "The Model-T, the Hard Sell, and Los Angeles's Urban Growth," 483.

这部法案的委员会受马里纳·埃克尔斯(Marriner Eccles)领导,他是犹他州的富商,曾经是财政部官员;此外还有艾伯特·迪恩(Albert Deane),通用汽车董事会主席兼总裁阿尔弗雷德·斯隆(Alfred Sloan)的助理。[①] 埃尔克斯的委员会实际是总统住房应急委员会(the President's Emergency Committee on Housing)的下属委员会,总统住房应急委员会中还包括 W. 埃夫里尔·哈里曼(W. Averell Harriman),其因是"国家杰出商人"而被邀请加入这个委员会。[②] 正如历史学家悉尼·海曼(Sydney Hyman)的解释:"当新的住房项目条款最终获得通过后,(哈里曼)将会大规模将这些项目'推销'给……商业团体。"[③]联邦住房贷款银行董事会(Federal Home Loan Bank Board)主席约翰·法赫伊(John Fahey),也是总统房屋应急委员会的成员。[④]

埃克尔斯的传记中概括地描述了联邦住房法案制定过程的思想基础,"一个具有足够规模的,针对新住房建设的方案,不仅将逐步为建筑业工人提供就业",更重要的,"它将从整体上加速经济的发展"。他又预言:"它将惠及所有人——从窗帘花边制造到木材、砖、家具、水泥以及家用电器各个环节的生产者。"[⑤]所以说,授权联邦住房管理局的目的,似乎是要刺激消费,包括耐用消费品。城市扩张将有助于实现这一目标,自从 20 世纪 20 年代起,郊区的开发者们已经显示了在

---

① Sidney Hyman, *Marringer S. Eccles*(Stanford, CA: Stanford University Graduate School of Business, 1976), 144.

② Hyman, *Marringer S. Eccles*, 142; also see Rudy Abramson, *Spanning the Century: The Life of W. Averell Harriman, 1891－1986*(New York: Morrow, 1, 992).

③ Hyman, *Marringer S. Eccles*, 142.

④ Hyman, *Marringer S. Eccles*, 142. 这个领导联邦住房贷款银行系统的董事会始建于 1932 年。这个系统由 11 个区域性的住房贷款银行组成,发挥中央信贷机构的作用,类似于联邦储备银行制度。(Hyman, *Marringer S. Eccles*, 140)

⑤ Hyman, *Marringer S. Eccles*, 141. 通用汽车公司在联邦政府住房委员会上发表演讲,寻求政府帮助扩大消费者耐用消费品的需求。经济历史学家 Elliot Rosen 认为在经济大萧条时期"如果有这种事,也只有微不足道的证据表明,作为国家的支柱产业,汽车生产商在寻求政府干预"。Rosen 继续重申允许无障碍独立运作"汽车工业"市场。[Elliot Rosen, *Roosevelt, the Great Depression, and the Economics of Recovery*(Charlottesville: University of Virginia Press, 2005), 118]。

远离无轨电车路线的未开发地区建设面积更大、价格更高的住房的偏好。[①]

美国的耐用消费品与城市化

直到 20 世纪 20 年代，美国一直在引导一场耐用消费品革命。如前所述，耐用消费品是那些应该至少能够维持三年使用期的商品，经济史学家彼得·费伦(Peter Fearon)提到 20 世纪 20 年代英国(Great Britain)的另一个主导产业动力，即英国"受一些老支柱产业如棉纺织业、煤矿业、船运业以及钢铁业等的拖累，经济发展迟缓"。[②] 他解释："这与美国耐用消费品部门的惊人进步正好相反。"[③]所以，美国经济更擅长诸如家用电器等商品的生产。[④]

耐用消费品导向的美国工业基地最显著的特征就是汽车的生产。1920 年，美国汽车公司生产了 190 万辆汽车，1929 年生产了 440 万辆，占全球汽车产量的 85%。费伦指出，"汽车对美国经济的影响是普遍性的"，例如，"它为钢铁产业以及玻璃和轮胎产业，提供了主要市场"。[⑤] 在 20 世纪 20 年代的大部分时期，"制成品与半制成品的总价值的将近 17% 都归属于汽车产品"[⑥]。这类统计数据促使经济史学家埃利奥特·罗森(Elliot Rosen)将美国的汽车产业视作 20 世纪 20 年代的"国家主导产业"。[⑦] 另一位经济史学家理查德·B. 都伯夫(Richard B. Du Boff)指出："在 20 世纪 20 年代，汽车制造业已成为国

① Robert Fishrnan, *Bourgeois Utopias : The Rise and Fall of Suburbia* (New York : Basic Books, 1987); Weiss, *The Rise of the Community Builders*; Robert M. Fogelson, *Bourgeois Nightmares : Suburbia, 1870 - 1930* (New Haven, CT: Yale University Press, 2005).

② Peter Fearon, *War, Prosperity and Depression : The U. S. Economy 1917 - 1945* (Lawrence: University Press of Kansas, 1987), 48.

③ Fearon, *War, Prosperity and Depression*, 48.

④ Robert D. Atkinson, *The Past and Future of America's Economy* (Northampton, MA: Edward Elgar, 2004); Alexander J. Field, "Technological Change and U. S. Productivity Growth in the Interwar Years," *Journal of Economic History* 66, no. 1 (2006): 203 - 236.

⑤ Fearon, *War, Prosperity and Depression*, 55.

⑥ Fearon, *War, Prosperity and Depression*, 58;也可见 Jean-Pierre Bardou, Jean-Jacques Chanaron, Patrick Fridenson, and James M. Laux, *The Automobile Revolution* (Chapel Hill: University of North Carolina Press, 1952); David J. St. Clair, *The Motorization of American Cities* (New York: Praeger, 1986); Atkinson, *The Past and Future of America's Economy*; Matthew Paterson, *Automobile Politics* (New York: Cambridge University Press, 2007)。

⑦ Rosen, *Roosevelt, the Great Depression, and the Economics of Recovery*, 118.

家制造业的引领者。"①

　　贯穿 20 世纪 20 年代,汽车制造业的生产能力得到了很大的扩展,汽车生产对整个美国的工业活动具有明显的带动作用,此间汽车需求量也有很大的波动。20 世纪 20 年代,汽车生产的整体趋势是上升的,但是在 1921 年、1924 年以及 1927 年的市场衰退期,汽车产量大幅度下滑。② 此外,在经济衰退早期,汽车产量"大幅度收缩"③,在经济大萧条时期,工业生产部门中"汽车业的瘫痪最为显著"。到 1929 年底,"在整个制造业中汽车产量的下降是最大的"④。

　　联邦住房管理局成立时,由来自房地产行业的显赫官员们来管理,他们利用授权推动美国城市的横向扩展。1934 年成立时,"联邦住房管理局的工作人员几乎都是从私营部门招聘的,许多都是来自不同行业的公司高层,而具有房地产和金融业背景的人占据了优势"⑤。一位研究美国房地产行业的历史学家杰弗里·霍恩斯坦(Jeffrey Hornstein)指出,一般来说产业"非常欢迎联邦住房管理局……既因为联邦住房管理局保证了住房的需求,又因为联邦住房管理局主要由房地产经纪人及其在银行界的盟友来运作"⑥。

　　为了带动房地产销售,联邦住房管理局承销商品住房,他们为合格的家庭或购买者提供 80% 的 20 年期的住房贷款担保(之后,这种担保修改为 90% 的 25 年期住房贷款)。到目前,标准按揭大概占到购房价的 50%,为期三年。⑦

　　这个计划赋予了联邦住房管理局影响住房需求类型的能力,进而影响房地产发展模式。马尔·魏斯(Mare Weiss)在其研究美国房地

① Richard B. DuBoff, *Accumulation & Power : An Economic History of the United States*(Armonk, NY: M. E. Sharpe, 1989), 83.

② Fearon, *War, Prosperity, and Depression*, 58;也见 Robert Paul Thomas, *An Analysis of the Pattern of Growth of the Automobile Industry, 1895 - 1929* (New York: Arno, 1977); Bardou et al., *The Automobile Revolution*, chap. 6。

③ Fearon, *War, Prosperity, and Depression*, 58.

④ Fearon, *War, Prosperity, and Depression*, 91;也见 Atkinson, *The Past and Future of America's Economy*。

⑤ Weiss, *The Rise of the Community Builders*, 146.

⑥ Hornstein, *A Nation of Realtors*, 150.

⑦ Weiss, *The Rise of the Community Builders*, 146.

产行业发展历史的著作中说："由于联邦住房管理局可以拒绝为那些地理位置计划不周或没有保护而风险较高的，物业提供按揭贷款的担保，使得大部分有信誉的地块分割商（subdividers）遵守联邦住房管理局的标准。"①利用这种权力，联邦住房管理局推动了郊区大规模的住房建设，魏斯解释，联邦住房管理局"利用有条件承诺（如贷款担保）鼓励大规模开发商完成新的居民小区（residential subdivision）或者'邻里单元'（neighborhood units）的开发"。这样，联邦住房管理局通过贷款计划鼓励并补贴"私人在城市边缘地带控制和协调以单户住宅为主的住宅社区的整体开发"②。

肯尼思·杰克逊(Kenneth Jackson)在其研究美国城市郊区化进程的重要历史事件时，与魏斯持同样的观点，认为联邦住房管理局将住房建设引向了偏远地区。③ 杰克逊说："实际上，联邦住房管理局提供的保险使得新的住房开发都在城市边缘，而忽略了核心城市地带。"④结果，他注意到在 1942 年到 1968 年间，"联邦住房管理局对美国的郊区化发展产生了巨大影响"⑤。

耐用消费品革命

经济史学家玛莎·L.奥尔尼(Martha L. Olney)在分析美国消费模式历史时发现，"在 1919—1928 年期间，美国家庭平均每年在耐用商品上的花费为 267 美元，其中 172 美元用于大件耐用品，也就是如今的汽车、汽车零部件以及家具，仅有 96 美元用于小件耐用品（主要是瓷器、餐具、家居装饰品以及珠宝手表等）"⑥。经过城市数十年的水平扩展之后，⑦"在 1979—1986 年间，每户家庭每年平均用在耐用商品

① Weiss, *The Rise of the Community Builders*, 148.
② Weiss, *The Rise of the Community Builders*, 147；也可见 Hornstein, *A Nation of Realtors*, 150 - 152。
③ Kenneth T. Jackson, *Crabgrass Frontier: The Suburbanization of the United States* (New York: Oxford University Press, 1985).
④ Jackson, *Crabgrass Frontier*, 206.
⑤ Jackson, *Crabgrass Frontier*, 209.
⑥ Martha L. Olney, *Buy Now, Pay Later: Advertising, Credit, and Consumer Durables in the 1920s* (Chapel Hill: University of North Carolina Press, 1991), 9.
⑦ Peter Muller, *Contemporary Suburban America* (Englewood Cliffs, NJ: Prentice-Hall, 1981); Robert A. Beauregard, *When America Became Suburban* (Minneapolis: University of Minnesota Press, 2006).

上的花费上升到 3271 美元,其中 2230 美元用于大件消费品(以汽车以及零部件为主),1041 美元用于小件耐用品(主要是家用设备以及其他耐用品、珠宝和手表等)。"① 以美元不变价格计算为:1919—1928 年期间,家庭耐用消费品花费为 955 美元,而 1979—1986 年间为 3353 美元。② 奥尔尼证实,"汽车及零部件购买的强劲增长仍然明显:1919—1928 年期间的年平均消费量是 1909—1918 年期间的四倍,这种增长趋势在二战后一直在延续"。此外,"对家用电器以及娱乐产品,如收音机、电视机、钢琴以及乐器的消费也呈现出类似的趋势"③。

根据统计分析,奥尔尼还证实在大萧条之前以及二战以后的两个时期,耐用消费品消费量令人吃惊的增长超过了收入上升的幅度。④ 因此,她认为,20 世纪 20 年代是耐用消费品革命的开始,并将耐用品消费浪潮的出现归因于两个因素:广告和消费信贷的支持。但是,她承认广告行为⑤,特别是消费信贷⑥在 20 世纪 20 年代并没有二战以后那么普及。⑦ 这两个时期都存在的明显事实是:不断加速的城市化趋势,扩大了对耐用消费品的需求。

今天,美国的城市扩张已经是全球经济发展错综影响的结果。美

---

① Olney, *Buy Now, Pay Later*, 9.

② Olney, *Buy Now, Pay Later*, 9.

③ Olney, *Buy Now, Pay Later*, 22.

④ Olney, *Buy Now, Pay Later*.

⑤ 也可见 Michael Dawson, *The Consumer Trap: Big Business Marketing in American Life* (Chicago: University of Illinois Press, 2003); Cynthia Lee Henthorn, *From Submarines to Suburbs: Selling a Better America*, *1939 - 1959* (Columbus: Ohio State University Press, 2006)。

⑥ 也可见 Lendol Calder, *Financing the American Dream: A Cultural History of Consumer Credit* (Princeton: Princeton University Press, 1999); Rosa-Maria Gelpi and François Julien-Labruyère, *The History of Consumer Credit* (New York: St. Martin's Press, 2000), chap. 8; Rowena Olegario, *A Culture of Credit: Embedding Trust and Transparency in American Business* (Cambridge, MA: Harvard University Press, 2006)。

⑦ 20 世纪 20 年代大多数机动车都是通过贷款购买的。然而,研究消费者信用历史的学者 Lendol Caldwell 解释说:"整个 20 世纪 20 年代,25%—40% 的美国人在任何时候都坚持用现金购买汽车。"(Calder, *Financing the American Dream*, 194)。

　　20 世纪 20 年代,零售汽车信贷条件相当严格。签约贷款商品要求首付销售价格的三分之一,同时汽车贷款的偿还期限为 6—12 个月。而且,经济历史学家玛莎·L. 奥尔尼的研究报告说此间汽车贷款的"实际年利率超过 30%"。(Martha L. Olney, "Credit as a Production-Smoothing Device: The Case of Automobiles, 1913 - 1938," *Journal of Economic History* 49, no. 2(1989): 381)20 世纪 30 年代,汽车信贷条件事实上很自由。考虑到消费者的承受力,20 世纪 30 年代总体上放宽了信贷条件。(Calder, *Financing the American Dream*, 275)

国是世界上最大的消费国。[1] 重要的是,欧洲、日本、韩国的汽车制造商严重依赖美国巨大的汽车市场获取利润。[2]

二战以后的城市化与美国石油政策

1973 年,中东波斯湾地区对西方盟国具有特殊的重要意义。1973年这一地区开始摆脱西方世界控制时,这里控制着大部分西方世界所需的石油供应。伊朗、伊拉克、科威特、沙特阿拉伯、阿联酋以及卡塔尔是该地区的石油蕴藏国,其中伊朗、伊拉克、科威特和沙特阿拉伯是世界石油市场上的主要生产国。这几个国家拥有世界绝大部分的探明石油储量——仅沙特阿拉伯一国就占 25%。[3]

波斯湾地区的战略重要性很大程度上是美国石油政策的结果。这种重要性非常明显地体现在需求方。由于美国城市不断扩张,[4]对汽车的依赖也随之增加,[5]结果导致石油的消费量稳步攀升。[6] 比如,1946—1953 年间,美国汽油使用量从 300 亿加仑/年上升到 490 亿加仑/年,年增长率超过了 7.2%。1958 年美国汽油消费量超过了 590亿加仑。[7]

---

[1] Norman Frumkin, *Tracking America's Economy*(Armonk, NY: M. E. Sharpe, 2004). 不包括政府和商业团体在内的美国消费者占世界人口的 4.5%,购买了近 20%的世界经济总产出。(Peter S. Goodman, "The U. S. Economy: Trying to Guess what Happens Next," *New York Times*, Nov. 25, 2007, sec. 4, Pa 1)

[2] John A. C. Conybeare, *Merging Traffic: The Consolidation of the International Automobile Industry* (Lanham, MD: Rowman & Littlefield, 2004); Helmut Becker, *High Noon in the Automotive Industry*(New York: Springer, 2006); Martin Fackler, "Toyota Expects Decline in Annual Profit," *New York Times*, May 9, 2008, p. C3. 例如,日本(世界第二大汽车生产国)汽车制造商本田和丰田总利润的三分之二来自美国市场的汽车销售。(Todd Zaun, "Honda Tries to Spruce Up a Stodgy Image," *New York Times*, March 19, 2005, p. C3; Martin Fackler, "Toyota's Profit Soars, Helped by U. S. Sales," *New York Times*, August 5, 2006, p. C4)

[3] Blatt, *America's Environmental Report Card*, 100; Francisco Parra, *Oil Politics* (New York: I. B. Tauris, 2005); John S. Duffield, *Over a Barrel: The Costs of U. S. Foreign Oil Dependence* (Stanford, CA: Stanford University Press, 2008).

[4] Muller, *Contemporary Suburban America*.

[5] Foster, *From Streetcar to Superhighway*; Kenworthy and Laube et al., *An International Sourcebook of Automobile Dependence in Cities 1960-1990*.

[6] George Philip, *The Political Economy of International Oil*(Edinburgh: Edinburgh University Press, 1994); Ian Rutledge, *Addicted to Oil: America's Relentless Drive for Energy Security*(New York: I. B. Tauris, 2005); Duffield, *Over a Barrel*, chap. 2.

[7] American Petroleum Institute, *Petroleum Facts 2nd Figures*(New York: American Petroleum Institute, 1959), 246-247.

美国式消费对其石油生产造成了不利的影响。这点很重要,因为美国曾经能够通过提高石油生产来降低世界石油的价格,但是到了1970年,美国石油生产达到了顶峰,不再具备调节世界石油价格的能力了。[①] 1973年,当沙特阿拉伯对支持以色列的国家实行选择性石油禁运时,美国所需石油将近40%从这里进口,并且无法通过增加国内生产对禁运造成的供求短缺作出反应。[②]

20世纪70年代的石油危机

因此,有两个原因造成引领20世纪70年代石油危机的美国石油储量耗竭:法律制度的不健全和美国国内的高消费水平。从理论和历史的角度来看,当美国经济对国外石油资源的依赖和脆弱性在1973年开始突显时,值得注意的是美国政府的反应。美国政府没有做出任何努力来阻止或限制城市扩张,以及因扩张而对汽车的依赖。[③]

美国以外交与军事手段来应对其经济对外依赖的问题。美国的决策者们利用美国优越的政治和军事地位来确保波斯湾地区的石油控制在自己的势力范围内,从而使石油能够源源不断地流入美国。一直到1979年,为了防止伊朗石油储备遭受苏联的攻击,美国向伊朗政府提供了充足的军事设备与训练。当美国在伊朗的傀儡政权瓦解之后(这导致了第二次石油危机),美国则直接在波斯湾地区建立自己的军事实力,登峰造极时是在1991年第一次海湾战争之后,直接在这一地区驻扎军队。[④]

二十世纪基金会(现在的世纪基金)的两份报告表明,美国解决20世纪70年代能源问题的重点在供应端。该基金组织在20世纪50年

---

① Kenneth S. Deffeyes, *Hubbert's Peak: The Impending World Oil Shortage* (Princeton, NJ: Princeton University Press, 2001). 美国石油生产的峰值年1970年,每天生产石油1000万桶以下,尽管最近增加了钻井数量,但是日产石油依然降至510万桶。(Clifford Krauss, "Tapped Out, but Hopeful: A Break in Texas's Oil Decline," *New York Times*, Nov. 2, 2007, p. C1)

② John M. Blair, *The Control of Oil* (New York: Pantheon, 1976); Rutledge, *Addicted to Oil*.

③ Jon VanTil, *Living with Energy Short fall* (Boulder, CO: Westview Press, 1982).

④ Steve A. Yetiv, *Crude Awakenings: Global Oil Security and American Foreign Policy* (Ithaca, NY: Cornell University Press, 2004); Steve A. Yetiv, *The Absence of Grand Strategy: The United States in the Persian Gulf, 1972 - 2005* (Baltimore: Johns Hopkins University Press, 2008); Rachel Bronson, *Thicker Than Oil: America's Uneasy Partnership with Saudi Arabia* (New York: Oxford University Press, 2006); Duffield, *Over a Barrel*.

代和 60 年代为研究美国经济扩张的自然资源需求提供赞助。[①] 二十世纪基金会在 20 世纪 70 年代早期创建了两个政策研究工作组,为解决美国石油危机提供建议。其中一个专题工作组在 1973 年成立,名为"二十世纪基金会美国能源政策工作组",其中包括一名埃克森的董事和高级副总裁,一名美国电力公司董事会的副主席,瓦尔特·J. 利维(Walter J. Levy)(为多个主要石油公司的顾问)[②],一名德克萨斯商业股票银行(德克萨斯州的主要银行之一)的董事会副主席,[③]一名美国卡波民国际公司(Carbomin International Corporation,一家国际采矿公司)的董事会主席。另一个专题工作组于 1974 年成立,叫作"二十世纪基金会国际石油危机工作组",瓦尔特·J. 利维、卡波民国际公司的管理人员以及德克萨斯商业股票银行的相关人员也都是这个专题工作组的成员,其他的则包括大西洋富田公司(一家石油公司)董事会主席、狄龙瑞德公司(Dillon, Read & Co., 一家美国一流的投资管理公司)常务理事、路易达孚公司(一家投资管理公司)董事会主席、芝加哥第一国际银行主席兼总裁、富国银行(加利福尼亚的主要银行之一)的顾问。此外,还有一些来自普林斯顿大学、哈佛大学、麻省理工学院、弗吉尼亚大学的学者(以经济学家为主),以及未来资源研究所和卡内基研究院的院长,后两家都是经济精英主导的研究机构(未来资源研究所的主任同时参加了两个工作组,卡内基研究院的院长仅参

---

① 例如,Frederic Dewhurst and the Twentieth Century Fund, *America's Needs and Resources*(New York: Twentieth Century Fund, 1955); Thomas Reynolds Carskadon and George Henry Soule, *USA in New Dimensions: The Measure and Promise of America's Resources, A Twentieth Century Fund Survey*(New York: Macmillan, 1957); Arnold B. Barach and the Twentieth Century Fund, *USA and Its Economic Future*(New York: Macmillan, 1964)。

② 1969 年《纽约时报》对 Walter J. Levy 进行了人物专访,题为"As Oil Consultant, He's without Like or Equal",指出"作为石油顾问们的领导者,Levy 甚至得到了竞争者的认可"。专访中继续解释道,"在 Levy 先生还没有担任咨询顾问时有关石油的主要争论如果有,也只是很少的公开争论",并且他"曾经担任过大多数主要石油公司、石油消费国和许多石油生产大国的顾问"。["As Oil Consultant, He's without Like or Equal," *New York Times*, July 27, 1969, sec. p. 3; Ed Shaffer, *The United States and the Control of World Oil*(New York: St. Martin's Press, 1983), 214 - 218]

③ Walter L. Buenger and Joseph A. Pratt, *But Also Good Business: Texas Commerce Banks and the Financing of Houston and Texas, 1886 - 1986*(College Station: Texas A&M University Press, 1986), 299.

加了能源政策工作组）。①

受到 1973 年能源短缺和欧佩克（OPEC）努力保持石油高价的威胁后，二十世纪基金会的两个工作组都建议美国应该在欧佩克国家之外寻求和发展石油与能源资源，这将会降低欧佩克国家在石油问题上的战略地位，同时降低石油价格。欧佩克组织包括所有的波斯湾石油生产者，还有阿尔及利亚、安哥拉、尼日利亚、委内瑞拉以及印度尼西亚。二十世纪基金会国际石油危机工作组提出建议："对于因石油价格上涨所产生的问题，最好的补救措施就是降低石油价格。""工作组认为，寻求这种补救方法必须要依赖市场力量。"②在专题报告中，该工作组进一步指出，**"消除市场压力最有效的方法就是在欧佩克国家之外，加速原油开发，发展石油生产的能力"**。③ 二十世纪基金会美国能源政策工作组断言："**对于国家来说，最重要的是要采取坚定有力的行动来实施一个近期能源计划，保证国内石油和其他能源资源的供应**。"④所以，鉴于美国石油对欧佩克国家的依赖，这些多数由经济精英组成的政策工作组所提出的建议就是，要在欧佩克的控制之外扩大石油供应的可能性，从而削弱欧佩克国家的石油战略控制，这将能够降低他们对石油所收取的价格。

以上两个工作组在他们的报告中都呼吁提高能源使用效率，或者正如他们在报告中所称的"节约"。困难在于，提高能源使用效率并不一定能够降低总的能源消费水平。能源政策工作组在题为"促进节约的措施"的报告中**提倡使用特殊的刺激手段在能源节约型的与资本相关的货物和耐用品方面鼓励更多投资，因为节约能源与增加供给同**

---

① Twentieth Century Fund Task Force on the International Oil Crisis, *Paying for Energy*, report(New York: McGraw-Hill, 1975), vii - viii; Twentieth Century Fund Task Force on United States Energy Policy, *Providing for Energy*, report(New York: McGraw-Hill, 1977), xi - xii; Robin W. Winks, *Laurence S. Rockefeller*(Washington DC: Island Press, 1997, 44 and 96). 这些工作组主要是经济精英主导的一些政策讨论小组。这些小组发挥平台作用，使经济精英和生产群体坐在一起，与其认可的专家制定政策规划，并就规划和建议形成共识。(Barrow, *Critical Theories of the State*, chap. 1; Domhoff, *Who Rules America?* chap. 4)

② Twentieth Century Fund Task Force on the International Oil Crisis, *Paying for Energy*, 9.

③ Twentieth Century Fund Task Force on the International Oil Crisis, *Paying for Energy*, 9. 强调为原文原加。

④ Twentieth Century Fund Task Force on United States Energy Policy, *Providing for Energy*, 5. 强调为原文所加。

样重要"。① 在这篇报告中,特别提议采用征收奢侈品税来抑制大型的、低能效汽车的购买。此外,实行"每年征收消费税以及收取州内注册费用可能会加快汽油消耗高出平均水平的汽车报废"②。最后,报告中提到"工作组青睐这些能源节约措施的延伸手段,如高速公路限速等"③。国际石油危机工作组并没有提出特定的节约措施,相反,他们推迟了能源政策工作组的这些政策的实施。④

提高能源效率能够降低石油消费总体水平,然而,提高能源使用效率所节约的能源很可能被更快的经济发展所抵消,这在扩张的城市地区更是如此,这些地方的经济活动水平更高,从而能够导致更多的劳动者驾车往返于工作场所,同时在城市边缘居住宽敞房屋的需求逐渐增加。所以,尽管汽车的燃油效率可以变得更高,但在城市格局分散、需要更多汽车和驾车距离更长的情况下,也能导致更高的石油或汽油的消费量——即使燃油效率提高可以带来一部分量的节约。这是在美国确实发生着的情况。目前,美国的机动车整体比 20 世纪 70 年代早期的效率要更高。⑤ 由于汽车保有量的大量增加以及一直攀升的交通出行量,现在美国的汽油/石油的消费量大大超过了 20 世纪 70 年代时的消费量。根据能源经济学家伊恩·拉特里奇(Ian Rutledge)的观点,在 20 世纪 70 年美国的汽车驾驶平均每天消耗 710 万桶汽油,而到 2001 年,这个数字已攀升至 1100 万桶。⑥ 根据美国政府机构统计,如今,美国的汽车驾驶消耗了全球石油生产量的 10% 以上。⑦ 主要由于美国

---

① Twentieth Century Fund Task Force on United States Energy Policy, *Providing for Energy*, 23。强调为原文所加。
② Twentieth Century Fund Task Force on United States Energy Policy, *Providing for Energy*, 23-24.
③ Twentieth Century Fund Task Force on United States Energy Policy, *Providing for Energy*, 24.
④ Twentieth Century Fund Task Force on the International Oil Crisis, *Paying fro Energy*, 15.
⑤ Energy Information Administration(EIA), *Annual Energy Review 2003* (Washington, DC: U. S. Department of Energy, 2004), 57.
⑥ Rutledge, *Addicted to Oil*, 10.
⑦ 根据美国能源信息管理局的相关信息,2005 年全球每天生产石油 8370 万桶。根据美国能源部,2005 年美国用于机动车消费的石油为每天 900 万桶(包括轻型卡车和摩托车)。[United States Department of Energy, *Transportation Energy Data Book* (Washington, D. C.: United States Department of Energy, 2007), Table 2. 6; Energy Information Administration, *Short-Term Energy Outlook* (Washington, D. C.: U. S. Department of Energy, 2008), Figure 5]

汽油/柴油消费量的不断增长,[①]美国经济消耗了全球石油总量的25％。[②] 这一点特别引人注目,因为 20 世纪 70 年代石油价格突然大幅度上涨后,美国工厂和公共设备的燃料从石油为主转向其他能源资源,如煤炭、天然气以及核能等。[③] 这就告诉我们,二十世纪基金会的两个工作组的建议中都没有提及将减少汽车驾驶和交通运输量作为节能措施以应对欧佩克国家的石油价格战略,这样的建议促进了城市扩张和对汽车的依赖度,造成了政治上的问题。

结论

将自然资源视作没有交换价值的观点,为深入理解为什么美国城市带是世界上经济最具扩张性的地区提供了基本的洞察力。[④] 正是由于美国经济的扩张,使其成为全球主要温室气体(二氧化碳)排放总量和人均排放量最高的国家。[⑤] 从 19 世纪后期无轨电车出现开始,土地开发商就开始在城市周边大量开发土地作为低密度的住宅区。对于

[①] Duffield, 2008, chap. 2.

[②] 2005 年美国每天消费石油 2080 万桶,而同年全球每天生产石油 8370 万桶。2005 年,67％的美国石油消费(每天 1390 万桶)进入交通领域:机动车、公共汽车、飞机、轮船和铁路。43％(每天 890 万桶)用于生产"动力汽油"。其他每天 290 万桶生产包括柴油在内的蒸馏燃油。柴油用于私人机动车和公共汽车,还有中型重型卡车。[Energy Information Administration, *Annual Energy Review* 2006 (Washington, D. C. : U. S. Department of Energy, 2007), Table 5. 1; United States Department of Energy, *Transportation Energy Data Book* (Washington, D. C. : United States Department of Energy, 2007), Table 2. 6; Energy Information Administration, *Short-Tern Energy Outlook* (Washington, D. C. : U. S. Department of Energy, 2008), Figure 5; Duffield, Over of Barrel, 19.]

[③] Philip, *The Political Economy of International Oil*, 195; Rutledge, *Addicted to Oil*, chap. 1; Robert Vandenbosch and Susanne E. Vandenbosch, *Nuclear Waste Stalemate : Political and Scientific Controversies* (Salt Lake City: University of Utah Press, 2007); Duffield, *Over a Barrel*, chap. 2.

[④] Kenworthy and Laube et al., *An international Sourcebook of Automobile Dependence in Cities 1960 - 1990*.

[⑤] Markku Lanne and Matti Liski, "Trends and Breaks in Per-Capita Carbon Dioxide Emissions, 1870 - 2028," *Energy Journal* 25, no. 4(2004): 41 - 65; Kevin A. Baumert, Timothy Herzog, and Jonathan Pershing, *Navigating the Numbers : Greenhouse Gases and International Climate Change Agreements* (Washington, DC: World Resources Institute, 2005), 20; Germanwatch, The Climate Change Performance Index(Berlin: Germanwatch, 2007); International Energy Agency, CO_2 *Emissions From Fuel Combustion : 1971 -2005* (Paris: International Energy Agency, 2007). 2005 年美国人均排放 19.6 吨二氧化碳。俄罗斯 10.8 吨,德国 9.9 吨,日本 9.5 吨,韩国 9.3 吨,英国 8.8 吨,法国 6.2 吨,中国 3.9吨,印度 1.05 吨。2005 年六个小国人均碳排放超过美国:卡塔尔、卢森堡、荷属安的列斯、阿拉伯联合酋长国、科威特和巴林。(International Energy Agency, CO_2 *Emissions From Fuel Combustion*, Part Two, 49 - 51)

荷兰环境评估局认为 2007 年中国超过美国成为世界最大的二氧化碳排放国。(Audra Ang, "China Overtakes U. S. As Top CO_2 Emitter," Associated Press, June 21, 2007).

开发商来说,开发低密度住宅区的一个优势在于他们是在以高价销售一项几乎没有成本的商品:空旷的土地。低密度住宅用地是大量带有庭院的开发程度最小的大片土地。20 世纪 20 年代,汽车全面投入市场,成为大众消费品,开发商们便开始加速开发远离市中心的边缘地区,因为那些远离公共汽车线路的郊区现在也可以进行商业开发了。

美国的这种土地开发模式在汽车时代的早期是可行的,因为当时美国有充足的、容易开采的石油,以及分散的土地所有权。这样,由于汽油价格一直很低,数量不断增加的郊区居民能够负担他们对汽车依赖所产生的费用。

因此,城市边缘地带居民数量的增加扩大了汽车需求量。到 20 世纪 20 年代,汽车已成为美国工业基础的一个关键产品。在 20 世纪 20 年代洛杉矶的案例中,我们可以看到郊区发展与汽车消费之间的关系。在这段时期内,洛杉矶的土地开发商是城市边缘成片住房建设的国家引领者,所以,洛杉矶的人均汽车拥有量比同期美国的其他几个主要城市更高也就不足为奇了。

20 世纪 30 年代的大萧条时期,联邦政府发起了一项住房开发计划以振兴美国的经济。据马里纳·埃克尔斯的传记中记载,美国联邦政府启动住房计划的主要目的旨在增加耐用消费品的需求量——因为住房消费将会带动家居物品的需求。埃克尔斯是当时的财政官员,任职于总统住房应急委员会,这个委员会于 1934 年制定了国家住房法案。在这项法案中,批准成立联邦住房管理局。联邦住房管理局通过担保贷款资助人们购买住房。联邦住房管理局倾向于为城郊地区单户住房贷款提供担保。宽敞的住房不仅能够带动郊区家居物品的消费,而且也会在客观上刺激汽车消费。奥尔尼指出了二战以后包括汽车在内的耐用消费品消费是如何出现激增的。[1] 也正是在这个时期,联邦住房管理局的政策强有力地推动着城市向水平方向扩张。

城市扩张政策引发耐用消费品消费量增加的历史,符合马克思的

---

[1] Olney, *Buy Now, Pay Later*.

论点,即"在资本主义内部,经济需求应该适合于利润实现最大化"。相比之下,新古典主义经济哲学家们倾向于将经济需求看作一种假设事实,反而专注于生产者如何对这种需求做出反应。[①]

联邦住房管理局支持城市扩张的政策在增加石油需求方面产生了附加效果,20世纪30年代的石油价格相当低廉——至少是由于国内大量石油资源的发现以及发展不完善的所有权制度。到20世纪70年代早期,美国境内的石油供应几乎被用完,这样,欧佩克国家就开始对全球的石油供应实施战略控制。而美国政府的对策则是通过其优越的军事与政治地位,制定一系列政策降低欧佩克国家对石油的收费,从而保证有足够的石油资源流入国际市场。

正如本章所概述的,美国政府支持城市扩张的政策与经济精英和生产集团的利益和政策偏好看来似乎已经取得了一致。很多经济精英是美国总统住房应急委员会的成员(最值得一提的是阿尔弗雷德·斯隆——当时的美国通用汽车总裁兼主席——通过他的助理出现在委员会中)。联邦住房管理局则是由一些来自房地产行业的官员掌权。最后,1973年石油危机之后美国的对外石油政策与二十世纪基金会的两个工作组的政策建议是一致的——这两个工作组的大部分成员以经济精英为主。其政策建议的重点是从供应端来解决石油危机,而不是通过降低由城市化带来的对汽车的依赖来实现。这些政策的结果已经使美国的汽车消耗了比1973年石油危机时更多的石油,由美国经济发展而排放的、引起人为气候变化的气体(特别是二氧化碳)总量也没有减少。

（冯相昭译　殷培红　冯相昭　耿润哲校）

[①] Wolff, *Understanding Marx*; Michael Perelman, *The Perverse Economy* (New York: Palgrave Macmillan, 2003).

卡特里娜飓风袭击之后:气候变化和即将来临的流离失所危机(Crisis of Displacement)[①]

彼得·F.坎纳沃

几年前,英国经济学家威尔弗雷德·贝克曼(Wilfred Beckerman)在一篇关于全球变暖的文章中讨论了一个相当惊人的观点。他认为,考虑到海平面上升的成本和影响,特别是对于处于沿海低地的发展中国家,如孟加拉国,试图阻止气候变化、消除不利影响的举动毫无意义,且成本昂贵。贝克曼主张:"将他们(例如,对于孟加拉国和其他脆弱人口)从危险地带转移出来是一种非常省钱的做法。"他建议:"帮助他们从受到威胁的海岸带搬迁出来,修建堤防……提高抗洪能力,同时允许更多的人迁移!"[②]

一些观测到的气候变化已无法避免,采取一定的适应行动成为明智的选择。然而,依靠适应作为应对全球变暖的解决之道[③]忽略了可

---

① 我要感谢比尔·查卢普卡(Bill Chaloupka)和约翰·巴里(John Barry)对本章的评论。作为"温室效应的政治力量Ⅰ:失调、错位和灾害"小组委员会的一部分成果,本章最初以一篇论文的形式于2006年3月16日在美国新墨西哥州阿尔布开克市召开的西部政治科学协会年会上发表。本章部分内容也出现在我的著作《工作图景:建造、保护与位置政治学》(麻省理工大学出版社2007年版)中,并且经过出版社同意后再印。

② Wilfred Beckerman, "Global Warming and International Action: An Economic Perspective," in Andrew Hurrell and Benedict Kingsbury, eds., *The International Politics of the Environment* (Oxford: Oxford University Press, 1992), 253 - 289(267). 此建议全文见原书。

③ *the solution*。——译者注

能存在不受欢迎的气候突发事件(climate surprises)和真实的灾难性影响。同时也忽略了一个事实,即如果对这些影响不加控制,气候变化将成为一个开放过程,使生物圈快速发生改变,使我们不得不去适应一个完全不同的星球环境。而且,求助于适应,和/或者求助于未来财富增长以及技术进步,使我们确信能摆脱全球变暖①的做法,忽略了一个事实,即在应对灾难时,人类系统经常表现出十足的无能和公职人员的频繁渎职。2005 年 8 月 29 日,卡特里娜飓风(Hurricane Katrina)登陆墨西哥湾沿岸,继而带来的损失不仅显示了气候灾害潜在的破坏力,而且也暴露出了政府部门的无能,特别是乔治·W. 布什(George W. Bush)政府和备受奚落的美国联邦应急管理局(Federal Emergency Management Agency,FEMA)在有效反应、公布真相等方面,公职人员因冷漠甚至是恶意和疏忽而表现出的令人吃惊的无能。在新奥尔良(New Orleans)被淹没的时刻,乔治·W. 布什总统却在一个海军基地拙劣地弹着吉他,摆出姿势和亚利桑那州(Arizona)参议员约翰·麦卡恩(John McCain)以及麦卡恩的生日蛋糕一起照相,谈论着伊拉克各个战场和新的医疗处方药物计划(Medicare prescription drug plan)。随后的调查和一些羞辱联邦应急管理局前任局长迈克尔·布朗(Michael Brown)实则针对布什的管理和国土安全部部长迈克尔·切尔托夫(Michael Chertoff)的讽刺性指责,仅仅是为揭露联邦政府管理不善而增加的一个画面而已。与此同时,路易斯安那州(Louisiana)州长凯瑟琳·布兰科(Kathleen Blanco)和新奥尔良市长雷·纳金(Ray Nagin)在处理灾害中则为自己赢得了一些喝彩。

可是,贝克曼的观点吸引我的并不是他对适应的老生常谈,而是他认为全部人口仅仅搬离就可以摆脱危险的误导性假设。在他眼里,气候变化仅仅被看作是一个资源问题(我经常有意使用这个词),其中适应能够通过提高效率和改变分布来实现。简言之,就是提供一些人

---

① 此类讨论还可见 Bjorn Lomborg, *The Skeptical Environmentalist : Measuring the Real State of the World*, rpt. ed. (Cambridge: Cambridge University Press, 2001)。

口搬迁以及让他们能够躲避有关环境灾害而免受伤害的方法。与此相关的，贝克曼基本上是把人们看作没有固定地方归属的人，只要搬迁的费用比保护家园和家乡低就开始卷起铺盖。在这种观点下，地方和家只不过是一些日用设施，只要价钱合适，你就可以简单地与其他人进行交换。

卡特里娜飓风带来的灾害揭示了贝克曼的视角是近乎荒谬的。由卡特里娜飓风导致至少 1836 人死亡，总经济损失超过 1000 亿美元。[①] 在新奥尔良，风暴冲破防洪堤，淹没了 80％ 的城市。除了死亡和彻底的物理损害之外，是家和生存地方的丧失。根据一个报告估计，"由于被洪水淹没的居住区或者持续、显著的结构性破坏，有 70 万或更多的人明显地受到卡特里娜飓风的影响"[②]。不管是暂时的还是永久性的，飓风迫使 150 万人流离失所。[③] 不仅是文字意义上的家园被毁，而且随着海湾居民被迫迁移到不熟悉的社区，还有强烈的个人和文化意义上的地方被毁灭，这也许是不可恢复的。关于卡特里娜飓风与随后袭击新奥尔良和海湾的丽塔飓风（Hurricane Rita），布鲁金斯研究院（Brookings Institution）的报告指出："在很短的时间内及时引导疏散人口，这是美国经历过的，规模最大的一次。"[④]

风暴本身已经部分打破了大西洋飓风盛行季节的纪录。2005 年飓风盛行季节共记录了 27 个被命名的风暴，15 个飓风，4 个主要袭击美国的飓风，以及 3 个第 5 类飓风。[⑤] 卡特里娜飓风可能是由于气候变化导致背井离乡和无家可归的全球危机的一个先兆。联合国环境和人类安全研究所（United Nations Institute for Environment and

① Emily Harrison, "Suffering a Slow Recovery," *Scientific American*, 297, no. 3(September 2007), 22 – 25; "Politics May Doom New Orleans"(editorial), *San Francisco Chronicle*, August 25, 2006, B 10; "The Long Slog After Katrina"(editorial), *Boston Globe*, August 29, 2007, A16.

② Thomas Gabe, Gene Falk, and Maggie McCarty, *Hurricane Katrina: Social-Demographic Characteristics of Impacted Areas*(Washington, DC: Congressional Research Service, 2005), ii.

③ Harrison, "Suffering a Slow Recovery," 14.

④ William H. Frey and Audrey Singer, *Katrina and Rita Impacts on Gulf Coast Populations: First Census Findings*(Washington, DC: Brookings Institution, 2006), 15.

⑤ U. S. Department of Commerce/National Oceanic and Atmospheric Administration, "NOAA Reviews Record-Setting 2005 Atlantic Hurricane Season," www. noaanews. noaa. gov/stories2005/s2540. htm.

Human Security)警告说,到 2010 年全世界可能有超过 5000 万的环境难民,最终这个数字将增长到数亿。[①] 即使强烈飓风、海平面上升和其他全球变暖发威的受害者重新找到房子、邻居和工作(一个可能是盲目乐观的结果),个人和集体身份的认同(identity)以及历史传承的损失都可能是巨大的。在有些情况下,为孟加拉国和其他国家的人提供资金和搬迁机会可能是一个不幸但必要的选择,但是这不能作为应对危机暴行的一个开始。

本章有两个写作目的。首先,我希望仔细考虑卡特里娜飓风到来以后引发的背井离乡危机。这个问题是"家"(home)和"地方"(place)基本价值的丧失。其次,我希望仔细考虑气候变化如何强加给我们一个地方与其他价值,以及经常与之伴随着的如生态可持续性之间的悲剧性冲突。

卡特里娜飓风灾害

卡特里娜飓风是美国历史上最严重的自然灾害。它毁坏的不仅仅是新奥尔良,而且也给墨西哥湾地区留下了一道宽宽的伤痕,包括许多像阿拉比(Arabi)、圣路易斯湾(Bay St. Louis)、比洛克西(Biloxi)、加尔夫伯特(Gulfport)、帕斯克里斯琴(Pass Christian)、波特萨尔弗(Port Sulphur)和威尼斯(Venice)的社区。国家媒体过多地关注于新奥尔良,相对来说,导致许多上述的社区受到忽视。诚然,我也将继续这种忽视而关注新奥尔良。作为美国的一个主要城市,新奥尔良具有与众不同的、有影响力的文化和身份认同(identity),加之处于不稳定环境条件下的特定位置,在特殊的严酷条件下,可能由气候变化引起的种种两难选择就显得尤为突出。

在新奥尔良,卡特里娜飓风及其迅速产生的后果,直观地证明了所谓高级文明面对自然力时的脆弱性,也凸现了美国根深蒂固的种族

---

① United Nations University, Institute for Environment and Human Security, "As Ranks of 'Environmental Refugees' Swell Worldwide, Calls Grow for Better Definition, Recognition, Support" (press release), October 12, 2005, http://www.ehs.unu.edu.

和经济不平等以及政治上的无能。城市被淹没时，成千上万的穷人、少数民族和老年居民在新奥尔良陷入困境。抢劫者在街道游荡，人们在屋顶和高速公路上束手无策，撤离者在服务和会议中心面临恐怖的、不人道的生活条件。

风暴的牺牲品往往是最脆弱的或边缘化的人："受到卡特里娜飓风明显影响的 70 万人更有可能成为全美最贫困的人；少数民族（绝大多数为非洲裔美国人）很少能成为劳动力；而且更有可能无法受到良好教育（例如，没有完成高中教育）。"① 在新奥尔良一些被洪水严重冲毁的地区都是非洲裔美国人居住的低洼区。② 此外，根据《新奥尔良时代皮卡尤恩报》③（New Orleans Times-Picayune）报道，由路易斯安那州汇编的数据显示："死于卡特里娜飓风登陆过程中以及不久之后的人中，60％以上为 61 岁以上的老人。76 岁以上老人超过 37％。"④

城市的恢复将很慢。在卡特里娜飓风来临前，新奥尔良拥有 48.5 万人。根据 2006 年 3 月兰德公司（the RAND Corporation）的报告，卡特里娜飓风登陆之后三年，城市人口仅能达到 27.2 万人，约为原来人口数的 56％。⑤ 在某种程度上，城市恢复速度比兰德公司预测的快很多——风暴过后两年，另外一份布鲁金斯研究院的报告显示新奥尔良人口达到了原有水平的 66％。⑥ 但是这个报告也指出了悲观的原因。依据作者观点，新奥尔良在卡特里娜飓风过后的一年间"继续流失雇主"，同时也面临着失业率不断上升。作者发现，"修复关键基础设施是一个巨大的工程，而公共服务依然有限"。有大量的房屋需要

① Gabe, Falk, and McCarty, Hurricane Katrina, 13.
② 有关黑人人口分布与低海拔的关系以及与种族歧视关联的成因见 Peirce F. Lewis, New Orleans: The Making of an Urban Landscape(Santa Fe, NM: Center for American Places, 2003), 50 - 52; Craig E. Colten, An Unnatural Metropolis: Wresting New Orleans From Nature(Baton Rouge: Louisiana State University Press, 2005), 77 - 107.
③ 新奥尔良一家发行量较大的日报。——译者注
④ Jarvis DeBerry, "When Lite's Haven Turns Deathtrap," New Orleans Times-Picayune, November 6, 2005, 7(Metro Section).
⑤ Kevin McCarthy, D. J. Peterson, Narayan Sastry, and Michael Pollard, The Repopulation of New Orleans After Hurricane Katrina(Santa Monica: RAND Corporation, 2006).
⑥ Amy Liu and Allison Plyer, New Orleans Index, Second Anniversary Edition: A Review of Key Indicators of Recovery Two Years After Katrina(Washington, DC: Brookings Institution and Greater New Orleans Community Data Center, 2007).

修缮和新建,但是由于公共基金不足导致重建过程如此缓慢。同时,"包括学校、图书馆、公共交通和幼儿园在内的基本服务依然不足新奥尔良原有能力的一半,具有医疗许可的医院中仅有三分之二开业。更有甚者,公共设施修缮不足影响了警察的执法效率"①。

城市恢复计划的主要部分已经涉及扭转散居状态。风暴将新奥尔良人驱散到全国各地,远至缅因州(Maine)或华盛顿州(Washington),甚至是阿拉斯加州。一些新奥尔良人关注应对飓风的脆弱性,而联邦政府拒绝修建能够抵抗第 5 类飓风的防洪堤,因此这些人准备永远不返回新奥尔良。② 还有许多搬迁的居民非常想回来,但是他们要返回的城市必须有所改变。伴随居民返回,城市人口统计结构发生明显变化,严重的、长期性的流离失所(dislocation)已经导致少数民族的负担极其沉重——特别是非洲裔美国人和低收入居民。许多生活在海拔相对较高地区的富人和白人幸免于洪水侵袭,已经开始返回并重建;他们也更容易找到紧邻城市的临时住所。在卡特里娜飓风过后的一年间,新奥尔良的黑人少数民族比例从 67% 下降到58%③。作为低收入的新奥尔良人,他们"背井离乡迁移到更远的地方,如休斯敦和亚特兰大,身为租赁人,家园遭受巨大破坏,或者不稳定的经济状况,或出卖体力劳动的生活状态,都成为横在他们面前的短期返回家乡的种种障碍"④。

那些被卡特里娜飓风驱散的人们经常驻留在拥挤的避难所——很多人都有住在令人恐怖的新奥尔良服务中心(New Orleans Superdome)的经历——或者住在医院、房车里或者其他租来的住所而没有工作或收入。通常,家庭破碎,特别是对孩子,引发了额外的心理压力。⑤ 大约有

---

① Liu and Plyer, *New Orleans Index*, 1.

② Anna Mulrine, "The Long Road Back," *U. S. News & World Report*, February 27, 2006, 4440, 52 - 58.

③ William H. Frey, Audrey Singer, and David Park, *Resettling New Orleans: The First Full Picture from the Census*(Washington, DC: Brookings Institution, 2007).

④ Frey and Singer, *Katrina and Rita Impacts on Gulf Coast Populations*, 11.

⑤ 一个高中生和他的家庭的故事见 Jere Longman, "From the Ruins of Hurricane Katrina Come a Championship and Concerns," *New York Times*, January 22, 2006, 1(sec. 8).

19万小学生和中学生因卡特里娜飓风而被迫搬迁。[①] 一些孩子因与父母分离而设法在新奥尔良找工作，或者因为所在社区没有学上，[②]这些孩子们面临着在临时的新地方生活和不得不进入新学校的综合挑战。全国公平住房联盟(National Fair Housing Alliance)报告中指出被疏散的黑人受到种种歧视，房租比白人高或者直接遭到拒绝。[③] 尽管一些社区和教堂为卡特里娜飓风的难民提供慈善服务或安排住房[④]，但是更多情况下，房东因害怕外地人、经济不独立和犯罪，也许还有种族歧视等原因而不情愿出租房屋给难民。[⑤]

流离失所(Dislocation)

流离失所准确的意义是位置、家园、数代同堂家庭(extended family)、社区和邻里的丧失。这对新奥尔良人来说可能是一个相当难的困境："新奥尔良人的一个特点……是具有强烈的'根性'(rootedness)。也就是说，相当高比例的居民出生在同一个城市和州而不是其他地方，因此显出对某个地区强烈的依赖。"[⑥]

71岁的凯莱·约旦(Gloria Jordan)失去了居住49年的房屋，看着毁坏的房屋，她向美联社记者讲述往日生活。"每天早晨她经常在摇椅中品味咖啡，看着窗外小花园的花。"她告诉记者："宝贝，我曾经有个漂亮的家。你生活在自己家中许多年，一切方便得就像你动动手指，或者眨下眼睛就能做到你想做的任何事。可当你变得无家可归时，一切都变得那样艰难。"[⑦]

---

① Linda Jacobson, "Hurricanes' Aftermath Is Ongoing," *Education Week* 25, no. 21(February 1, 2006)：1 - 18.

② 见 Jacobson, "Hurricanes' Aftermath Is Ongoing"; Merri Rosenberg, "Displaced by Katrina, Coping in a New School," *New York Times*, December 18, 2005, 2(Westchester Weekly Section); Emma Daly, "Helping Students Cope with a Katrina-Tossed World," *New York Times*, November 16, 2005, R9。

③ Sarah Childress, "Welcome: 'White Couple'," *Newsweek*, January 9, 2006, 8.

④ 见，如 Shirley Henderson, "After the Hurricanes: Opening Hearts & Homes to the Evacuees," *Ebony*, December 2005, 162。

⑤ 见 Katherine Boo, "Shelter and the Storm," *New Yorker* 81, no. 38(November 28, 2005)：82 - 97。

⑥ Frey and Singer, *Katrina and Rita Impacts on Gulf Coast Populations*, 11.

⑦ Rukmini Callimachi, "Half a Year Later, New Orleans Is Far from Whole," Associated Press State & Local Wire, February 22, 2006. 也见 Willmarine Hurst, "Longing for Home and How It Used to Be," *New Orleans Times-Picayune*, November 14；2005, 5(Metro Section)。

　　许多新奥尔良人不仅丧失了房屋,而且也失去了以空间为基础的社区和社会关系网络。安娜·玛瑞尼(Anna Mulrine)写道,当居民不能返回家乡和重建家园时,"其影响要比邻里人身安全的影响大得多"。她引用路易斯安那州大学社会学家珍妮·赫尔伯特(Jeanne Hurlbert)的话说:"这个灾难导致的不仅仅是物理结构的丧失。同时也是社会网络的明显破坏、情感和社会支撑的丧失。"所受损害中包括家庭关系,正如赫尔伯特所说的"那些能够帮助人们保有工作和维持孩子们安全的家庭关系"[①]。飓风过后几个月,玛瑞尼描写彼得(Peter)和萨拉·帕克(Sarah Parker)的境况:

> 　　当彼得站在位于第二街和弗瑞特(Freret)街交界的盒式房屋(shotgun)前面看着洪水"开始沿着下水道流去"时,对彼得·帕克来说,第一步要面对的是眨眼之间数代同堂的大家庭被拆散后如何生活……
>
> 　　最后,全家逃难到圣安东尼奥市[②],但是萨拉·帕克却急于回家。坐在门廊前环视着沿着街区一字排开的空空荡荡的房屋,一些天来她总在困惑这是为什么。"人们都走了,"她说,"他们中的大多数没有回来。"萨拉的姐姐曾住在隔壁,然而现在她决定留在圣安东尼奥市。萨拉位于弗瑞特街的房子被洗劫一空,一旦进行修缮,房东就要提高房租,使她难以承受。萨拉的侄女原来也住在附近,现在在阿拉巴马州"和她丈夫的朋友们在一起"。也没有任何消息说他们是否计划返回。萨拉的丈夫彼得在一个半小时车程以外的地方工作,由她的亲戚提供一个长沙发当作睡觉的地方,每个周末回弗瑞特街的家。
>
> 　　在圣安东尼奥市,因孤独和沮丧,萨拉进行过心理咨询,

---

① Mulrine, "The Long Road Back."
② 位于美国德克萨斯州。——译者注

但是自她返乡以来还没有看到任何人。她几乎整天睡觉，四个灶头的炉子整天开着来取暖。过去她在幼儿日托中心工作，现在中心关门了，工作也没了。再加上自己的孩子们从学校回家后也没人照看……几乎所有东西的价格都在飞涨，她所生活的街区几乎看不到一丝好转的迹象，萨拉理解了邻居们不返乡的决定，她说："如果还没有人想回来，我会疯的。"①

对于这些失去家庭、家园和社区关系的人们来说，心理影响是巨大的。2006 年 6 月 21 日《纽约时报》苏珊·斯奥尔尼(Susan Saulny)报道："抑郁和创伤后应激障碍(Post-traumatic Stress Disorders)正在新奥尔良蔓延，一个精神健康专家说这么高的发病率在美国很少看到。这导致州和地方官员公布的自杀率是卡特里娜飓风来袭和溃坝十个月前的近三倍。"斯奥尔尼补充道："与挑战交织在一起，当地的精神健康系统几乎遭受毁灭性的破坏。"她引用下面一段事例说明，家园遭到的彻底的物理性毁坏，和与之一起出现的、正在发生着的社会骚乱和生计丧失，都成为精神疾病爆发的主要诱因："这是一座成千上万人居住在绵延数英里废墟中的城市，生活的活力仅仅能够在密西西比河沿岸狭窄地带里看到。垃圾堆积如山，犯罪率蹿升，至周二国民警卫队(National Guard)和州警察才回到这个城市，并在大街上巡逻，当地的警察局称他们已经无法控制局势。死亡的迹象比比皆是，情绪伤害越来越明显。"一位从事旅游业工作的居民吉娜·芭布(Gina Barbe)说："当我驾车穿过城市的时候，我不得不将车停在路边哭泣。穿过这个城市我都忍不住痛哭。"②

---

① Mulrine, "The Long Road Back."
② Susan Saulny, "A Legacy of the Storm: Depression and Suicide," *New York Times*, June 21, 2006, A1.

处于危险中的独特城市

最终，卡特里娜飓风及其带来的后果可能会使新奥尔良的特征彻底改变，甚至消失，尤其是在许多迁移的人不返回的情况下。当然，新奥尔良在卡特里娜飓风袭击之前也不是什么乌托邦——作家汤姆·皮亚泽（Tom Piazza）描述新奥尔良是"一个即使在最好的时候也有一大堆问题的城市"①。新奥尔良可能被富有讽刺意义地称作"很随意的城市"（Big Easy），因卡特里娜飓风到来而更突出的种族不平等、两极分化、贫富悬殊、腐败而无能的政府等特征在这个城市已经具有很长的历史。② 卡特里娜飓风来临前，新奥尔良的谋杀率是美国平均值的十倍③。同时也有不同寻常的高贫困率。例如，根据哥伦比亚大学的国家贫困儿童中心统计，与全国 17％ 的平均水平相比，新奥尔良有 38％ 的孩子生活水平处于或低于贫困线。④

绰号为"新月形城市"（Crescent City）的新奥尔良，具有得天独厚的、丰富多样的、富有艺术性的，通常也是美国独有的古怪混合的文化。城市孕育了著名的、富有影响力的建筑、音乐、烹饪、文学和传统节日。皮亚泽说："新奥尔良激发了在其他城市很少能够出现的爱的灵感。也许有巴黎，也许有威尼斯、旧金山、纽约……但新奥尔良具有一种神话性，一种个性，一种**灵魂**，那种魅力是巨大的，而且感动着世界各地的人们。"⑤

新奥尔良"新月形城市"特点的形成，与法国和西班牙的统治，大量的非洲裔美国人和克里奥尔语人⑥（Creole Populations）的人口构成，以及加勒比海和欧洲的移民浪潮密切相关。新奥尔良于 1718 年

① Tom Piazza, *Why New Orleans Matters*(New York: Harper Collins, 2005)，xix‐xx.
② 城市警察局的业绩清单见 Dan Baum, "Deluged," *New Yorker* 81, no. 43(January 9, 2006): 50‐63. Baum 说："作为一个机构，新奥尔良警察局各自为政，其作用就好像第一滴地下水。"
③ Baum, "Deluged. "
④ National Center for Children in Poverty, Columbia University, "Child Poverty in States Hit by Hurricane Katrina," Fact Sheet No. 1, September 2005, www.nccp.org/pub‐cpt05a.html.
⑤ Piazza, *Why New Orleans Matters*, xviii; 强调为原文所加。
⑥ 指祖先为首批定居在西印度群岛或通用西班牙语的美洲后裔，或在美国南方诸州定居的法国人、西班牙人的后裔。——译者注

建城，1803 年作为"路易斯安那购地案"（Louisiana Purchase）的一部分领土被美国占领，正如皮尔斯·刘易斯（Peirce Lewis）所描述的那样，新奥尔良是一个"成熟"的外国城市。[①] 城市风格、建筑艺术、天主教、颓废以及不同寻常的复杂的种族关系，使之与美国南部其他城市相区别。[②] 现在，新奥尔良可能丢失了许多特色。

一个关键问题是，无论是返乡还是完全重建邻里关系都需要必要的资金、设备和技术。为了帮助城市重建，市长雷·纳金建立了重返新奥尔良委员会（Bring New Orleans Back Commission，BNOBC）。在重返新奥尔良委员会的指导下，城市土地研究所（Urban Land Institate，ULI）开展了初步研究，对在易受洪水侵袭或者人口回迁机会很小的地方重建社区提出各种质疑。争论的焦点是，除非建立更有效的防护第 5 类飓风的措施，否则在洪水高发区重建是不安全的，而且在人口稀少的地方重建基础设施和服务的经济意义很小。[③] 人口稀少的地区也可能会出现一种被称作"鬼火（空心南瓜灯）综合征"（jack-o'-lantern syndrome）的现象，正如杰德·霍讷（Jed Horne）所描述的那样，"邻居们灾后恢复程度参差不齐，看上去像齿缝很大的一排牙齿"，这些地方"零零星星分布着重建的房屋，而且四处都是废弃的建筑"。[④] 城市土地研究所建议，不应当在这种问题丛生的地方重建基础设施，而应将贫困户的房产全部收购。重返新奥尔良委员会 2006 年 1 月的一份报告设想建立一个历史街区得到保护、空间上更紧凑的城市。在那些"洪水淹没最深的地区，设计图上要求恢复为绿地，有许多小岛的公园以及保留下众多的由商业步行街和自行车道相连接的池塘"。截至 5 月中旬，实际或预计的居民返回率没有达到 50% 的地区应当将废墟夷平，并收购居民的房产。[⑤] 1997 年北达科他州（North

① Lewis, *New Orleans*, 5.
② Lewis, *New Orleans*, 15 - 16.
③ Jed Horne, *Breach of Faith: Hurricane Katrina and the Near Death of a Great American City* (New York: Random House, 2006, 1, 316.
④ Horne, *Breach of Faith*, 318.
⑤ Horne, *Breach of Faith*, 323 - 324.

Dakota)的大福克斯市(Grand Forks)被洪水淹没后,该市就将临近的洪积平原改造为公园用地。然而,重返新奥尔良委员会打算压缩城市足迹(city's footprint)的计划几乎没有实现的希望。一些新奥尔良居民已经开始在问题丛生的地方开始重建。此外,重返新奥尔良委员会提出的不要无序重建的建议,因有借机搜刮土地的嫌疑而影响到了非洲裔美国居民,招致了种族歧视的指责,同时还遭到了贫困业主的反对。① 记者布雷·舒尔特(Bret Schulte)报道:"以 5 月为返回最后期限的决定激起了黑人社区的愤怒,并加速了黑人社区居民回迁速度以抵制政府提出的控制重建的截止时间。而这些黑人居民的朋友和家庭网络遍及全美,在黑人社区大量涌现出草根民众的重建行动,并得到黑人占多数的城市议会的鼓励,城市议会还重申整个城市应当重新发展。"②

新奥尔良黑人居民的这些担心反映出了他们的种种忧虑,他们不仅害怕家园和邻里的丧失,而且也担心失去他们在城市的多数地位,以及新奥尔良独特的文化,这种文化很大程度上受到城市黑人的影响。③ 非洲裔美国社区活动家劳伦·安德森(Lauren Anderson)说:"在美国,没有任何一个地方如此完整地保留了我们的文化。作为一个非洲裔美国人,与美国任何一个地方相比,在这里我感觉离我的文化更近。如果我们不能阻止这种大流散,我们将要失去几乎与这个国家自身一样久远的文化传统。"④新奥尔良的非洲裔社区为新月形城市留下了爵士乐文化遗产和许多与狂欢节(Mardi Gras)⑤有关的文化传统。⑥ 随着主要人口成分的转变,(新建)城市可能会成为其前身的一

---

① Horne, *Breach of Faith*, 316, 321, 324. 也见 Gary Rivlin, "Wealthy Blacks Oppose Plans for Their Property," *New York Times*, December 10, 2005, All。

② Bret Schulte, "Turf Wars in the Delta," *U. S. News & World Report* 140, no. 7(February 27, 2006): 66 - 71.

③ Manuel Roig-Franzia, "A City Fears for Its Soul: New Orleans Worries That Its Unique Culture May Be Lost," *Washington Post*, February 3, 2006, Al.

④ Mulrine, "The Long Road Back."

⑤ 四旬斋期的最后一天,一般在 3 月份,按照传统风俗,节日时人们要穿上滑稽可笑的服装举行庆祝活动。——译者注

⑥ Roig-Franzia, "A City Fears for Its Soul."

个商业化的幽灵。在一个被广泛引用的讲话中，杜兰大学（Tulane University）历史学家劳伦斯·N. 鲍威尔（Lawrence N. Powell）问道："这个离奇的、充满无穷迷人魅力的地方会成为一个 X 级[①]的主题公园，一个为成年人而建的迪斯尼乐园吗?"[②]新奥尔良 ACORN 的负责人斯蒂芬·布拉德伯里（Stephen Bradberry）相信："没有黑人的新奥尔良将会成为河流上的一个迪斯尼世界。"[③]这种担心不仅导致城市议会而且包括纳金本人也拒绝采纳重返新奥尔良委员会的很多建议。纳金保证不封锁城市的任何部分，[④]同时他宣布："我们打算全部重建新奥尔良。"[⑤]他也提出了现在已臭名昭著的"巧克力城市"的言论："现在正是我们重建一个新奥尔良的时候了，这个新城应当是一个巧克力色的新奥尔良。"[⑥]

"很随意的城市"的脆弱性

霍讷评论说，纳金的决定不能支持缩小城市物理足迹（physical footprint）的计划，"可被称为一个与民主和市场竞争原则根本不同的决定，或者说是在实施一个重大试验时所犯的一个巨大的领导性错误"[⑦]。正如以前的问题一样，重返新奥尔良委员会的报告中指出一个不可否认的事实，新奥尔良或至少是它的一部分处在一个非常脆弱的环境中。

卡特里娜当然不是袭击新奥尔良的第一个飓风，当然城市也不是第一次被洪水淹没。然而，新奥尔良的防护堤系统很久以来一直是不足的；实际上，正如霍讷的文件所说，卡特里娜飓风之后的调查发现由工程兵团修建的防洪系统质量粗劣，且缺乏规划。[⑧] 许多新奥尔良居

---

① X 级指青少年不宜的。——译者注
② Roig-Franzia, "A City Fears for Its Soul."
③ Schulte, "Turf Wars in the Delta."
④ Horne, *Breach of Faith*, 326.
⑤ Quoted in Horne, *Breach of Faith*, 320.
⑥ Quoted in Horne, *Breach of Faith*, 314.
⑦ Horne, *Breach of Faith*, 326.
⑧ Horne, *Breach of Faith*, 144 – 167, 327 – 340, 381 – 383.

民区低于海平面,受自然因素、围海造陆和开采石油的影响,路易斯安那州的东南部已经下沉;此外,路易斯安那州海岸线已经丧失了许多湿地,因开发和修建运河每年萎缩约 64.75 平方千米(25 平方英里)[1]:"为了方便运输和向海湾运送石油钻井平台而修建的许多运河分割了三角洲,使盐水或咸水严重倒渗进淡水沼泽中,影响了原生植被的生长。"[2]因湿地是阻挡风浪的关键缓冲区,湿地萎缩成为新奥尔良相当严重的问题。

　　密西西比河(Mississippi)海湾河口是人类因素加剧新奥尔良抵御飓风和洪水的脆弱性最好例证。从 20 世纪 20 年代开始,工程师们将密西西比河裁弯取直以利航运,通过切断与密西西比河自然变化的联系来控制洪水侵袭新奥尔良。这些活动不可避免地重造了海湾河口地区,当地人把这些工程称为"MR-GO",读作"走先生"(Mister Go)。

　　密西西比河三角洲是一种陆地和水域处于动态相互作用的地理环境。密西西比河周期性地改换入海河道。这些河道水流缓慢,沉积了许多淤泥,不断造出新的陆地,或被形象地比作"叶子"[3](Lobes),填充已有的冲积扇。最终,旧的冲积扇被叠盖,甚至形成新的冲积扇。现在,密西西比河正在建造阿查法拉亚冲积扇[4][5](Atchafalaya)。可是,MR-GO 工程阻碍了这种造陆过程;同时由于填海造陆的淤泥量大大减少而使湿地消失,其主要原因是本应通过自然水道缓慢流动而沉积的淤泥被人工河道快速地搬运到大海。而且 MR-GO 工程"成为引导风浪的管道",将洪水导入城市。[6] 根据一位地理学家的说法,MR-

---

[1] Lewis, *New Orleans*, 22; Colten, *An Unnatural Metropolis*, 162 - 185; Jeff Hecht, "Six Deadly Deltas Eight Million People," *New Scientist*, February 18, 2006, 8; Juliet Eilperin, "Shrinking La. Coastline Contributes to Flooding," *Washington Post*, August 30, 2005, A7; Bob Marshall, "The River Wild: Rebuilding Our Coastal Wetlands the Old-Fashioned Way," *New Orleans Times-Picayune*, March 10, 2006, 7.

[2] Richard E. Sparks, "Rethinking, Then Rebuilding New Orleans," *Issues in Science & Technology* 22, no. 2(winter 2006): 33 - 39.

[3] 指一个个冲积扇。——译者注

[4] 密西西比河是美国路易斯安那州中南部的一条河流,注入墨西哥湾的一个入海口:阿查法拉亚湾。——译者注

[5] Sparks. "Rethinking, Then Rebuilding New Orleans."

[6] Horne, *Breach of Faith*, 153.

GO 工程已经成为"区域环境破坏的一种符号"。①

新奥尔良总是与使城市被毁的水有着模棱两可的关系。新月形城市的存在是因其处在密西西比河河口这样的经济和军事的战略位置。城市的繁荣很大程度取决于航运，②城市的菜肴以小龙虾、虾和海鲜浓汤为代表，反映了"很随意的城市"对水的依赖。然而刘易斯称新奥尔良（出问题）"不是不可能而是不可避免"：城市的地理区位相当优越，但是位于密西西比河三角洲沼泽的位置几乎是不适合居住的。③结果是，城市不得不通过工程措施来维持，如修防护堤、排水渠和泵站以阻止狭窄的碗形地点积水。这些地点多数低于海平面而且比密西西比河的水位高度还低。刘易斯特别指出："如果城市的状况足够好，它所在的地方将被改造成更适合它的样子。"④安逸的"很随意的城市"（指新奥尔良市）因此而富有讽刺性地成为人类试图征服自然的化身，却充其量只是取得部分成功的一种尝试。⑤ 处于密西西比河河口的地理位置"保证了新奥尔良的繁荣，但是这个位置也使城市不断饱受黄热病、洪水和难以忍受的夏季热浪的侵袭"⑥。

因此，不管水是否是新奥尔良存在的理由，水总是威胁的一个来源。罗斯玛丽·詹姆斯（Rosemary James）写道："当新奥尔良居民没有受到水灾影响的时候，他们通常宁愿忘记水以及其危险的存在，转而支持一些最令人满意的有关水的观点。"她特别强调："有关密西西比河的观点，来自居民和餐饮业的很少。"⑦在许多方面，被新奥尔良居民称作"家"的地方，已经处于自然破坏性因素控制的脆弱地带上，甚至是由人类错误管理而变得不安全的环境中，现在这种情况又因气候

---

① Matthew Brown, "Reasons to Go," *New Orleans Times-Picayune*, January 8, 2006, 1.

② Lewis, *New Orleans*, 8.

③ Lewis, *New Orleans*, 19 - 20.

④ Lewis, *New Orleans*, 20;也见 Colten, *An Unnatural Metropolis*。

⑤ 有关重新设计改造密西西比河三角洲的内容见 John McPhee, *The Control of Nature*（New York：Farrar, Straus and Giroux, 1990）。

⑥ Lewis, *New Orleans*, 20.

⑦ Rosemary James, "New Orleans Is a Pousse-Café," in Rosemary James, ed. *My New Orleans：Ballads to the Big Easy by Her Sons, Daughters, and Lovers*, 1 - 20（New York：Simon and Schuster, 2006）（quote on 3）.

变化而变得更加严重。

卡特里娜灾害可能是未来与气候变化有关的破坏性事件的一个前兆。尽管我们似乎处于飓风活动高发的自然周期中,但是也有证据显示全球变暖可能加剧了飓风产生的强度;这样一个趋势,与海岸带人口增加趋势相耦合,就可能意味着 21 世纪将有更具破坏力的大飓风的到来。[①] 气候变化的这种破坏性影响可能会因海平面上升而加剧。事实上,未来 50 年密西西比河三角洲被确认为世界上很有可能遭受海平面上升影响的六大三角洲之一。[②]

作为政府间气候变化专门委员会的发起人,联合国的报告中指出,20 世纪全球海平面平均每年上升 0.17 米,并呈现加速趋势——如果我们以 1961—2003 年为一个统计时段,1993—2003 年全球海平面上升速率比整个统计时段要高。[③] 根据可能的温室气体排放情景,政府间气候变化专门委员会估计,由于海洋热膨胀、极地冰盖和冰川融化,2090—2099 年相对于 1980—1999 年,全球海平面平均每年将上升 0.18—0.29 米。[④] 如果极地冰盖和冰川融化比预期更快,这种上升情景还将会变得更严重。已经有证据显示,南极洲和格陵兰冰架正在以前所未有的、超出人们预期的速度融化,这种趋势因 2002 年南极洲的拉森-B 冰架(Larsen-B Ice)崩塌而变得引人注目。[⑤]

---

① 见 Kerry Emanuel, "Increasing Destructiveness of Tropical Cyclones Over the Past 30 Years," *Nature* 436, no. 7051(August 4, 2005): 686 - 688。

② Hecht, "Six Deadly Deltas, Eight Million People."

③ Intergovernmental Panel on Climate Change, *Climate Change 2007: The Physical Science Basis, Summary for Policymakers* (Geneva: World Meteorological Organization and the United Nations EnvironmentProgramme, February 2007), 5.

④ IPCC, *Climate Change 2007: Physical Science Basis*, 11.

⑤ Eugene Domack, Diana Duran, Amy Leventer, Scott Ishman, Sarah Doane, Scott McCallum, David Amblas, Jim Ring, Robert Gilbert, and Michael Prentice, "Stability of the Larsen B Ice Shelf on the Antarctic Peninsula during the Holocene Epoch," *Nature* 436, no. 7051(August 4, 2005): 681 - 685; Eric Hand, "Antarctic Ice Loss Speeding Up," *NatureNews*, January 13, 2008 (www. nature. com/news/2008/080113/full/news. 2008. 438. html); Bob Holmes, "Melting Ice. Global Warning," *New Scientist*, October 2, 2004, 8; Fred Pearce, "The Flaw in the Thaw," *New Scientist*, August 27, 2005, 26; Larry Rohter, "Antarctica, Warming, Looks Ever More Vulnerable," *New York Times*, January 25, 2005, F1.

家的意义

卡特里娜飓风的经历显示，气候变化的影响不仅包括彻底的物理损坏和死亡，而且还可能包括幸存者严重的心理创伤。新奥尔良的幸存者遭受的损失是巨大的。他们丧失了家园，无论是个体意义还是邻里和城市意义上的家园。对于许多不准备返回的新奥尔良居民而言，意味着永久性地失去在新月形城市的家。

家的概念代表着一个地方，或者是让人感到特别熟悉和安全的地方，一种消除恐惧以及与一个人的身份认同相符合的感觉，甚至是控制环境的一种程度，或者至少是一种可管理的预见程度。[①] 从观念上讲，家是一个人最熟悉、最清楚、可掌控和最安全的地方，对不停奔波并总是处于不断变化的世界中的人而言，是一个相对稳定的立足点。艾丽丝·玛瑞·杨（Iris Marion Young）认为："家作为一种主体能动意识（a sense of agency）和一种不断转换和变化的身份认同的物质稳定器（material anchor），承载了一种核心的积极意义。"[②]

家经常是某个人自己的住所，尽管不是始终不变的。家也能扩展到某人的住所之外，而包括他的邻居、所在的城市或者区域。我们因此说到家乡，或者一个更小的地理尺度，自己的家园（home ground）。某人的家乡或家园以熟悉的地点、支撑性的社会网络、文化规范和习惯为特征。当然，随着"家"的概念扩展超出一个人拥有的四个墙壁，家的意义也就变得更具差异性，富有变化和复杂性。[③] 新奥尔良的一个显著标志当然是她的丰富的、多样化的街区生活，这些特征在卡特

---

① 见 Peter F. Cannavò, *The Working Landscape: Founding, Preservation, and the Politics of Place* (Cambridge, MA: MIT Press, 2007), 25 - 30; Iris Marion Young, *Intersecting Voices: Dilemmas of Gender, Political Philosophy, and Policy* (Princeton, NJ: Princeton University Press, 1997), 134 - 164; Yi-Fu Tuan, *Topophilia: A Study of Environmental Perception, Attitudes, and Values* (New York: Columbia University Press, 1990), 99 - 100; Robert David Sack, *Homo Geographicus: A Framework for Action, Awareness, and Moral Concern* (Baltimore: Johns Hopkins University Press, 1997), 14 - 17.

② Young, *Intersecting Voices*, 159.

③ 例如，Iris Marion Young 有关城市生活的讨论见 *Justice and the Politics of Difference* (Princeton, NJ: Princeton University Press, 1990), 234 - 241.

里娜飓风之后经常激起人们的回忆：

> 我和我的朋友们走在 Quarter 大街，听着音乐。天气寒冷而多雾，街道上早些时候风暴残留下的积水闪耀着钻石一样的光泽。一个朋友建议到 du Monde 咖啡馆吃法式馅饼消磨晚上的时光。我们从海盗巷抄近道，从皇家广场到了老克里奥尔镇中心区的杰克逊广场……①
>
> 这里有一种相当活跃的街区生活和步行生活（sidewalk life）；人们喜欢坐在自家门廊上说话，朋友们驻足在街角聊天，还有意想不到的游行。街道本身都是神秘而优雅的小小杰作，故事、音乐、渴望、和谐等这些街道的名字就吸引你走进，而且每一个街道都有自己独特的个性。②

家乡或者家园是个人和集体的身份认同与情感依恋（attachment）的一个实体。记者罗布·隆（Rob Long）评论道："任何一个到过新奥尔良的人都会告诉你，这里的人们都很自豪地表明自身的独特之处和所处的独特地点。'这里不是美国，'两个月前我到这里时有些人告诉我，'这里是**新奥尔良**'。它本来也是如此。"③

地理学家段义孚（Yi-Fu Tuan）坚信："对家乡的复杂情感依恋显然是一种世界（普遍存在的）现象。这并不局限于某种特定的文化或经济体。有文化和没文化的人、采集狩猎者和定居的农夫，还有城市居民都有这种依恋情感。"这是这样一个"养育"的地方。④ 对家乡和自己的家园的依恋情感可能是"一种深层的尽管是潜意识，而且可能仅仅与熟悉和自在相伴随，与保证养育和安全相关联，伴随着声音和气

---

① James, "New Orleans Is a Pousse-Café," 11.
② Piazza, *Why New Orleans Matters*, 15.
③ Rob Long, "Different Down There: In America, But Not Entirely," *National Review*, September 26, 2005, 32, 34(quote on 32).
④ Yi-Fu Tuan, *Space and Place: The Perspective of Experience*(Minneapolis: University of Minnesota Press, 1977), 154.

味的记忆，以及随着岁月而积累的社区活动和家庭快乐"①。

帮助一个人把个人的住所与周边自己的家园紧密联结在一起的，正是被社会学家约翰·罗根（John Logan）和哈维·摩洛奇（Harvey Molotch）称作的"每日常规活动"（daily round）。他们写道："居住的地方是较为广泛的、日常生活的一个焦点，这其中满足了人每日实实在在的需求……定义每日常规活动是一个渐进完成的过程，这个过程是居民了解所需生活设施及其准确的位置和所能提供的服务（offerings），以及如何将一个人包括其他人的优势能够有效整合到日常生活中的过程。"依赖于每日常规活动和所表现出来的地方性也能使人对干扰表现得特别的脆弱。总之这也可能适用于卡特里娜飓风的经历，罗根和摩洛奇警告说："在居民出行距离内高效安排货物供应和服务的发展方式加剧了城市的脆弱程度；无论是一种要素的损失，还是宅基地损失，所带来的干扰都能够导致严重的后果。"②新奥尔良居民所经历的损失包括与商店、工作场所、日常生活和社会网络相伴的整个邻里关系的丧失。作为一个群体，新奥尔良人已经相对麻木了，这会使损失变得更加触目惊心。

家、地方和自然

杨在讨论家政（homemaking），创建和维持一个家的实践时，强调建立或者创建，以及保护或者维持一个家等这些因素之间相互作用的关系。③ 正如我在其他地方讨论的那样，④所有的地方——不仅是家——都被一种相互作用、相互依赖的以及建立和保护之间的张力所激活。我们创建一些地方——无论是通过地图还是真实的行动——然后就依赖它们的稳定性和熟悉程度。稳定性和熟悉程度从来都不是绝对的——家和其他地方随着时间的推移，经常随着我们自己不断

---

① Tuan，*Space and Place*，159.

② John Logan and Harvey Molotch，*Urban Fortunes：The Political Economy of Place*（Berkeley：University of California Press，1988），103 - 104.

③ Young，*Intersecting Voices*，152.

④ Cannavò，*The Working Landscape*.

变化着的需求和活动而变化——尽管太强的流动性能够使一个地方变得陌生或不适宜居住。

地方经常与生态价值相关。理由是对地方的依恋情感可以导致对土地的持续利用或者引起自然保护主义者的关心。柯克帕特里克·塞尔(Kirkpatrick Sale)强调说:"全面了解自然界的特征,并且以每天带来的一种单一的、根深蒂固感觉的现实方法将其与对地点的依恋相联结。"①瓦尔·普兰伍德(Val Plumwood)说:"对地方深切而高度特殊的依恋情感……以身份认同、社会和个人属性的形成为基础,在与土地特定区域的关联中,追求高产的情结与强化家族联系具有同样特殊而强大的吸引力,并且同样表现为非常特殊的、地方性的关切责任。"②巴里·洛佩兹(Barry Lopez)将其描述为"一种地方性的经验,一种对地方的亲密"。这样的一种"特定地理上的理解……居住在某地的人们,对那里的土地和历史都有一种感觉的人们,或多或少曾发誓要在这个地方与男男女女一起居住"③。关于环境问题,马克·萨格夫(Mark Sagoff)说:"对人类战胜自然的许多谴责——以及担心破坏环境——与一些地方的丧失有关,对这些地方我们保留了一些可分享的记忆,并且珍藏着天生的对集体的忠诚程度。"④甚至一些认为环保运动做法有缺陷的绿色政治理论家已经接受了这样的观点,即将对地方的关联作为生态责任的一个基础。⑤

事实上,在地方价值和生态价值之间存在张力。地方,就其形成

---

① Kirkpatrick Sale, *Dwellers in the Land : The Bioregional Vision* (San Francisco: Sierra Club Books, 1985), 47.

② Val Plumwood, "Nature, Self, and Gender: Feminism, Environmental Philosophy, and the Critique of Rationalism," in Michael Zimmerman, J. Baird Callicott, George Sessions, Karen J. Warren, and John Clark, eds., *Environmental Philosophy : From Animal Rights to Radical Ecology*, 284 – 309 (Englewood Cliffs: Prentice Hall, 1993) (quote on 297).

③ Barry Lopez, *About This Life : Journeys on the Threshold of Memory* (New York: Knopf, 1998), 132.

④ Mark Sagoff, "Settling America: The Concept of Place in Environmental Politics," in Philip D. Brick and R. McGreggor Cawley, eds., *A Wolf in the Garden : The Land Rights Movement and the New Environmental Debate*, 249 - 260 (Lanham, MD: 1996) (quote on 249).

⑤ 例如, John M. Meyer, *Political Nature : Environmentalism and the Interpretation of Western Thought* (Cambridge, MA: MIT Press, 2001), 136 - 141; Andrew Biro, *Denaturalizing Ecological Politics : Alienation from Nature from Rousseau to the Frankfurt School and Beyond* (Toronto: University of Toronto Press, 2005), 210 - 211。

的基础而言，从根本上讲是自然的一种转化形式。如果这种转化仅仅是制图和对景观命名，这就不是一个大问题。当然，任何物理性的耕作或者建设行动都能引起自然景观的变化。通过物理转化创造一个有用的地方对人类在世界上栖居是很必要的，同时，创建这样的地方，必须承认，它代表一种人类战胜自然力量的胜利。汉娜·阿伦特（Hannah Arendt）在《人类生存条件》①（*The Human Condition*）一书中阐述了这些著名的观点。她说，不可抗拒的出生、成长和衰老的周期是自然的特征。自然界完全可以容纳它所创造的万物："生命是一个无处不在的、耗尽耐久性，不断磨损，使之消失的过程。"②人类则处在一个"不断地、没有休止地与生长和衰老作斗争的状态中"③。通过积极的劳作，人类创造了能够抵挡衰老和其他自然破坏的不朽物，并构成一个耐用的、人造的世界——"人工体系"（human artifice）。④

　　任何耕作的土地，或构筑物，或定居点，或者确切地说任何有形的人造物，都在抵抗自然的磨损、摧毁和腐蚀，而且在某种程度上与家和人类定居点相关的住所和安全防护措施，是这些人造物保护我们免受自然力影响的能力的基础。像其他生物一样，为了在自然中生存，我们需要改变我们的环境，然而对人类而言，这种改变是在很大尺度上进行的。关于这一点，也不能否认我们与其他自然环境的相互依赖。事实上，通过与自然力适度的合作，而不是完全、十足地蔑视自然力，人工体系能够最大限度地维持人类生存。当通过可持续的做法不能够创建或维持一个家或者其他地方时——当保护被忽略时——恰好证明了家的稳定性和安全性的丧失。稳定的地方因此代表一种与自然的复杂关系，一种混合了征服与合作等各种要素的关系。

悲剧性的两难困境

　　在对人类的无能、疏忽和渎职的众多指责中，尽管卡特里娜飓风

---

① Hannah Arendt，*The Human Condition*（Chicago：University of Chicago Press，1958）.

② Arendt，*The Human Condition*，96.

③ Arendt，*The Human Condition*，100.

④ Arendt，*The Human Condition*，136.

经常被认为是一种"非自然的"灾害,但是这一事件也暴露出在自然力面前地方和家的脆弱程度。洪水直接冲破城市、乡镇和房屋的安全防线,甚至在洪水上升的时候把人们作为避难所的家变为死亡陷阱。而且,洪水退后,被水淹过的家被自然腐化力量所控制,如被大量滋生的霉菌所控制。在潮湿的海湾沿岸,因一直没有空调和除湿器,贪婪的霉菌肆意繁殖。霍讷引用一个新奥尔良旅馆店主的话:"在新奥尔良,如果你关掉电源三四十天,不管怎样,房间都会变成皮氏培养皿。"①在卡特里娜飓风袭击之后,真菌在废弃的家中肆虐,以令人厌恶的模样和各种健康威胁迎接返乡的居民。

至少直到卡特里娜飓风到来前,新奥尔良这座城市还代表着一种人类战胜自然的脆弱性的胜利。但是这种胜利是否真正是可持续的?还是新奥尔良代表着单纯征服自然而不是与自然力充分合作的一种愚蠢的尝试?这是一个非常复杂的问题,以至于在此无法充分讨论。然而,相当明显,新奥尔良的重建和继续存在,实际上是否认自然条件、自然力和自然过程的一种大规模破坏行动。这些行动几乎都不是与自然共处的。在城市能够维持下来的限度内,那些违背自然的做法导致城市的气象和水文环境变得十分脆弱。这就是为什么新奥尔良居民已经害怕洪水侵袭的原因,这种侵袭长久以来成为"他们所遭受的和即将发生的灾难的根源"。②

辅以人类防范措施的失败,卡特里娜飓风淹没了这个城市所依赖的脆弱的环境。不管气候变化与否,这场灾难都是新奥尔良命中注定的。事实情况可能表明,新奥尔良从来就不应当在最初的位置建设,那里环境条件差,从来也不能够真正为居住者提供一个稳定的、安全的、持久的家。当然,排干大自然保护城市以免受洪水侵袭的湿地,以及建造像 MR-GO 一样的运河,极大地增加了新奥尔良的生态不稳定性。

---

① Horne, *Breach of Faith*, 298.
② James, "New Orleans Is a Pousse-Café," 4.

卡特里娜飓风到来后，地理学家和风险分析家克劳斯·雅各布（Klaus Jacob）表达了对新月形城市的一种显然毫无情感的观点："我们已经将新奥尔良当作一个不可持续城市的典型例子，这是一个没有希望的城市。"①他的建议对新奥尔良来说是可怕的："现在正是面对一些地质条件的现实，并且开始认真规划拆毁新奥尔良的时候了，评估什么能够或需要保护，如果能够负担得了的话，或者就直接估计需要筹多少款。新奥尔良的一些地方可以用一种不同于近海石油钻井平台的平台转变为'漂浮的城市'，或者，短期变为船屋的城市，让带有新鲜沉积物的洪水注入'碗型'洼地。"②

水文学家理查德·E.斯帕克斯（Richard E. Sparks）以一种更为乐观的方式，呼吁以一种与自然共处而不是对抗的方式重建新奥尔良，这种方式被他称作"自然选择"的方式。③ 他说，重新设计的新奥尔良必须同时考虑未来洪水侵袭的可能性，以及密西西比河在三角洲内河道变化的趋势。修建更好的堤防是远远不够的。"新奥尔良肯定是可以重建的，"斯帕克斯说，④但是应当有所改变。

> 现在看来，简单地通过加固防护堤来解决洪水带来的问题的做法，将大量浪费投资，并使情况恶化，将人们重新置于危险的境地。相反的，规划者应当科学地指导重建，现在科学家们提出的最明智的策略应当是与自然共处而不是试图战胜自然。这种方法将意味着让密西西比河按照河流自然流动的规律改变河道；在城市从最低洼地区搬出的同时，保护城市最高处免受洪水和飓风产生的风暴潮的侵袭；在密西西比河已经自然形成的高地上建立一个新的港口城市。⑤

---

① Quoted in Richard Ingham, "New Orleans Disaster Serves Up a Tough Lesson on Environment," *Agence France-Presse*, September 1, 2005, http://www.afp.com/english/globe/? pid=archives.

② Klaus Jacob, "Time for a Tough Question: Why Rebuild?" *Washington Post*, September 6, 2005, A25.

③ Sparks, "Rethinking, Then Rebuilding New Orleans," 38.

④ Sparks, "Rethinking, Then Rebuilding New Orleans," 33.

⑤ Sparks, "Rethinking, Then Rebuilding New Orleans," 33.

斯帕克斯想象中的新城市应当建在阿查法拉亚河冲积扇。他坚持："'老'新奥尔良应当保持民族历史和文化财富,并且继续作为旅游目的地和传统城市。城市的最高处应当继续通过一系列加固防护堤和其他防洪措施而得到保护。"[①]他补充说:"为城市重建提供资金的城市规划者和政府当局(包括美国联邦应急管理局)必须确保不是所有的城市高地都被单纯地滥用于高回报率的开发项目,例如会议中心、旅馆和赌博场所。城市高地也应当包括为服务工作人员及其家庭提供住房,这样他们就不要再到地势低洼、洪水易侵袭的地方居住。"[②]这可能意味着低洼地的居民有了较安全的居住地,但也可能意味着就此切断了与原来邻居的联系,正如在大福克斯所发生的情况那样:"低于海平面的洪水易发区应当变成公园,并且种上暴雨期间能够耐洪水淹没的植物。"[③]

尽管斯帕克斯提出的生态可持续方案,也许的确没有雅各布的方案所说的情况那么糟糕,但是依然意味着我们所熟悉的新奥尔良的终结。这个提议已经使许多孕育"老"新奥尔良文化的社区从城市中消失。为了生活得更好,即使在"新"新奥尔良提供市民负担得起的住房,原有的邻里关系和社会网络也将丧失。

这样激进的重建城市的计划还没有被采纳,而纳金,正如我们所看到的,没有决定接受重返新奥尔良委员会的建议。纳金的决定可能被证明是完全不明智的——重建整个城市可能代表着弄巧成拙地抵抗不可抗拒的自然力,同时也是为了再造自然而不断破坏自然。但是要改变市长以及其他新奥尔良居民的观念也是很不容易的。新奥尔良居民,特别是城市的黑人居民,明确表达了对住房、邻里以及被他们称作"家"的城市的依恋,对他们参与形成的特色文化的依恋。当新奥尔良居民詹姆斯谈到她的城市和居民时就表现出了这种执着,"现在我们必须为一个新的、不熟悉的规则寻找灵感:我们必须像英雄一样

---

① Sparks, "Rethinking, Then Rebuilding New Orleans," 38.
② Sparks, "Rethinking, Then Rebuilding New Orleans," 38.
③ Sparks, "Rethinking, Then Rebuilding New Orleans," 38.

彻底改变自己，不仅要有足够的能力挽回城市，还要具有使所有新奥尔良居民生活得更好的能力；运用技术和聪明才智而具有面对并战胜洪水这个老恶魔的能力；有能力保护新奥尔良邻里和生活方式、音乐、饮食、方言、精神道德等珍贵的原创性"①。考虑到生态挑战，在许多新奥尔良的邻近地区，家和家园的安全性和稳定性可能已经成为一种虚幻的东西，因此，这些地方可能已经达不到理想家园的意义。然而，从个人生活的时间尺度上看，这些地方可能还是足够稳定和安全的——甚至可忽略像 1927 年密西西比河大洪水和 1965 年的贝琪飓风（Hurricane Betsy）这样的事件的影响——对一个已经生根的城市居民而言感觉像家一样。

这当中存在悲剧性的困境。无论新奥尔良是否应当建在最初的地方，或者即使它很有可能再次遭受严重的洪水侵袭，这些并不能自动解决这个城市是否应继续以目前形式继续存在的问题。不管环境是否不可持续，是否是真正的稳定而安全的家，对城市居民以及作为一个整体的许多民族而言，城市都是一个独特的地方，他们已经深深地依恋上了它。地方的价值经常与环境价值纠结在一起，在此相互碰撞。

新奥尔良可能一直在制造着灾难，而且卡特里娜飓风与气候变化关系不大，但是随着地球的警告和生态影响的扩散，其他许多地方可能发现自己也面临着相似的地方价值和生态可持续的两难困境。由于自然构成了更多的家和家乡存在的基础，全球变暖将会掩盖这种复杂的关系。我并不是说只有位于密西西比河三角洲以及其他低地地区的沿海社区属于这种情况，降雨量稀少或过多的社区，或者温度经常过高的社区，或者饮用水供应依靠冬季积雪的社区，或者以狩猎为生的猎人在冰冻地带寻找猎物的社区，或者下水道系统抵抗水位上升干扰能力脆弱的社区，或者因森林大火或泥石流而使家处于危险境地的社区……都有这种两难困境。换句话说，世界上还有无数比新奥尔

---

① James，"New Orleans Is a Pousse-Café，" 19 - 20.

良这样为众所周知的更不可持续的地方，每个地点都有着自己的集体生活和社会关系、自己的历史、自己的家、自己的文化。在不考虑生态约束的情况下，在最近的记忆中，许多这样的地点都曾享受相对稳定而适宜的自然条件。现在，这些地方的继续存在突然成为生态问题或者甚至是不堪一击了。

应对气候变化的同时又不进一步引起破坏，这就可能要求让已被改变的自然条件恢复其自身发展轨迹，并且清除家、家乡以及文化财富。我们不能简单地否认气候正在变化，并等待那些地方遭受越来越严重的威胁与破坏，我们必须适应。全球变暖意味着更多的地点将受到危害，作为解决问题的一种方法，一些适应不可避免，而且必须依赖于适应来解决。我们有足够的能力试着减缓气候变化，并且通过减少化石燃料消费和毁林，将悲剧性的两难困境最小化。

如果老新奥尔良与其他的家和家乡丧失了，流离失所的危机及其悲剧性的两难困境将会在许多层面上上演。2005 年 3 月 1 日，全国公共广播电台（National Public Radio）的"诸事妥帖"（All Things Considered）节目片段中，托里·劳森（Torrie Lawson），一名就读于新奥尔良一所搬迁了的完全中学的学生——告诉采访记者米歇菲·诺里斯（Michefe Norris）："在卡特里娜飓风之前，如果你告诉我，我将住在一个旅行拖车里，我会认为这是对我的侮辱。我不可能相信你。但是现在，情况就是这样——这一点也不像我的家。我非常希望在我的房子里，有我自己的家。"

（殷培红译　殷培红　夏冰校）

主要参考文献

Abel, Tom. "Complex Adaptive Systems, Evolutionism, and Ecology within Anthropology: Interdisciplinary Research for Understanding Cultural and Ecological Dynamics."(《人类学中的复杂适应系统、进化论和生态学:理解文化和生态动力学的跨学科研究》) *Georgia Journal of Ecological Anthropology* 2(1998): 6 - 29.

Abramson, Rudy. *Spanning the Century: The Life of W. Averell Harriman*(《跨越世纪:W. 艾弗里·哈里曼的生活》), *1891 - 1986*. New York: Morrow, 1992.

Aceves, William J. "Critical Jurisprudence and International Legal Scholarship: A Study of Equitable Distribution."(《批判法学和国际法律奖学金:公平分配研究》) *Columbia Journal of Transnational Law* 39(2001): 299 - 393.

ACIA. *Impacts of a Warming Arctic: Arctic Climate Impact Assessment*.(《北极变暖的影响:北极气候影响评估》) Cambridge: Cambridge University Press, 2004.

Adam, David. "Goodbye Sunshine."(《再见阳光》) *The Guardian*, December 18, 2003.

Adger, Neil. "Social and Ecological Resilience: Are They Related?"(《社会和生态恢复力:它们是否相关?》) *Progress in Human Geography* 24, no. 3(2000): 347 - 364.

Agarwal, Anil, and Sunita Narain. *Global Warming in an*

Unequal World : A Case of Environmental Colonialism.(《不平等世界的全球变暖:一个环境殖民主义案例》) New Delhi:Center for Science and Environment,1991.

Agrawal, Arun. "Environmentality: Community, Intimate Government, and the Making of Environmental Subjects in Kumaon, India."(《环境性:印度库曼的社区、亲密政府以及环境主体建构》) *Current,Anthropology* 46, no. 2(2005):161-190.

Agrawal, Arun. *Environmentality: Technologies of Government and the Making of Subjects.*(《环境性:政府与主体建构技术》) Durham, NC:Duke University Press, 2005.

American Petroleum Institute. *Petroleum Facts and Figures.* (《石油事实和数据》) New York:American Petroleum Institute, 1959.

Anderies, J. M., M. A. Janssen, and E. Ostrom. "A Framework to Analyze the Robustness of Social-Ecological Systems from an Institutional Perspective."(《从公共机构角度分析社会生态系统稳健性的框架》) *Ecology and Society* 9, no. 1(2004):18.

Andersen, A. N., G. D. Cook, and R. J. Williams, eds. *Fire in Tropical Savannas : the Kapalga Experiment.*(《热带稀树草原火灾:卡帕尔加实验》) New York:Springer, 2003.

Anderson, Soren, and Richard Newell. "Prospects for Carbon Capture and Storage Technologies."(《碳捕获与封存技术的前景》) *Annul Review of Environment and Resources* 29(2004):109-142.

Anderson, Terry L., and Donald R. Leal. Free Market Environmentalism.(《自由市场环保主义》) New York:Palgrave, 2001.

Archer, David. "Fate of Fossil Fuel CO_2, in Geologic Time." (《地质时代二氧化碳化石燃料的命运》) Journal of Geophysical Research 110(2005):C09S05.

Archer，David. "How Long Will Global Warming Last?"(《全球变暖将持续多久?》) http://www. realclimate. org/index. php/archives/2005/03/how - long-will-global-warminglast/♯more - 134.

Arctic Council. Arctic Marine Strategic Plan.(《北极海洋战略计划》) 2004. Available at www. pame. is. Arendt，Hannah. *The Human Condition*.(《人类处境》) Chicago：University of Chicago Press，1958.

Arno，Stephen F.，and Steven Allison-Bunnell. *Flames in Our Forest：Disaster or Renewal*.(《森林中的火焰：灾难或新生》) Washington，DC：Island Press，2002.

Arrhenius，Svante. "On the Influence of Carbonic Acid in the Air upon the Temperature of the Ground. "(《大气中碳酸对地面温度的影响》) *Philosophical Magazine* 41(1896)：237 - 276.

Arrhenius，Svante. *Worlds in the Making：The Evolution of the Universe*.(《形成中的世界：宇宙演变》) Trans. H. Borns. New York：Harper & Brothers，1908.

"As Oil Consultant，He's without Like or Equal. "(《作为石油顾问,他既无偏爱亦无平等》) *New York Times*，July 27，1969.

Athanasiou，Thomas，and Paul Baer. *Dead Heat：Global Justice and Global Warming*.(《对峙：全球正义与全球变暖》) New York：Seven Stories Press，2002.

Atkinson，Robert D. *The Past and Future of America's Economy*.(《美国经济的过去与未来》) Northampton，MA：Edward Elgar，2004.

Attfield，Robin. *The Ethics of the Global Environment*.(《全球环境伦理》) West Lafayette，IN：Purdue University Press，1999.

Auburn，F. M. *Antarctic Law and Politics*.(《南极的法律与政治》) Bloomington：Indiana University Press，1982.

Axelrod，Regina S.，David Leonard Downie，and Norman J.

Vig, eds. *The Global Environment : Institutions, Law, and Policy*. (《全球环境:机构、法律和政策》) Washington, DC: CQ Press, 2005.

Bachram, Heidi. "Climate Fraud and Carbon Colonialism: The New Trade in Greenhouse Gases. "(《气候欺诈和碳殖民主义:温室气体的新贸易》) *Capitalism, Nature, Socialism* 15(2004): 5-20.

Baer, Paul. "Equity, Greenhouse Gas Emissions, and Global Common Resources. "(《公平、温室气体排放和全球共有资源》) In Stephen H. Schneider, Armin Rosencranz, and Johno. Niles, eds., *Climate Change Policy: A Survey*. (《气候变化政策:调查》) Washington, DC: Island Press, 2002.

Barach, Arnold B., and the Twentieth Century Fund. *USA and Its Economic Future*. (《美国及其经济未来》) New York: Macmillan, 1964.

Bardou, Jean-Pierre, Jean-Jacques Chanaron, Patrick Fridenson, and James M. Laux. *The Automobile Revolution*. (《汽车革命》) Chapel Hill: University of North Carolina Press, 1982.

Barnes, Peter. *Who Owns the Sky?* (《谁拥有天空?》) Washington, DC: Island Press, 2001.

Barrow, Clyde W. *Critical Theories of the State*. (《国家的批判理论》) Madison: University of Wisconsin Press, 1993.

Barry, Brian. *Justice as Impartiality*. (《作为公正的正义》) Oxford: Oxford University Press, 1995.

Barry, Brian. "Sustainability and Intergenerational Justice. " (《可持续性和代际正义》) In Andrew Dobson, ed., *Fairness and Futurity*. New York: Oxford University Press, 1999.

Baslar, Kernel. *The Concept of the Common Heritage of Mankind in International Law*. (《国际法中关于人类共同遗产的概念》) The Hague: Martinus Nijhoff, 1998.

Baudrillard, Jean. *For a Critique of the Political Economy of the Sign.*（《对符号政治经济学的批判》）St. Louis，MO：Telos Press，1981.

Baudrillard，Jean. *The Transparency of Evil：Essays on Extreme Phenomena.*（《邪恶的透明度：极端现象杂记》）London：Verso，1993.

Baum，Dan. "Deluged."（《淹没》）*New Yorker* 81，no. 43 (January 9，2006)：50 – 63.

Baumert，Kevin A.，Timothy Herzog，and Jonathan Pershing. *Navigating the Numbers：Greenhouse Gases and International Climate Change Agreements.*（《数字巡航：温室气体和国际气候变化协议》）Washington，DC：World Resources Institute，2005.

Beck，Peter J. *The International Politics of Antarctica.*（《南极洲国际政治》）London：Croom and Helm，1986.

Beck，Ulrich. *What Is Globalization?*（《何为全球化?》）Oxford：Blackwell，2000.

Beckerman，Wilfred. "*Global Warming and International Action：An Economic Perspective.*"（《全球变暖与国际行动：经济视角》）In Andrew Hurrell and Benedict Kingsbury，eds.，*The International Politics of the Environment.*（《国际环境政治》）Oxford：Oxford University Press，1992.

Beitz，Charles R. *Political Theory and International Relations.*（《政治理论与国际关系》）Princeton，NJ：Princeton University Press，1979.

Berkes，Fikret，and Carl Folke. "Investing in Cultural Capital for Sustainable Use of Natural Capital."（《投资文化资本促进自然资本的可持续利用》）In A. M. Jansson，M. Hammer，C. Folke，and R. Constanza，*Investing in Natural Capital：The Ecological Economics Approach to Sustainability.*（《投资自然资本：可持续性的生态经济学方法》）Washington，DC：Island Press，1994.

Betsill，Michele M. "Global Climate Change Policy：Making

Progress or Spinning Wheels?"(《全球气候变化政策:取得进步还是停滞不前?》) In Regina S. Axelrod, David Leonard Downie, and Norman J. Vig, *The Global Environment: Institutions, Law, and Policy.* (《全球环境:机构、法律和政策》) Washington, DC: CQ Press, 2005.

Betsill, Michele M., Kathryn Hochstetler, and Dimitris Stevis, eds. *Palgrave Advances in International Environmental Politics.* (《帕尔格雷夫国际环境政治研究进展》) Rasingstoke, UK: Palgrave Macmillan, 2006.

Bina, Cyrus. *The Economics of the Oil Crisis.* (《石油危机经济学》) New York: St. Martin's Press, 1985.

Bina, Cyrus. "Some Controversies in the Development of Rent Theory: The Nature of Oil Rent."(《租金理论发展中的一些争议:石油租金的本性》) *Capital & Class* 39(1989): 82 - 112.

Biro, Andrew. *Denaturalizing Ecological Politics: Alienation from Nature from Rousseau to the Frankfurt School and Beyond.* (《生态政治变性:从卢梭到法兰克福学派及其后的异化》) Toronto: University of Toronto Press, 2005.

Blair, John M. *The Control of Oil.* (《对石油的控制》) New York: Pantheon, 1976.

Blatt, Harvey. *America's Environmental Report Card.* (《美国的环境报告卡》) Cambridge, MA: MIT Press, 2005.

Bodansky, Daniel. "The Legitimacy of International Governance: A Coming Challenge for International Environmental Law?"(《国际治理的合法性:国际环境法面临的挑战?》) *American Journal of International Law* 93, no. 3(1999): 596 - 624.

Boo, Katherine. "Shelter and the Storm."(《避难所和风暴》) *New Yorker* 81, no. 38(2005): 82 - 97.

Bradsher, Keith. *High and Mighty: SUVs.* (《趾高气扬的 SUV

越野车》）New York：Public Affairs，2002．

British Broadcasting Corporation．"Global Dimming：Horizon producer David Sington answers questions about global dimming."（《全球变暗:〈地平线〉制作人大卫·辛顿回答有关全球变暗的问题。》）January 13，2005．http：//www. bbc. co. uk/sn/tvradio/programmes/horizon/dimming_trans. shtml．

British Broadcasting Corporation．"Global Dimming."（《全球变暗》）Program transcript．January 13，2005．http：//www. bbc. co. uk/sn/tvradio/programmes/horizon/dimming_trans. shtml．

Bromley，Daniel W．"Comment：Testing for Commonversus Private Property."（《评论:辨识共同财产与私有财产》）*Journal of Environmental Economics and Management* 21（1991）：92–96．

Bronson，Rachel．*Thicker Than Oil：America's Uneasy Partnership with Saudi Arabia*.（《比石油更黏稠:美国与沙特阿拉伯的艰难合作》）New York：Oxford University Press，2006．

Broome，John．*Counting the Cost of Global Warming*.（《计算全球变暖的成本》）Isle of Harris，UK：White Horse Press，1992．

Brosius，J. Peter．"Green Dots，Pink Hearts：Displacing Politics from the Malaysian Rain Forest."（《绿点粉红心:驱除马来西亚雨林中的政治》）*American Anthropologist* 101（1999）：36–57．

Brown，Donald A．*American Heat：Ethical Problems with the United States' Response to Global Warming*.（《美国热火:美国回应全球变暖的道德问题》）Lanham，MD：Rowman ＆ Littlefield，2002．

Brown，Matthew．"Reasons to Go."（《前行的原因》）*New Orleans Times-Picayune*，January 8，2006，1．

Browne，Marjorie A．*The Law of the Sea Convention and U. S. Policy*.（《海洋法公约和美国政策》）Washington，DC：Congressional Research Service，2000．

Bryant，Bunyan，and Paul Mohai，eds．*Race and the Incidence*

of Environmental Hazards：A Time for Discourse.（《种族与环境危害的发生：话语时代》）Boulder, CO：Westview Press, 1992.

Buenger, Walter L., and Joseph A. Pratt. *But Also Good Business：Texas Commerce Banks and the Financing of Houston and Texas, 1886 - 1986.*（《也算好生意：德克萨斯州商业银行与休斯顿和德克萨斯州融资 1886—1986 年》）College Station：Texas A&M University Press, 1986.

Bullard, Robert D. *Dumping in Dixie：Race, Class, and Environmental Quality.*（《南部各州的垃圾倾倒：种族阶级和环境质量》）Boulder, CO：Westview Press, 1990.

Bullard, Robert D. "Waste and Racism：A Stacked Deck?"（《浪费和种族主义：堆满甲板?》）*Forum for Applied Research and Public Policy* 8(1993)：29 - 45.

Burkett, Paul. *Marx and Nature.*（《马克思与自然》）New York：St. Martin's, 1999.

Burkett, Paul. "Nature's 'Free Gifts' and the Ecological Significance of Value."（《自然的"免费礼物"和价值的生态意义》）*Capital & Class* 68(1999)：89 - 110.

Burkett, Paul. *Marxism and Ecological Economics：Toward a Red and Green Political Economy.*（《马克思主义与生态经济学：走向红色与绿色的政治经济学》）Boston：Brill, 2006.

Burtraw, Dallas, and Karen Palmer. *The Paparazzi Take a Look at a Living Legend：The SO₂ Cap-and-Trade Program for Power Plants in the United States.*（《狗仔队看一看活着的传奇：美国电厂的二氧化硫限额交易计划》）Washington. DC：Resources for the Future, 2003.

Busenberg, George J. "Adaptive Policy Design for the Management of Wildfire Hazards."（《关于野火危害管理的适应性政策设计》）*American Behavioral Scientist* 48, no. 3(2004)：314 - 326.

"Bush Administration Proposal for Reducing Greenhouse Gases."(《布什政府关于减少温室气体的提议》) *American Journal of International Law* 96, no. 2(2002): 488.

Callimachi, Rukmini. "Half a Year Later, New Orleans Is Far from Whole."(《半年后, 新奥尔良远未恢复》) Associated Press State & Local Wire, February 22, 2006.

Cannavò, Peter F. *The Working Landscape: Founding, Preservation, and the Politics of Place.*(《工作环境: 建立、保存以及地域政治》) Cambridge, MA: MIT Press, 2007.

Capek, Stella M. "The 'Environmental Justice' Frame: A Conceptual Discussion and an Application."(《"环境正义"框架: 概念性讨论和应用》) *Social Problems* 40, no. 1(1993): 5 - 24.

Carle, David. *Burning Questions: America's Fight with Nature's Fire.*(《燃烧中的问题: 美国与自然之火的战斗》) Westport, CT: Praeger, 2002.

Carskadon, Thomas Reynolds, and George Henry Soule. *USA in New Dimensions: The Measure and Promise of America's Resources, A Twentieth Century Fund Survey.*(《新维度下的美国: 美国资源的衡量与承诺, 一个二十世纪基金会的调查》) New York: Macmillan, 1957.

Cash, D. W., and S. C. Moser. "Linking Local and Global Scales: Designing Dynamic Assessment and Management Processes."(《本地与全球尺度连接: 设计动态评估和管理流程》) *Global Environmental Change* 10(2000): 109 - 120.

Centre for Science and Environment(Delhi). "The Leader of the Most Polluting Country in the World Claims Global Warming Treaty Is 'Unfair' Because It Excludes India and China."("世界上污染最严重的国家领导者声称不包括印度和中国的全球变暖条约是'不平等条约'。") March 16, 2001. http://www. cseindia. org/html/au/au4_

20010317. htm.

Chapin, F. S. Ⅲ, A. L. Lovecraft, E. S. Zavaleta, J. Nelson, M. D. Robards, G. P. Kofinas, S. F. Trainor, G. Peterson, H. P. Huntington, and R. L. Naylor. "Policy Strategies to Address Sustainability of Alaskan Boreal Forests in Response to a Directionally Changing Climate. "(《在直接响应气候变化的过程中解决阿拉斯加北方森林可持续性问题的政策策略》) *Proceedings of the National Academy of Sciences: Early Edition*. 2006. www. pnas. org/cgi/doi/10. 1073/pnas. 0606955103.

Chapin, S. C., S. T. Rupp, A. M. Starfield, L. DeWilde, E. Zavaleta, N. Fresco, J. Henkelman, and D. A. McGuire. "Planning for Resilience: Modeling Change in Human-Fire Interactions in the Alaskan Boreal Forest. "(《规划恢复力:模拟阿拉斯加北方森林人类与火灾相互作用的演变》) *Frontiers in Ecology* 1, no. 5(2003): 255 – 261.

Chapin, S. C., B. H. Walker, R. J. Hobbs, D. U. Hooper, J. H. Lawton, O. E. Sala and D. H. Tilman. "Biotic Control over the Functioning of Ecosystems. "(《对生态系统功能的生物控制》) *Science* 277(1997): 500 – 504.

Charlson, Robert J., Francisco P. J. Valero, and John H. Seinfeld. "Atmospheric Science: In Search of Balance. "(《大气科学:寻求平衡》) *Science* 308, no. 5728(may 6, 2005): 806 – 807.

Chen, Jiyang, and Atsuma Ohmura. "Estimation of Alpine Glacier Water Resources and Their Change Since 1870s. "(《评估 19 世纪 70 年代以来阿尔卑斯冰川水资源及其变化》) *Hydrology in Mountainous Regions* 1, *IAHS Publication* 193(1990): 127 – 135.

Childress, Sarah. "Welcome: 'White Couple. '"(《欢迎:"白人夫妇"》) *Newsweek*, January 9, 2006, 8.

Christhoff, Peter. "Weird Weather and Climate Culture Wars. "

《奇怪的天气和气候文化之战》) *ARENA Journal* 23(2005)：9 - 17.

Clark，William C.，and，Nancy Dickson. "Sustainability Science：The Emerging Research Program. "(《可持续发展科学：新兴研究计划》) *Proceedings of the National Academy of Sciences* 100，no. 14(2003)：8059 - 8061.

Claussen，Eileen.，and Lisa McNeilly. *The Complex Elements of Global Fairness.*(《全球公平的复杂因素》) Washington，DC：Pew Center on Global Climate Change，1998.

Clover，Charles. "Miliband Backs Idea of Carbon Rationing for All. "(《米利班德支持全人类碳配额理念》) *Daily Telegraph* (London)，July 21，2006.

Coase，Ronald. "The Problem of Social Cost. "(《社会成本问题》) *Journal of Law and Economics* 3，no. 1(1960)：1 - 44.

Cohen，Richard E. *Washington at Work：Back Rooms and Clean Air.*(《华盛顿在工作：里屋和清洁空气》) Boston：Allyn and Bacon，1995.

Cole，Daniel H. *Pollution and Property.*(《污染与财产》) Cambridge：Cambridge University Press，2002.

Colten，Craig E. *An Unnatural Metropolis：Wresting New Orleans from Nature.*(《非自然的大都市：从自然中夺取新奥尔良》) Baton Rouge：Louisiana State University Press，2005.

Columbia University Master of Arts Program in Climate and Society. "What is Climate and Society?"(哥伦比亚大学气候与社会文学硕士课程："什么是气候与社会?") http://www. columbia. edu/cu/climatesociety/aboutclimate. html.

Columbia University Master of Arts Program in Climate and Society. "From the Director. "(哥伦比亚大学气候与社会文学硕士课程："来自导演") http://www. columbia. edu/cu/climatesociety/director. html.

Comiso，J. C. "A Rapidly Declining Perennial Sea Ice Cover in the Arctic."（《北极地区迅速消融的常年海冰盖》）*Geophysical Research Letters* 29(2002)：1956.

Constanza，R. L.，I. Wainger，C. Folke，and K. Maler. "Modeling Complex Ecological Economic Systems：Toward an Evolutionary，Dynamic Understanding of People and Nature."（《模拟复杂的生态经济系统：对人与自然的日趋进化和动态理解》）*Bio Science* 43，no. 8(1993)：545 - 555.

Conybeare，John A. C. *Merging Traffic：The Consolidation of the International Automobile Industry*.（《合并交通：国际汽车工业整合》）Lanham，MD：Rowman & Littlefield，2004.

Covington，William W. "Helping Western Forests Heal."（《帮助西方森林治愈》）*Nature* 408(2000)：135 - 136.

Daily，Gretchen C.，and Joshua S. Reichert，eds. *Nature's Services：Societal Dependence on Natural Ecosystems*.（《自然服务：对自然生态系统的社会依赖》）Washington，DC：Island Press，1997.

Daly，Emma. "Helping Students Cope with a Katrina-Tossed World."（《帮助学生面对卡特里娜飓风扫荡后的世界》）*New York Times*，November 16，2005，B9.

Davis，David. *Energy Politics*.（《能源政治》）New York：St. Martin's Press，1993.

Dawson，Michael. *The Consumer Trap：Big Business Marketing in American Life*.（《消费者陷阱：美国生活中的大企业营销》）Chicago：University of Illinois Press，2003.

Dear，Michael J. *The Postmodern Urban Condition*.（《后现代城市状况》）Oxford：Blackwell，2000.

DeBerry，Jarvis. "When Life's Haven Turns Deathtrap."（《当生命的避风港变成死亡陷阱》）*New Orleans Times-Picayune*，November 6，2005，7(Metro).

Declaration of the United Nations Conference on the Human Environment.（《联合国人类环境会议宣言》）1972. Stockhom：United Nations Environment Programme. Agency.

Deffeyes，Kenneth S. *Hubbert's Peak：The Impending World Oil Shortage*.（《哈伯特峰值：即将到来的世界石油短缺》）Princeton，NJ：Princeton University Press，2001.

Deleuze，Gilles. *What Is Philosophy?*（《什么是哲学?》）New York：Columbia University Press，1994.

Dennis，Carina. "Burning Issues."（《燃烧问题》）*Nature* 421（January 2003）：204–206.

DeSombre，Elizabeth. "Global Warming：More Common than Tragic."（《全球变暖：比悲剧更常见》）*Ethics and International Affairs* 18(2004)：41–46.

Dewees，Donald N. "The Decline of the American Street Railways."（《美国街道铁路的衰落》）*Traffic Regulation* 24(1970)：563–581.

Dewhurst，Frederic，and the Twentieth Century Fund. *America's Needs and Resources*.（《美国需求与资源》）New York：Twentieth Century Fund，1955.

Dietz，T.，E. Ostrom，and P. C. Stern. "The Struggle to Govern the Commons."（《管理下议院之争》）*Science* 302（2003）：1907–1912.

Dimitrov，R. S. "Knowledge，Power and Interests in Environmental Regime Formation."（《环境制度形成中的知识、权力和利益》）*International Studies Quarterly* 47(2003)：123–150.

Domack，E.，D. Duran，A. Leventer，S. Ishman，S. Doane，S. McCallum，D. Amblas，J. Ring，R. Gilbert，and M. Prentice. "Stability of the Larsen B Ice Shelf on the Antarctic Peninsula During the Holocene Epoch."（《全新世时期南极半岛拉森 B 冰架的

稳定性》) *Nature* 436, no. 7051(August 4,2005): 681 - 685.

Domeck, M. P., J. E. Williams, and C. A. Wood. "Wildfire Policy and Public Lands: Integrating Scientific Understanding with Social Concerns across Landscapes."(《野火政策与公共土地:科学理解与社会关注的跨领域整合》) *Conservation Biology* 18, no. 4 (2004): 883 - 889.

Domhoff, G. William. *Who Rules America?* (《谁统治美国?》) New York: McGraw-Hill, 2005.

Dryzek, John. *The Politics of the Earth*.(《地球政治》) 2nd ed. New York: Oxford University Press, 2005.

Du Boff, Richard B. *Accumulation & Power: An Economic History of the United States*.(《积累与权力:美国经济史》) Armonk, NY: M. E. Sharpe, 1989.

Dworkin, Ronald. "What Is Equality? Part 1: Equality of Welfare."(《什么是平等? 第一部分:福利平等》) *Philosophy and Public Affairs* 10, no. 3(1981): 185 - 251.

Edwards, David V., and Allesandra Lippucci. *Practicing American Politics*.(《美国政治实践》) New York: Worth Publishers, 1998.

Eilperin, Juliet. "Shrinking La. Coastline Contributes to Flooding."(《洛杉矶海岸线收缩对洪涝的贡献》) *Washington Post*, August 30, 2005, A7.

Ellerman, A. D., B. Buchner, and C. Carraro, eds. *Rights, Rents, and Fairness: Allocation in the European Emissions Trading Scheme*.(《权利、租金和公平:欧洲排放交易计划中的配额分配》) Cambridge: Cambridge University Press, 2007.

Elliott, Lorraine. *The Global Politics of the Environment*.(《全球环境政治》) New York: New York University Press, 1998.

Emanuel, Kerry. "Increasing Destructiveness of Tropical Cyclones Over the Past 30 Years."(《过去 30 年来热带气旋不断增加

的破坏性》) *Nature* 436，no. 7051(August 4，2005)：686 - 688.

Energy Information Administration (EIA). *Annual Energy Review* 2003. (《2003 年能源回顾》) Washington，DC：U. S. Department of Energy，2004.

Fackler，Martin. "Toyota's Profit Soars，Helped by U. S. Sales."(《丰田在美国帮助下销售利润飙升》) *New York Times*，August 5，2006.

Fearon，Peter. *War，Prosperity and Depression：The U. S. Economy 1917 - 45.*(《战争、繁荣与萧条：1917—1945 年间的美国经济》) Lawrence：University Press of Kansas，1987.

Field，Alexander J. "Technological Change and U. S. Productivity Growth in the Interwar Years."(《两次世界大战期间的技术变革与美国生产力增长》) *Journal of Economic History* 66，no. 1(2006)：203 - 236.

Fishman，Robert. *Bourgeois Utopias：The Rise and Fall of Suburbia.*(《资产阶级乌托邦：郊区的兴与衰》) New York：Basic Books，1987.

Flink，James. *The Car Culture.*(《汽车文化》) Cambridge，MA：MIT Press，1975.

Flink，James. *The Automobile Age.*(《汽车时代》) Cambridge，MA：MIT Press，1990.

Fogelson，Robert M. *Bourgeois Nightmares：Suburbia，1870 - 1930.*(《资产阶级噩梦：郊区 1870—1930 年》) New Haven，CT：Yale University Press，2005.

Foley，Duncan K. *Understanding Capital：Marx's Economic Theory.*(《理解资本：马克思经济理论》) Cambridge，MA：Harvard University Press，1986.

Foster，Mark S. "The Model-T，the Hard Sell，and Los Angeles's Urban Growth：The Decentralization of Los Angeles during the 1920s."(《T 模式、硬性推销以及洛杉矶城市发展：20 世纪 20 年代洛杉矶的去中心化》) *Pacific Historical Review*，44(1975)：459 - 484.

Foster, Mark S. *From Streetcar to Superhighway：American City Planners and Urban Transportation*，1900 - 1940.(《从有轨电车到高速公路：美国城市规划师和城市交通 1900—1940 年》) Philadelphia：Temple University Press，1981.

Fox, Shari. *When the Weather Is Uggianaqtuq：Inuit Observations of Environmental Change.*(《当天气出现异常：因纽特人对环境变化的观察》) CD-ROM. Boulder：University of Colorado Geography Department Cartography Lab，2003. Distributed by National Snow and Ice Data Center.

Fraser, Nancy. *Justice Interruptus：Critical Reflections on the "Postsocialist" Condition.*(《中断的公正：对"后社会主义"状况的批判性反思》) New York：Routledge，1997.

French, Hilary F. *Vanishing Borders：Protecting the Planet in the Age of Globalization.*(《消失的边界：在全球化时代保护地球》) New York：Norton，2000.

Frey, William H., and Audrey Singer. *Katrina and Rita Impacts on Gulf Coast Populations：First Census Findings.*(《卡特里娜和丽塔对墨西哥湾沿岸人口的影响：第一次人口普查结果》) Washington，*DC*：Brookings Institution，2006.

Frey, William H., Audrey Singer, and David Park. *Resettling New Orleans：The First Full Picture from the Census.*(《重建新奥尔良：第一张人口普查全景图》) Washington，DC：Brookings Institution，2007.

Frumkin, Norman. *Tracking America's Economy.*(《追踪美国经济》) 4th ed. Armonk，NY：M. E. Sharpe，2004.

Gabe, Thomas, Gene Falk, and Maggie McCarty. *Hurricane*

Katrina：*Social-Demographic Characteristics of Impacted Areas*. (《卡特里娜飓风：受影响地区的社会人口特征》) Washington，DC：Congressional Research Service，2005.

Galdorisi，George V.，and Kevin R. Vienna. *Beyond the Law of the Sea：New Directions for U. S. Oceans Policy*. (《超越海洋法：美国海洋政策的新方向》) Westport，CT：Praeger Press，1997.

Gardiner，Stephen M. "The Real Tragedy of the Commons." (《下议院的真正悲剧》) *Philosophy and Public Affairs* 30(2001)：387 – 416.

Gardiner，Stephen M. "The Pure Intergenerational Problem." (《纯粹代际问题》) *Monist* 86(2003)：481 – 500.

Gardiner，Stephen M. "The Global Warming Tragedy and the Dangerous Illusion of the Kyoto Protocol." (《全球变暖悲剧和京都议定书的危险幻觉》) *Ethics and International Affairs* 18(2004)：23 – 39.

Gardiner，Stephen M. "Ethics and Global Climate Change." (《道德伦理与全球气候变化》) *Ethics* 114(2004)：555 – 600.

Gardiner，Stephen M. "Saved by Disaster? Abrupt Climate Change，Political Inertia，and the Possibility of an Intergenerational Arms Race." (《被灾难拯救？气候突变、政治惯性以及代际军备竞赛可能性》) *Journal of Social Philosophy*. Forthcoming.

Gardiner，Stephen M. "Why Do Future Generations Need Protection?" (《为何后代需要保护?》) Working paper. Paris：Cahier Developpment Durable，2006. http://ceco. polytechnique. fr/CDD/PDF/DDX – 06 – 16. pdf.

Gonzalez，George A. *Corporate Power and the Environment*. (《企业权力和环境》) Lanharm，MD：Rowman & Littlefield，2001.

Gonzalez，George A. "Ideas and State Capacity，or Business Dominance? A Historical analysis of Grazing on the Public

Grasslands. ”(《理念和国家能力或商业优势？对公共草地放牧的历史分析》) *Studies in American Political Development* 15(2001)：234 - 244.

Gonzalez, George A. “The Comprehensive Everglades Restoration Plan：Economic or Environmental Sustainability?”(《大沼泽地综合修复计划：经济或环境可持续性?》) *Polity* 37，no. 4 (2005)：466 - 490.

Gonzalez, George A. *The Politics of Air Pollution.* (《大气污染的政治》) Albany：State University of New York Press，2005.

Gonzalez, George A. “Urban Sprawl，Global Warming，and the Limits of Ecological Modernization. ”(《城市蔓延、全球变暖以及生态现代化的局限》) *Environmental Politics* 14，no. 3(2005)：344 - 362.

Gordon，Robert. “Critical Legal Studies Symposium：Critical Legal Histories. ”(《批判法学研讨会：批判法学史》) *Stanford Law Review* 36，no. 112(January 1984)：57 - 125.

Greider，William. *One World，Ready or Not：The Manic Logic of Global Capitalism.* (《一个世界，无论是否作好准备：全球资本主义的狂躁逻辑》) New York：Simon & Schuster，1997.

Grubb，Michael. *The Greenhouse Effect：Negotiating Targets.* (《温室效应：谈判目标》) London：Royal Institute of International Affairs，1989.

Grubb，Michael. *Energy Policies and the Greenhouse Effect.* (《能源政策与温室效应》) Aldershot，UK：Gower，1990.

Grubb，Michael，C. Vrolijk，and D. Brack. *The Kyoto Protocol：A Guide and Assessment.* (《京都议定书：指南和评估》) London：Royal Institute of International Affairs，1999.

Gunderson，Lance，and C. S. Holling，eds. *Panarchy：Understanding Transformations in Human and Natural Systems.* (《混沌：理解人类和自然系统的转型》) Washington，DC：Island

Press，2002.

Haas，Peter，Marc Levy，and Ted Parson. "Appraising the Earth Summit：How Should We Judge UNCED's Success?"（《评估地球峰会：我们应如何评判联合国环发会议的成功?》）*Environment* 34，no. 8(1992)：6 – 33.

Hampson，Fen Osler，and Judith Reppy，eds. *Earthly Goods：Environmental Change and Social Justice*.（《世俗商品：环境变化与社会正义》）Ithaca，NY：Cornell University Press，1996.

Hanna，Susan，and Svein Jentoft. "Human Use of the Natural Environment：An Overview of Social and Economic Dimensions."（《人类利用自然环境：社会和经济维度的概述》）In Susan Hanna，Carle Folke，and Karl-Goran Maler，eds.，*Rights to Nature：Ecological，Economic，Cultural，and Political Principles of institutions for the Environment*.（《自然权利：环境制度的生态、经济、文化和政治原则》）Washington，DC：Island Press，1996.

Hannesson，Rögnvaldur. *The Privatization of the Oceans*.（《海洋私有化》）Cambridge，MA：MIT Press，2004.

Hansen，James，and Makiko Sato. "Greenhouse Gas Growth Rates."（《温室气体增长率》）*Proceedings of the National Academy of Sciences* 101，no. 46(2004)：16109 – 16114.

Hansen，James. "Can We Still Avoid Dangerous Human-Made Climate Change?"（《我们还能避免危险的人为气候变化吗?》）Talk presented at the New School University，February 2006.

Haraway，Donna. *Simians，Cyborgs，and Women*.（《猿人、电子人和女人》）New York：Routledge，1991.

Hardin，Garrett. "*The Tragedy of the Commons*."（《下议院的悲剧》）Science 162(1968)：1243 – 1248.

Harvey，David. *The Condition of Postmodernity*.（《后现代性现状》）Oxford：Blackwell，1989.

Haugland，Torleif，Helge Ole Bergensen，and Kjell Roland. *Energy Structures and Environmental Futures*.（《能源结构与环境未来》）New York：Oxford University Press，1998.

Hayden，Dolores. *Building Suburbia*.（《建设郊区》）New York：Pantheon，2003.

Hayward，Tim. *Constitutional Environmental Rights*.（《宪法的环境权》）New York：Oxford University Press，2005.

Hecht，Jeff. "Six Deadly Deltas，Eight Million People."（《六个致命的三角洲，八百万人口》）*New Scientist*，February 18，2006，8.

Henderson，Shirley. "After the Hurricanes：Opening Hearts & Homes to the Evacuees."（《飓风过后：向疏散者敞开心灵和家园》）*Ebony*，December 2005，162.

Henthorn，Cynthia Lee. *From Submarines to Suburbs：Selling a Better America，1939 - 1959*.（《从潜水艇到郊区：推销更美好的美国 1939—1959 年》）Columbus：Ohio State University Press，2006.

Herzog，Howard，Balour Eliasson，and Olav Kaarstad. "Capturing Greenhouse Gases."（《捕获温室气体》）*Scientific American* 282，no. 2（February 2000）：72 - 79.

Hirt，Paul W. *A Conspiracy of Optimism：Management of the National Forests since World War Two*.（《乐观主义的阴谋：第二次世界大战以来的国家森林管理》）Lincoln：University of Nebraska Press，1994.

Hise，Greg. *Magnetic Los Angeles：Planning the Twentieth-Century Metropolis*.（《魅力洛杉矶：规划二十世纪的大都市》）Baltimore：Johns Hopkins University Press，1997.

Holling，C. S. "What Barriers? What Bridges?"（《何为障碍？何为桥梁？》）In L. H. Gunderson，C. S. Holling，and S. S. Light，eds.，Barriers and Bridges to the Renewal of Ecosystems and Institutions.（《生态系统和制度更新的障碍和桥梁》）New York：Columbia

University Press，1995.

    Holmes，Bob. "Melting Ice，Global Warning."（《融冰：全球警告》）*New Scientist*，October 2，2004，8.

    Horne，Jed. *Breach of Faith：Hurricane Katrina and the Near Death of a Great American City*.（《违背信仰：卡特里娜飓风与一个几近死亡的美国大城市》）New York：Random House，2006.

    Hornstein，Jeffrey M. *A Nation of Realtors：A Cultural History of the Twentieth-Century American Middle Class*.（《房产经纪人之国：二十世纪美国中产阶级的文化史》）Durham，NC：Duke University Press，2005.

    Hughes，Jonathan. *Ecology and Historical Materialism*.（《生态与历史唯物主义》）New York：Cambridge University Press，2000.

    Hurst，Willmarine. "Longing for Home and How It Used to Be."（《怀念旧日家园》）*New Orleans Times-Picayune*，November 14，2005，5（Metro）.

    Hyman，Sidney. *Marringer S. Eccles*.（《马里纳·斯托达德·埃克尔斯》）Stanford，CA：Stanford University Graduate School of Business，1976.

    Ingham，Richard. "New Orleans Disaster Serves Up a Tough Lesson on Environment."（《新奥尔良灾难提供了一个惨痛的环境教训》）*Agence France-Press*，September 1，2005. http://www. afp. com/english/globe/? pid＝archives.

    Intergovernmental Panel on Climate Change(IPCC). *Assessment Report*.（《评估报告》）Geneva：Intergovernmental Panel on Climate Change，1990.

    Intergovernmental Panel on Climate Change. *Second Assessment Report*.（《第二次评估报告》）Geneva：Intergovernmental Panel on Climate Change，1996.

    Intergovernmental Panel on Climate Change. *Climate Change*

2001 : *Synthesis Report*. (《2001 年气候变化:综合报告》) Cambridge: Cambridge University Press，2002. www. ipcc. ch:

Intergovernmental Panel on Climate Change. Summary for Policymakers. *Climate Change 2001 : Impacts，Adaptation，and Vulnerability*. (《气候变化 2001:影响、适应和脆弱性》) Cambridge: Cambridge University Press，2001. www. ipcc. ch.

Intergovernmental Panel on Climate Change. *Third Assessment Report*. (《第三次评估报告》) Geneva: Intergovernmental Panel on Climate Change，2001.

Intergovernmental Panel on Climate Change. *Climate Change 2007 : The Physical Science Basis，Summary for Policymakers*. (《气候变化 2007:自然科学基础,决策者摘要》) Geneva: World Meteorological Organization and the United Nations Environment Programme，2007.

Intergovernmental Panel on Climate Change. *Climate Change 2007 : Synthesis Report*，(《气候变化 2007:综合报告——决策者摘要》) "Summary for Policymakers"(draft report)，www. ipcc. ch.

Isser，Steve. *The Economics and Politics of the United States Oil Industry，1920 - 1990*. (《美国石油工业的经济政治学 1920—1990 年》) New York: Garland，1996.

Jackson，Kenneth T. *Crabgrass Frontier : The Suburbanization of the United States*. (《杂草的前沿:美国的郊区化》) New York: Oxford University Press，1985.

Jacob，Klaus. "Time for a Tough Question: Why Rebuild?" (《是时候回答这一棘手问题了:为何要重建?》) *Washington Post*，September 6，2005，A25.

Jacobson，Linda. "Hurricanes' Aftermath Is Ongoing. "(《飓风的灾害后果正在持续》) *Education Week* 25，no. 21(2006): 1 - 18.

James，Rosemary. "New Orleans Is a Pousse-Café. "(《新奥尔良

是一家出售中的咖啡馆》) In Rosemary James, ed., *My New Orleans: Ballads to the Big Easy by Her Sons, Daughters, and Lovers*,(《我的新奥尔良:她的儿子、女儿和爱人的"大快活"之歌》) 1-20. New York: Simon and Schuster, 2006.

Jameson, Fredric. *Postmodernism, or the Cultural Logic of Late Capitalism*. (《后现代主义,或晚期资本主义的文化逻辑》) Durham, NC: Duke University Press, 1991.

Jamieson, Dale. "Ethics, Public Policy, and Global Warming." (《道德、公共政策和全球变暖》) *Science, Technology, & Human Values* 17, no. 2 (1992): 139-153.

Jordan, V. "Sins of Omission." (《遗漏的罪孽》) *Environmental Action* 11 (1980): 26-27.

Junger, Sebastian. *The Perfect Storm: A True Story of Men against the Sea*. (《超级风暴:人类对抗海洋的真实故事》) New York: Norton, 1997.

Kaplan, Robert D. *The Ends of the Earth: A Journey at the Dawn of the 21st Century*. (《地球的尽头:21世纪黎明之旅》) New York: Random House, 1996.

Kelsen, Hans. *Principles of International Law*. (《国际法原则》) New York: Rinehart & Company, 1950.

Kenworthy, Jeffrey R., and Felix B. Laube, with Peter Newman, Paul Barter, Tamim Raad, Chamlong Poboon, and Benedicto Guia Jr. *An International Sourcebook of Automobile Dependence in Cities 1960-1990*. (《1960—1990 年城市汽车依赖国际资料手册》) Boulder: University Press of Colorado, 1999.

Kirlin, John. "What Government Must Do Well: Creating Value for Society." (《政府必须有所作为:为社会创造价值》) *Journal of Public Administration Research and Theory* 6, no. 1 (1996): 161-185.

Kiss，Alexandre.，and Dinah Shelton. *International Environmental Law.*（《国际环境法》）New York：Transnational，1991.

Krasner，Stephen D. "Structural Causes and Regime Consequences：Regimes as Intervening Variables."（《结构性原因和制度后果：作为干预变量的制度》）*International Organizations* 36，no. 21(1982)：185 – 205.

Lamborn，Alan C.，and Joseph Lepgold. *World Politics into the 21st Century.*（《迈向 21 世纪的世界政治》）Preliminary ed. Upper Saddle River，NJ：Prentice Hall，2003.

Lanne，Markku，and Matti Liski. "Trends and Breaks in Per-Capita Carbon Dioxide Emissions，1870 – 2028."（《人均二氧化碳排放的趋势和转折 1870—2028 年》）*Energy Journal* 25，no. 4(2004)：41 – 65.

Laswell，Harold. *Politics：Who Gets What，When，and How.*（《政治：谁何时何种方式得到了什么》）New York：McGraw-Hill，1936.

Latour，Bruno. *The Politics of Nature.*（《大自然的政治》）Cambridge，MA：Harvard University Press，2004.

Lebel，L.，N. H. Tri，A. Saengnoree，S. Pasong，U. Buatama，and L. K. Thoa. "Industrial Transformation and Shrimp Aquaculture in Thailand and Vietnam：Pathways to Ecological，Social，and Economic Sustainability?"（《泰国和越南的工业转型和虾类养殖：生态、社会和经济可持续发展的途径?》）*Ambio* 31，no. 4（2002）：311 – 322.

Lepert，Beate. "Observed Reductions in Surface Solar Radiation at Sites in the U. S. and Worldwide."（《美国及全球各地观测到的地表太阳辐射降低》）*Geophysical Research Letters* 29，no. 10(2002)：1421 – 1433.

Lester，James P.，David W. Allen，and Kelly M. Hill. *Environmental Injustice in the United States：Myths and Realities.*（《美国的环境不公：神

话与现实》) Boulder, CO: Westview Press, 2001.

Lewis, Peirce F. *New Orleans: The Making of an Urban Landscape*.(《新奥尔良:城市景观的形成》) Santa Fe, NM: Center for American Places, 2003.

Lindblom, Charles E. *Politics and Markets: The World's Political-Economic Systems*.(《政治与市场:世界政治经济系统》) New York: Basic Books, 1977.

Liu, Amy, and Allison Plyer. *New Orleans Index. Second Anniversary Edition: A Review of Key Indicators of Recovery Two Years After Katrina*.(《新奥尔良指数——第二周年纪念版:卡特里娜飓风两年后复苏关键指标回顾》) Washington, DC: Brookings Institution and Greater New Orleans Community Data Center, 2007.

Logan, John, and Harvey Molotch. *Urban Fortunes: The Political Economy of Place*.(《都市财富:地域政治经济学》) Berkeley: University of California Press, 1988.

Lomborg, Bjφrn. *The Skeptical Environmentalist: Measuring the Real State of the World*.(《怀疑论的环保主义者:衡量世界的真实状态》) Cambridge: Cambridge University Press, 2001.

Long, Douglas. *Global Warming*.(《全球变暖》) New York: Facts on File, 2004.

Long, Rob. "Different Down There: In America, But Not Entirely."(《此处非所愿:在美国,但又不完全在》) *National Review*, September 26, 2005, 32, 34.

Longman, Jere. "From the Ruins of Hurricane Katrina Come a Championship and Concerns."(《从卡特里娜飓风废墟中走来的冠军以及其人其事》) *New York Times*, January 22, 2006, 1(sec. 8).

"The Long Slog After Katrina."(《卡特里娜飓风过后的漫长跋涉》) Editorial. *Boston Globe*, August 29, 2007, A16.

Lopez, Barry. *About This Life: Journeys on the Threshold of*

Memory. (《关于此生：记忆阈之旅》) New York：Knopf，1998.

Lovecraft，A. L.，and S. F. Trainor. "Organizational Learning and Policy Change in Wildland Fire Agencies：Cases of Uncharacteristic Wildfires in Alaska and Yukon Territory."(《野外消防局的组织学习和政策变化：阿拉斯加和育空地区非典型野火案例》) Unpublished ms.，2006.

Low，Nicholas，and Brendan Gleeson. *Justice，Society and Nature：An Exploration of Political Ecology.* (《正义、社会与自然：政治生态学探索》) London：Routledge，1998.

Luke，Timothy W. "Placing Powers，Siting Spaces：The Politics of Global and Local in the New World Order."(《配置权力，设定空间：新世界秩序中的全球和地区政治》) *Environment and Planning A：Society and Space* 12(1994)：613 - 628.

Luke，Timothy W. "Liberal Society and Cyborg Subjectivity：The Politics of Environments，Bodies，and Nature."(《自由社会和机器人主体性：环境、主体和自然的政治》) *Alternatives：A Journal of World Policy* XXI，no. 1(1996)：1 - 30.

Luke，Timothy W. "At the End of Nature：Cyborgs，Humachines，and Environments in Postmodernity."(《自然的终结：后现代性中的机器人、人类机器和环境》) *Environment and Planning A*，29(1997)：1367 - 1380.

Luke，Timothy W. "Environmentality as Green Governmentality."(《作为绿色政府关系的环境性》) In Eric Darier，ed.，*Discourses of the Environment.* Oxford：Blackwell，1999.

Luke，Timothy W. "Training Eco-Managerialists：Academic Environmental Studies as a Power/Knowledge Formation."(《培养生态管理学家：作为一种能力/知识型的学术环境研究》) In Frank Fischer and Maarten Hajer，eds.，*Living with Nature：Environmental Discourse as Cultural Politics.* (《与自然共生：作为文化政治的环境对话》) Oxford：

Oxford University Press，1999.

Luke，Timothy W. "Cyborg Enchantments： Commodity Fetishism and Human/Machine Interactions."（《机器人魔法：商品拜物教和人机交互》）*Strategies* 13，no. 1(2000)：39 - 62.

Luke，Timothy W. "Reconstructing Nature： How the New Informatics Are Rewriting Place，Power，and Property as Bitspace."（《重建自然：新信息学是如何将场所、权力和财产重写为比特空间的》）*Capitalism，Nature，Socialism* 12，no. 3（September 2001）：3 - 27.

Luke，Timothy W. "Global Cities vs. global cities： Rethinking Contemporary Urbanism as Public Ecology."（《全球城市与全球城市：重新思考作为公共生态学的当代城市主义》）*Studies in Political. Economy* 71(2003)：11 - 22.

Luke，Timothy W. "The System of Sustainable Degradation."（《可持续退化的系统》）*Capitalism，Nature，Socialism* 17，no. 1 (2006)：99 - 112.

Luper-Foy，Steven. "Justice and Natural Resources."（《正义和自然资源》）*Environmental Values* 1，no. 1(spring 1992)：47 - 64.

Lyotard，Jean-François. *The Postmodern Condition：A Report on Knowledge.*（《后现代现状：知识报告》）Minneapolis：University of Minnesota Press，1984.

Manley，John F. "Neo-Pluralism."（《新多元主义》）*American Political Science Review* 77，no. 2 (1983)：368 - 383.

Marland，G.，T. Boden，and R. J. Andreas. "Global CO_2 Emissions from Fossil-Fuel Burning，Cement Manufacture，and Gas Flaring：1751 - 2002."（《全球化石燃料燃烧、水泥制造和燃气燃烧产生的二氧化碳排放：1751—2002 年》）Carbon Dioxide Information Analysis Center，U. S. Department of Energy. 2005. http：//cdiac. ornl. gov/trends/emis/glo. htm.

Marshall, Bob. "The River Wild: Rebuilding Our Coastal Wetlands the Old-Fashioned Way."(《野性之河:以古老方式重建我们的沿海湿地》)New Orleans Times-Picayune, March 10, 2006, 7.

Marx, Karl. Grundrisse.(《政治经济学批判大纲》)New York: Vintage, 1973.

Maslin, Mark. Global Warming.(《全球变暖》)Oxford: Oxford University Press, 2004.

McCaffrey, Sarah. "Thinking of Wildfire as a Natural Hazard."(《将野火视为一种自然灾害》)Society and Natural Resources 17 (2004): 509–516.

McCarthy, Kevin, D. J. Peterson, Narayan Sastry, and Michael Pollard. The Repopulation of New Orleans After Hurricane Katrina.(《卡特里娜飓风过后新奥尔良的再移民》)Santa Monica, CA: RAND Corporation, 2006.

McFarland, Andrew S. Neopluralism.(《新多元主义》)Lawrence: University Press of Kansas, 2004.

McNeill, J. R. Something New under the Sun: An Environmental History of the Twentieth-Century World.(《太阳下的新事物:二十世纪的环境史》)New York: Norton, 2000.

McPhee, John. The Control of Nature.(《控制自然》)New York: Farrar, Straus and Giroux, 1990.

Meehl, Gerald, Warren M. Washington. William D. Collins, Julie M. Arblaster, Aixue Hu, Lawrence E. Buja, Warren G. Strand, and Haiyan Teng. "How Much More Global Warming and Sea Level Rise?"(《全球气候还要多暖,海平面还要上升多少?》)Science 307(2005): 1769–1772.

Mendelsohn, Robert O. Global Warming and the American Economy.(《全球变暖与美国经济》)London: Edward Elgar, 2001.

Meyer, Aubrey. "The Kyoto Protocol and the Emergence of

'Contraction and Convergence' as a Framework for an International Political Solution to Greenhouse Gas Emissions Abatement. "(《京都议定书和"紧缩与趋同"观点的提出是国际政治解决温室气体减排问题的框架》) In Olav Hohmayer and Klaus Rennings，eds.，*Man-Made Climate Change：Economic Aspects and Policy Options*.(《人为气候变化：经济和政策选择》) Mannheim：Zentrum für Europäische Wirtschaftsforschung(ZEW)，1999.

Meyer，John hi. *Political Nature：Environmentalism and the Interpretation of Western Thought*.(《政治本质：环境主义与西方思想的解读》) Cambridge，MA：MIT Press，2001.

Mielke，James E. *Deep Seabed Mining：U. S. Interests and the U. N. Convention on the Law of the Sea*.(《深海海床采矿：美国的利益与联合国海洋法公约》) Washington，PC：Congressional Research Service，1995.

Mielke，James E. *Polar Research：U. S. Policy and Interests*. (《极地研究：美国的政策和利益》) Washington，DC：Congressional Research Service，1996.

Milenky，E. S.，and S. I. Schwab. "Latin America and Antarctica. "(《拉丁美洲和南极洲》) *Current History* 82(1983)：52.

Miles，Edward L. *Global Ocean Politics：The Decision Process at the Third United Nations Conference on the Law of the Sea 1973-1982*.(《全球海洋政治：1973—1982 年第三次联合国海洋法会议决策过程》) The Hague：Martinus Nijhoff，1998.

Miliband，Ralph. *The State in Capitalist Society*.(《资本主义社会的国家》) New York：Basic Books，1969.

Millennium Ecosystem Assessment. *Ecosystems and Human Well-Being：Synthesis*.(《生态系统与人类福祉：综合》) Washington，DC：Island Press，2005.

Miller，Edward. "Some Implications of Land Ownership

Patterns for Petroleum Policy. "(《土地所有权模式对石油政策的一些启示》) *Land Economics* 49, no. 4(1973)：414 - 423.

Mohai, Paul, and Bunyan Bryant. "Environmental Racism：Reviewing the Evidence. "(《环境种族主义：证据回顾》) In B. Bryant and P. Mohai, eds., *Race and the Incidence of Environmental Hazards：A Time for Discourse.*(《种族和环境危害的发生率：时间对话》) Boulder, CO：Westview Press, 1992.

Mooney, Chris. "Warmed Over. "(《太暖了》) *The American Prospect*, online ed., January 10, 2005.

Muller, Peter. *Contemporary Suburban America.*(《当代美国郊区》) Englewood Cliffs, NJ：Prentice Hall, 1981.

Mulrine, Anna. "The Long Road Back. "(《漫漫归程》) *U. S. News & World Report*, February 27, 2006, 44 - 50, 52 - 58.

Mumford, Lewis. *The City in History：Its Origins, Its Transformations, and Its Prospects.*(《历史之城：起源、变革及其前景》) New York：Harcourt, Brace & World, 1961.

Natcher, David C. "Implications of Fire Policy on Native Land Use in the Yukon Flats, Alaska. "(《阿拉斯加育空地区本土土地利用相关消防政策的启示》) *Human Ecology* 32, no. 4(2004)：421 - 441.

National Academy of Sciences/National Research Council. *Changing Climate.*(《变化中的气候》) Washington, DC：National Academy Press, 1983.

National Assessment Synthesis Team. *Climate Change Impacts on the United States：The Potential Consequences of Climate Variability and Change.*(《气候变化对美国的影响：气候波动和变化的潜在后果》) Cambridge：Cambridge University Press, 2000. www. usgcrp. gov/usgcrp/nacc/default. htm.

National Center for Children in Poverty, Columbia University. "Child Poverty in States Hit by Hurricane Katrina. "(《美国卡特里娜

飓风灾区的贫困儿童》) Fact Sheet No. 1. September 2005. www. nccp. org/pubc_cptt05a. html.

Newman，Peter，and Jeffrey Kenworthy. *Sustainability and Cities：Overcoming Automobile Dependence*.（《可持续发展与城市：克服汽车依赖》) Washington，DC：Island Press，1999.

Nitze，William A. "A Failure of Presidential Leadership."（《总统领导力的失败》) In Irving Mintzer and J. Amber Leonard，eds.，*Negotiating Climate Change：The Inside Story of the Rio Convention*.（《气候变化谈判：里约公约内幕》) Cambridge：Cambridge University Press，1994.

NOAA. "Changes in Arctic Sea Ice over the Past 50 Years：Bridging the Knowledge Gap between Scientific Community and Alaska Native Community."（《过去 50 年北极海冰变化：弥合科学界与阿拉斯加原住民社区之间的知识差距》) Executive Summary from the Marine Mammal Commission Workshop on the Impacts of Changes in Sea Ice and Other Environmental Parameters in the Arctic. 2000. http://www. arctic. noaa. gov/workshop_summary. hrml.

NOAA. Arctic Change：A Near-Realtime Arctic Change Indicator. 2006(updated November).〔《北极变迁：准实时的北极变化指标 2006 年版》(11 月更新)〕http://www. arctic. noaa. gov/detect/human-shishmaref. shtml.

O'Connor，James. "Capitalism，Nature，Socialism：A Theoretical Introduction."（《资本主义、自然、社会主义：理论导论》) *Capitalism，Nature，Socialism* 1(fall 1988)：11 – 39.

Odum，Howard T. *Systems Ecology*.（《系统生态学》) New York：Wiley，1983.

Odum，W. E.，E. P. Odum，and H. T. Odum. "Nature's Pulsing Paradigm."（《大自然的脉动范式》) *Estuaries* 18，no. 4(1995)：547 –

555.

Ohmura，Atsumu. "Reevaluation and Monitoring of the Global Energy Balance."（《全球能源平衡的重新评估和监测》）In M. Sanderson，ed.，*UNESCO Source Book in Climatology*.（《联合国教科文组织气候学资料汇编》）Paris：UNESCO，1990.

Olegario，Rowena. *A Culture of Credit：Embedding Trust and Transparency in American Business*.（《信用文化：在美国企业中嵌入信托和透明度》）Cambridge，MA：Harvard University Press，2006.

Olney，Martha L. "Credit as a Production-Smoothing Device：The Case of Automobiles，1913－1938."（《作为生产缓冲器的信用：1913—1938 年的汽车案例》）*Journal of Economic History* 27，no. 2 (1989)：322－349.

Olney，Martha L. *Buy Now，Pay Later Advertising，Credit，and Consumer Durables in the 1920s*.（《20 世纪 20 年代的售后支付广告、信用以及耐用消费品》）Chapel Hill：University of North Carolina Press，1991.

Olson，Mancur. *The Logic of Collective Action*.（《集体行动的逻辑》）Cambridge，MA：Harvard University Press，1971.

O'Neill，Brian C.，and Michael Oppenheimer. "Dangerous Climate Impacts and the Kyoto Protocol."（《危险的气候影响与京都议定书》）*Science* 296(2002)：1971－1972.

Ostrom，Elinor. *Governing the Commons：The Evolution of Institutions for Collective Action*.（《治理下议院：集体行动制度的演变》）Cambridge：Cambridge University Press，1990.

O'Toole，Randal. *Reforming the Forest Service*.（《改革森林服务局》）Washington，DC：Island Press，1988.

Ott，Hermann E.，and Wolfgang Sachs. *Ethical Aspects of Emissions Trading*.（《排放交易的伦理特征》）Wuppertal，Germany：Wuppertal Institute，2000.

Pacala，Stephen.，and Robert Socolow．"Stabilization Wedges：Solving the Climate Problem for the Next 50 Years with Current Technologies."（《稳定开端：利用现有技术解决未来 50 年的气候问题》）*Science* 305（August 13，2004）：968-972．

Pan，Philip P．"Scientists Issue Dire Prediction on Warming."（《科学家发布关于变暖的极端影响预测》）*Washington Post*．January 23，2001，Al．

Parfit，Michael．"The Last Continent."（《最后的大陆》）*Smithsonian* 15（1984）：50-60．

Parks，Bradley C.，and J. Timmons Roberts．"Environmental and Ecological Justice."（《环境与生态正义》）In Michele M. Betsill，Kathryn Hochstetler，and Dimitris Stevis，eds.，*Palgrave Advances in International Environmental Politics*．（《帕尔格雷夫的国际环境政治进展》）Basingstoke，UK：Palgrave Macmillan，2006．

Parra，Francisco．*Oil Politics*．（《石油政治》）New York：I. B. Tauris，2005．

Parsons，Howard L．"Introduction."In Howard L. Parsons，ed. and comp.，*Marx and Engels on Ecology*．（《马克思和恩格斯关于生态学的论述》）Westport，CT：Greenwood Press，1977．

Pauly，Robert J. U. S．*Foreign Policy and the Persian Gulf*．（《美国外交政策与波斯湾》）Burlington，VT：Ashgate，2005．

Pearce，Fred．"The Flaw in the Thaw."（《解冻中的缺陷》）*New Scientist*，August 27，2005，26．

Perelman，Michael．*The Perverse Economy*．（《悖论经济》）New York：Palgrave Macmillan，2003．

Philip，George．*The Political Economy of International Oil*．（《国际石油的政治经济学》）Edinburgh：Edinburgh University Press，1994．

Piazza，Tom．*Why New Orleans Matters*．（《新奥尔良为何重

要》) New York: HarperCollins, 2005.

Plumwood, Val. "Nature, Self, and Gender: Feminism, Environmental Philosophy, and the Critique of Rationalism."(《自然、自我和性别:女权主义、环境哲学和理性主义批判》) In Michael Zimmerman, J. Baird Callicott, George Sessions, Karen J. Warren, and John Clark, eds., *Environmental Philosophy: From Animal Rights to Radical Ecology*.(《环境哲学:从动物权利到激进生态学》) Englewood Cliffs, NJ: Prentice Hall, 1993.

"Politics May Doom New Orleans."(《政治可能会毁灭新奥尔良》) Editorial. *Sun Francisco Chronicle*, August 25, 2006, B10.

Porter, G., and J. W. Brown. *Global Environmental Politics*. (《全球环境政治》) Boulder, CO: Westview Press, 1996.

Pritzsche, Kai. "Development of the Concept of Common Heritage of Mankind Outer Space Law and Its Contents in the 1979 Moon Treaty."(《1979 年月球条约中,外层空间法的人类共同遗产概念演变及其内容》) Master Dissertation. Berkeley: School of Law, University of California at Berkeley, 1984.

Proudhon, P. -J. *What is Property?* (《何为财产》) Cambridge: Cambridge University Press, [1840] 1993.

Putnam, Robert. *Making Democracy Work*.(《让民主发挥作用》) Princeton, NJ: Princeton University Press, 1993.

Pyne, Stephen J. *Fire in America: A Cultural History of Wildland and Rural Fire*.(《美国的火灾:荒地和乡野火灾文化史》) Princeton, NJ: Princeton University Press, 1982.

Rawls, John. A *Theory of Justice*.(《正义论》) Cambridge, MA: Belknap Press of Harvard University Press, 1971.

Raymond, Leigh. *Private Rights in Public Resources: Equity and Property Allocation in Market-Based Environmental Policy*. (《公共资源中的私权:市场导向的环境政策的公平与财产分配》)

Washington，DC：Resources for the Future Press，2003.

Raymond，Leigh. "Allocating Greenhouse Gas Emissions Under the EU ETS：The UK Experience."(《欧盟排放交易体系下的温室气体排放配额分配：英国经验》) Paper presented at the Sixth Open Meeting of the Human Dimensions of Global Environmental Change Research Community，University of Bonn，Germany，2005.

Raymond，Leigh. "Viewpoint：Cutting the 'Gordian Knot' in Climate Change Policy."(《观点：切断气候变化政策中的'戈尔丁结'》) *Energy Policy* 34(2006)：655-658.

Real Climate. "Global Dimming."(《全球变暗》) January 18，2005. http://www. realclimate. org/index. dhd? p=los.

Reice，Seth. *The Silver Lining：The Benefits of Natural Disasters*. (《黑暗中的光明：自然灾害之宜》) Princeton，NJ：Princeton University Press，2001.

Repetto，Robert. "The Clean Development Mechanism：Institutional Breakthrough or Institutional Nightmare?"(《清洁发展机制：制度突破还是制度噩梦?》) *Policy Sciences* 34(2001)：303-327.

Ricardo，David. *On the Principles of Political Economy and Taxation*. (《论政治经济学与税收的原则》) Washington，DC：J. B. Bell，1830.

Rivlin，Gary. "Wealthy Blacks Oppose Plans for Their Property."(《富裕的黑人为保护财产而反对计划》) *New York Times*，December 10，2005，All.

Robbins，William G. *Lumberjacks and Legislators：Political Economy of the U. S. Lumber Industry*，1890-1941. (《伐木工与立法者：1890—1941 年美国木材工业的政治经济学》) College Station：Texas A & M University Press，1982.

Roberts，Paul. *The End of Oil*. (《石油的终结》) New York：

Houghton Mifflin，2004.

Roderick，Michael，and Gerald Farquhar. "The Cause of Decreased Pan Evaporation over the Past 50 Years. "(《过去 50 年间器测蒸发量减少的原因》) *Science* 298(2002)：1410‐1411.

Rohter，Larry. "Antarctica，Warming，Looks Ever More Vulnerable. "(《南极洲，变暖，看起来更加脆弱》) *New York Times*，January 25，2005，F1.

Roig-Franzia，Manuel. "A City Fears for Its Soul：New Orleans Worries That Its Unique Culture May Be Lost. "(《城市的灵魂担忧：可能被遗忘的新奥尔良独特文化》) *Washington Post*，February 3，2006，A1.

Rose，Adam，and Brandt Stevens. "The Efficiency and Equity of Marketable Permits for CO_2 Emissions. "(《二氧化碳排放许可市场化的效率与公平》) *Resource and Energy Economics* 15 (1993)：117‐146.

Rosen，Elliot. *Roosevelt，the Great Depression，and the Economics of Recovery*. (《罗斯福、大萧条和复苏经济学》) Charlottesville：University of Virginia Press，2005.

Rosenberg，Merri. "Displaced by Katrina，Coping in a New School. "(《卡特里娜飓风后适应新学校的流离失所学生》) *New York Times*，December 18，2005，2(Westchester Weekly Section).

Rosenthal，Elizabeth. "UN Report Describes Risks of Inaction on Climate Change. "(《联合国报告描述不采取应对气候变化行动的风险》) New York Times，November 17,2007，A1.

Rotstayn，Leon D.，and Ulrike Lothmann. "Observed Reductions in surface Solar Radiation at Sites in the U. S. and Worldwide. "(《美国及全球各地观测到的地表太阳辐射降低》) *Geophysical Research Letters* 29，no. 10(2002)：1421‐1433.

Rutledge，Ian. *Addicted to Oil：America's Relentless Drive for*

Energy Security. (《沉迷于石油：美国对能源安全的不懈追求》) New York：I. B. Tauris，2005.

Sack，Robert David. *Homo Geographicus：A Framework for Action，Awareness，and Moral Concern*. (《人类地理：行动、意识和道德关注的框架》) Baltimore：Johns Hopkins University Press，1997.

Sagar，Ambuj. "Wealth，Responsibility，and Equity：Exploring an Allocation Framework for Global GHG Emissions." (《财富、责任和公平：探索全球温室气体排放的分配框架》) *Climatic Change* 45 (2000)：511－527.

Sagoff，Mark. *The Economy of the Earth*. (《地球经济》) Cambridge：Cambridge University Press，1988.

Sagoff，Mark. "Settling America：The Concept of Place in Environmental Politics." (《定居美国：环境政治中的位置概念》) In Philip D. Brick and R. McGreggor Cawley，eds.，*A Wolf in the Garden：The Land Rights Movement and the New Environmental Debate*. (《花园里的狼：土地权利运动与新环境之争论》) Lanham，MD：Rowman & Littlefield，1996.

Sale，Kirkpatrick. *Dwellers in the Land：The Bioregional Vision*. (《土地上的居民：生物区域愿景》) San Francisco：Sierra Club Books，1985.

Sampson，R. Neil. "Primed for a Firestorm." (《为烈火而准备》) *Forum for Applied Research and Public Policy* 14，no. 1 (1999)：20－25.

Samuelson，Robert J. "Lots of Gain and No Pain!" (《诸多收获，没有痛苦！》) *Newsweek*，February 21，2005.

Sanders，M. Elizabeth. *The Regulation of Natural Gas*. (《天然气监管》) Philadelphia：Temple University Press，1981.

Saulny，Susan. "A Legacy of the Storm：Depression and Suicide." (《风暴杰作：萧条和自杀》) *New York Times*. June 21，

2006，Al.

Schlosberg，David. "Reconceiving Environmental Justice：Global Movements and Political Theories."(《重申环境正义：全球运动和政治理论》) *Environmental Politics* 13，no. 3(autumn 2004)：517 - 540.

Schrogl，Kai-Uwe. "Legal Aspects Related to the Application of the Principle That the Exploration and Utilization of Outer Space Should Be Carried Out for the Benefits and in the Interest of All States Taking into Account the Needs of Developing Countries."(《考虑到发展中国家的需要，应用外层空间探索和利用原则相关法律，应该体现所有国家的利益和利害关系》) In M. Benko and K. -U. Schrogl，eds.，*International Space Law in the Making*. (《制定中的国际空间法》) Gif-Sur-Yvette Cedex. Editions Frontières，1993.

Schulte，Bret. "Turf Wars in the Delta."(《三角洲地盘之争》) *U. S. News & World Report* 140，no. 7(February 27，2006)：66 - 71.

Sen，Amartya. *Inequality Reexamined*.(《重新审视不平等》) Cambridge，MA：Harvard University Press，1992.

Shaffer，Ed. *The United States and the Control of World Oil*. (《美国和世界石油的控制》) New York：St. Martin's Press，1983.

Shaw，Anup. "Global Dimming."(《全球变暗》) *Global Issues*. Weblog. January 15，2005. www. globalissues. org/EnvIssues/GlobalWarming/Globaldimming. asp.

Shepski，Lee. "Prisoner's Dilemma：The Hard Problem."(《囚徒困境：难解的难题》) Paper presented at the meeting of the Pacific Division of the American Philosophical Association，March 2006.

Shue，Henry. *Basic Rights*. (《基本权利》) Princeton，NJ：Princeton University Press，1980.

Shue，Henry. "Subsistence Emissions and Luxury Emissions."

（《生存排放和奢侈排放》）*Law and Policy* 15，no. 1（1993）：39–59.

Shue，Henry. "Global Environment and International Inequality."（《全球环境与国际不平等》）*International Affairs* 75（1999）：531–545.

Shue，Henry. "Climate."（《气候》）In Dale Jamieson，ed.，*A Companion to Environmental Philosophy*.（《与环境哲学为友》）Malden，MA：Blackwell，2001.

Shue，Henry. "Responsibility of Future Generations and the Technological Transition."（《未来世代的责任和技术转让》）In Walter Sinnott-Armstrong and Richard Howarth，eds.，*Perspectives on Climate Change：Science，Economics，Politics，Ethics*.（《气候变化视角：科学、经济学、政治学和伦理学》）New York：Elsevier，2005.

Singer，Peter. *One World：The Ethics of Globalization*.（《一个世界：全球化伦理》）New Haven，CT：Yale University Press，2002.

Smil，Vaclav. *Energy in World History*.（《世界史中的能源》）Boulder，CO：Westview Press，1994.

Smith，K. R. "The Natural Debt：North and South."（《自然之债：北方和南方》）In T. W. Giambelluca and A. Henderson-Sellers，eds.，*Climate Change：Developing Southern Hemisphere Perspectives*.（《气候变化：发展南半球的视角》）Chichester，UK：Wiley，1996.

Smith，Michael Peter. *Transnational Urbanism：Locating Globalization*.（《跨国城市化：定位全球化》）Oxford：Blackwell，2000.

Socolow，Robert H. "Can We Bury Global Warming?"（《我们可以消灭全球变暖吗?》）*Scientific American* 293，no. 1（July 2005）：49–55.

Soja，Edward. *Postmetropolis：Critical Studies of Cities*.（《后大都市：城市批判研究》）Oxford：Blackwell，2000.

Sparks，Richard E. "Rethinking，Then Rebuilding New

Orleans. "(《重新思考,然后重建新奥尔良》) *Issues in Science & Technology* 22, no. 2(winter 2006): 33－39.

Spash, Clive L. *Greenhouse Economics: Value and Ethics*. (《温室经济学:价值与道德》) London: Routledge, 2002.

Stanhill, Gerald, and Shabtai Cohen. "Global Dimming: A Review of the Evidence. "(《全球变暗:事实回顾》) *Agricultural and Forest Meteorology* 107(2001): 255－278.

St. Clair, David J. *The Motorization of American Cities*. (《美国城市的机动化》) New York: Praeger, 1986.

Stevens, William K. *The Change in the Weather: People, Weather, and the Science of Climate*. (《天气变化:人、天气和气候科学》) New York: Delta, 1999.

Stroeve, J. C., M. C. Serreze, F. Fetterer, T. Arbetter, W. Meier, J. Maslanik, and K. Knowles. "Tracking the Arctic's Shrinking Ice Cover: Another Extreme September Minimum in 2004. "(《追踪北极日益萎缩的冰盖:2004 年再现冰盖最小值》) *Geophysical Research Letters* 32(2005): L04501. doi:04510.01029/02004GL021810.

Szasz, Andrew. *EcoPopulism: Toxic Waste and the Movement for Environmental Justice*. (《生态民粹主义:有毒废物和环境正义运动》) Minneapolis: University of Minnesota Press, 1994.

Taylor, Prue. *An Ecological Approach to International Law: Responding to Challenges of Climate Change*. (《国际法的生态学方法:响应气候变化挑战》) London: Routledge, 1998.

Thomas, Robert Paul. *An Analysis of the Pattern of Growth of the Automobile Industry, 1895－1929*. (《1895—1929 年汽车工业增长方式分析》) New York: Arno, 1977.

Tokar, Brian. *Earth for Sale: Reclaiming Ecology in the Age of Corporate Greenwash*. (《地球待售:企业漂绿时代的生态修复》)

Boston: South End Press，1997.

Traxler，Martino. "Fair Chore Division for Climate Change." （《气候变化相当琐碎的分配》）*Social Theory and Practice* 28 (2002)：101 - 134.

Tuan，Yi-Fu. *Space and Place: The Perspective of Experience.* （《空间与地点：经验的视角》）Minneapolis: University of Minnesota Press，1977.

Tuan，Yi-Fu. *Topophilia: A Study of Environmental Perception, Attitudes, and Values.* （《依恋土地：环境感知、态度和价值观研究》）New York: Columbia University Press，1990.

Turner，B. L.，Ⅱ，R. E. Kasperson，P. A. Matson，J. J. McCarthy，R. W. Corell，L. Christensen，N. Eckley，J. X. Kasperson，A. Luers，M. L. Martello，C. Polsky，A. Pulsipher，and A. Schiller. *Proceedings of the National Academy of Sciences,USA* （《美国国家科学院院刊》）100(2003)：8074 - 8079.

Twentieth Century Fund Task Force on the International Oil Crisis. *Paying for Energy.* （《为能源付费》）Report. New York: McGraw-Hill，1975.

Twentieth Century Fund Task Force on United States Energy Policy. *Providing for Energy.* （《提供能源》）Report. New York: McGraw-Hill，1977.

Tyler，Tom. *Why People Obey the Law.* （《为何遵守法律》）New Haven，CT: Yale University Press，1990.

Unger，Roberto Mangabeira. *The Critical Legal Studies Movement.* （《批判法学运动》）Cambridge，MA: Harvard University Press，1986.

United Church of Christ，Commission for Racial Justice. *Toxic Wastes and Race: A National Report on the Racial and Socio-Economic Characteristics of Communities with Hazardous Waste*

Sites. (《有毒废物和种族：关于与危险废物处置点共处社区的种族和社会经济特征的国家报告》) New York：United Church of Christ，1987.

United Nations. *United Nations Framework Convention on Climate Change*. (《联合国气候变化框架公约》) New York：United Nations，1992.

United Nations University，Institute for Environment and Human Security. "As Ranks of 'Environmental Refugees' Swell Worldwide，Calls Grow for Better Definition，Recognition，Support."(《世界范围内"环境难民"问题的升级，呼唤更好的定义、认可和支持》) Press release. October 12，2005. http://www. ehs. unu. edu.

U. S. Department of Commerce/National Oceanic and Atmospheric Administration. "NOAA Reviews Record-Setting 2005 Atlantic Hurricane Season."(《美国国家海洋和大气管理局评论创记录的 2005 年大西洋飓风季节》) www. noaanews. noaa. gov/stories2005/s2540. htm.

U. S. Department of the Interior. *Alaska Consolidated Interagency Fire Management Plan*. (《阿拉斯加统一的跨部门火灾管理计划》) Operational draft. Fairbanks，AK：U. S. Bureau of Land Management，1998.

Useem，Michael. *The Inner Circle：Large Corporations and the Rise of Business Political Activity in the U. S. and U. K.* (《内圈：美国和英国大公司和正在兴起的商业政治活动》) Oxford：Oxford University Press，1984.

U. S. Senate Committee on Commerce，Science，and Transportation. *Report on Agreement Governing the Activities of States on the Moon and Other Celestial Bodies*. (《关于约束各国在月球和其他天体的活动协定的报告》) Washington，DC：Government Printing Office，

1980.

Vale，Thomas R.，ed. *Fire，Native Peoples，and the Natural Landscape*.(《火、土著居民和自然景观》) Washington，DC：Island Press，2002.

Vanderheiden，Steve. "Knowledge，Uncertainty，and Responsibility：Responding to Climate Change."(《知识、不确定性和责任:响应气候变化》) *Public Affairs Quarterly* 18，no. 1(2004)：141‑158.

Vanderheiden，Steve. *Atmospheric Justice：A Political Theory of Climate Change*. (《大气圈正义:气候变化的政治理论》) New York：Oxford University Press，2008.

Van Til，Jon. *Living with Energy Shortfall*.(《生活在能源短缺之中》) Boulder，CO：Westview Press，1982.

Victor，David G. *The Collapse of the Kyoto Protocol and the Struggle to Slow Global Warming*.(《"京都议定书"的瓦解与减缓全球变暖之战》) Princeton，NJ：Princeton University Press，2001.

Victor，David G. *Climate Change：Collapse America's Policy Options*.(《气候变化:瓦解美国的政策选择》) New York：Council on Foreign Relations，2004.

Vietor，Richard H. *Environmental Politics & the Coal Coalition*.(《环境政治与煤炭联盟》) College Station：Texas A&M University Press，1980.

Vig，Norman J.，and Regina S. Axelrod，eds. *The Global Environment：Institutions，Law，and Policy*.(《全球环境:制度、法律和政策》) Washington，DC：CQ Press，1999.

Virilio，Paul. *The Art of the Motor*.(《发动机的艺术》) Minneapolis：University of Minnesota Press，1995.

Virilio，Paul. *Open Sky*.(《开放的天空》) London：Verso，1997.

Waldron，Jeremy. "*The Advantages and Difficulties of the*

Humean Theory of Property. "(《休谟财产论的优势与困难》) Social Philosophy and Policy 11(1994)：85 – 123.

Waltz, Kenneth. *Theory of International Politics.* (《国际政治理论》) New York：McGraw-Hill, 1979.

Wardell, D. A., T. T. Nielsen, K. Rasmussen, and C. Mbow. "Fire History, Fire Regimes and Fire Management in West Africa：An Overview. "(《西非火灾史、火灾管理体制和火灾管理：概述》) In J. G. Goldammer and C. de Ronde, eds., *Wildland Fire Management Handbook for Sub-Sahara Africa.* (《撒哈拉以南非洲林野火灾管理手册》) Freiburg：Oneworldbooks, 2004.

Watt-Cloutier, Sheila. "Inuit Circumpolar Conference Testimony. "(《因纽特人极地会议的证词》) U. S. Senate Committee on Commerce, Science, and Transportation, Washington DC, September 15, 2004. http://www. ciel. org/Publications/McCainHearingSpeech – 15Sept04. pdf.

Weiss, Edith Brown. "The Emerging Structure of International Environmental Law. "(《国际环境法的新兴结构》) In Norman J. Vig and Regina S. Axelrod, eds., *The Global Environment : Institutions, Law, and Policy.* (《全球环境：制度、法律和政策》) Washington, DC：CQ Press, 1999.

Weiss, Marc. *The Rise of the Community Builders : The American Real Estate Industry and Urban Land Planning.* (《社区建设者的崛起：美国房地产业与城市土地规划》) New York：Columbia University Press, 1987.

Wenz, Peter. *Environmental Justice.* (《环境正义》) Albany：State University of New York Press, 1988.

Wenzel, George W. "Warming the Arctic：Environmentalism and Canadian Arctic. "(《北极变暖：环境主义和加拿大北极地区》) In D. Peterson and D. Johnson, eds., *Human Ecology and Climate Change,* (《人类生态学和气候变化》) 169 – 184. Bristol, PA：Taylor

& Francis，1995.

Wetherald，Richard T.，Ronald J. Stouffer，and Keith W. Dixon. "Committed Warming and Its Implications for Climate Change."（《承认变暖及其对气候变化的启示》）*Geophysical Research Letters* 28，no. 8(2001)：1535－1538.

Whelan，Robert J. *The Ecology of Fire.*（《火的生态学》）New York：Cambridge University Press，1995.

Wigley，T. M. L. "The Climate Change Commitment."（《承担气候变化的责任》）*Science* 307（2005）：1766－1769.

Wild，M.，H. Gilgen，A. Roesch，A. Ohmura，C. Long，E. Dutton，B. Forgan，A. Kallis，V. Russak，and A. Tsvetkov. "From Dimming to Brightening：Decadal Changes in Solar Radiation at Earth's Surface."（《变暗到变明：地球表面太阳辐射的年代际变化》）*Science* 308(May 6，2005)：847－848.

Winks，Robin W. *Laurence S. Rockefeller.*（《劳伦斯·S. 洛克菲勒》）Washington，DC：Island Press，1997.

Wolch，Jennifer，Manuel Pastor Jr.，and Peter Drier，eds. *Up against the Sprawl.*（《反对蔓延》）Minneapolis：University of Minnesota Press，2004.

Wolff，Robert Paul. *Understanding Marx：A Reconstruction and Critique of Capital.*（《理解马克思：资本的重构与批判》）Princeton，NJ：Princeton University Press，1984.

World Commission on Environment and Development. *Our Common Future.*（《我们共同的未来》）New York：Oxford University Press，1987.

World Resources Institutes. *World Resources 2002—2004：Decisions for the Earth：Balance，Voice，and Power.*（《世界资源2002—2004年：为地球决策：平衡、声音和权力》）Washington，DC：World Resources Institute，2003.

Worster, Donald. *Nature's Economy: The Roots of Ecology.* (《自然的经济:生态学根源》) Garden City, NY: Anchor Books, 1979.

Yamin, Farhana, and Joanna Depledge. *The International Climate Change Regime: A Guide to Rules, Institutions and Procedures.* (《国际气候变化制度:规则、制度和程序指南》) Cambridge: Cambridge University Press, 2004.

Yergin, Daniel. *The Prize: The Epic Quest for Oil, Money, and Power.* (《奖赏:对石油、金钱和权力的史诗级追求》) New York: Simon & Schuster, 1991.

Yetiv, Steve A. *Awakenings: Global Oil Security and American Foreign Policy.* (《觉醒:全球石油安全与美国外交政策》) Ithaca, NY: Cornell University Press, 2004.

Yokota, Yozo. "International Justice and the Global Environment." (《国际正义与全球环境》) *Journal of International Affairs* 52, no. 2(spring 1999): 583 - 598.

Young, Iris Marion. Justice and the Politics of Difference. (《正义与差异的政治》) Princeton, NJ: Princeton University Press, 1990.

Young, Iris Marion. *Intersecting Voices: Dilemmas of Gender, Political Philosophy, and Policy.* (《相交之音:性别、政治哲学和政策困境》) Princeton, NJ: Princeton University Press, 1997.

Young, Oran R. *The Institutional Dimensions of Environmental Change: Fit, Interplay, and Scale.* (《环境变化的制度维度:适合、相互作用和规模》) Cambridge, MA: MIT Press, 2002.

Zaun, Todd. "*Honda Tries to Spruce Up a Stodgy Image.*" (《本田试图打造一个沉稳形象》) New York Times, March 19, 2005.

译后记

我们着手翻译此书时正是 2009 年哥本哈根气候大会召开前的那段时间。当时全球包括中国都在广泛热议气候变化谈判,围绕后京都时代的碳排放权分配和减排责任问题,国际各方力量展开了激烈的利益博弈,与各执一词的不同学者或者学派抛出的各种解决方案和理论阐述交织在一起。权利、道德、义务、公平、正义、社会批判……这些社会政治学领域的热词不断出现在各种争论中,不断提示着我们,要做好气候变化国际谈判的技术支持工作,必须涉足政治理论,尤其要了解其他国家的政治逻辑。浩瀚的政治学理论从何入手,从哪儿切入可以尽快直接服务于气候变化谈判和监管制度设计研究?恰在此时,译者的导师之一、北京师范大学的方修琦教授推荐了他从国外带回来的 2008 年新出版的《政治理论与气候变化》一书。

随手翻翻目录与引言,发现不仅我们所关心的政治理论热点和方法都有涉及,还辅以引人入胜的精彩案例加以分析。诸如关于全球共有资源五种常见分配主张案例分析(第一章);构建公平、有效的全球气候制度的三种基本环境权利的理论考察(第三章);运用批判法学方法分析国际环境法体系对于实现环境公正的局限性(第四章);运用社会——生态系统分析的方法重新认识气候变化引起的北极生态系统服务变化的社会后果,以及火灾管理和海冰覆盖变化等这些小尺度管理问题在因果关系和概念关系上如何受到气候变化这种宏观尺度问题的影响(第五章);从新马克思主义政治经济学的视角考察美国城市发展、石油政策、住房管理政策、交通政策、气候变化之间的关系(第七章)——透过这个历史案例考察让人仿佛看到了中国现实的影子；从地方(家园)的社会文化价值认识卡特里娜飓风重创下的新奥尔良市社区灾后重建问题(第八章)，这不也正是当年汶川地震灾后重建需要考虑的一个重要内容么？

毫无疑问，《政治理论与气候变化》一书以一种广泛的、跨学科的视角，为广大读者展示了多种探寻全球气候变化本质的环境政治理论和研究方法，可作为从事气候变化政策设计和国际谈判的研究人员的一种基础读本，值得推介。也正是因为这样的原因，当一位从事出版工作的校友找到我们时，我们不仅推荐了此书，还承担了有关翻译工作。

这是我们参与翻译的第一本书，用心是基本态度，信达雅是目标追求。从事该领域研究、多年阅读相关英文文献并发表过些许英文文章的我们乐观地认为，翻译此类气候变化著作属于张飞吃豆芽——小菜一碟。然而投入翻译工作不久，这种乐观以及以往阅读英文原版文章的愉悦感荡然无存。这不仅仅是因为许多政治学、国际法的表述习惯和术语令自然和经济学专业背景的译者有诸多不适，需要查阅相关专业文献和专业术语英文词典，另外为了寻找更为符合中文习惯的词语和表述方式，需要反复阅读上下文和学习揣摩有关翻译例句。不过，这种将意会转为言传的辛苦，最终也能够带来丰富的知识和词汇收获而获得补偿。有些翻译上的折磨则是源于几个非母语英语作者不规范的、冗长的、晦涩的甚至是大量自造词语的表达。这种经常是一段差不多占满一页、从句套从句、一段中仅有两三句的语句段落表达习惯，给了译者一个下马威。面对如此冗长的句子，译者不由感叹：这分明是在考验我们的耐心，在检验我们对于各种非主语结构和各类从句的理解英文水平啊！毫不夸张地讲，至今译者对于这些章节都存有心理阴影，以至于后来每一次校对之前都需要做一些心理建设。

经逐段打磨翻译，2009年底完成翻译初稿，经过专家审读后修改，终于在2010年夏初时节交给出版社稿子。没想到，这译稿的命运就如这后京都气候变化谈判一样命运多舛、好事多磨，一直拖了八年多，换了一家出版社,前后至少经过了五六次全面的校译,才得以正式出版。在此,译者不能不十分感谢江苏人民出版社的大力支持,让译者的心血没有白费,也让这样一部好著作得以正式出版。

在过去的八年多时间内,国际社会对于气候变化的关注也是"跌宕起伏"。2009 年之前,气候变化问题在国际政治经济秩序中呈现主流化态势,俨然已演变成全球政治经济和发展的焦点热点问题。2009 年 12 月丹麦气候变化大会拉锯六轮,结果差强人意,仅达成了不具法律约束力的《哥本哈根协议》。2012 年,各缔约方重拾斗志,开启德班平台谈判。根据德班平台授权,计划在 2015 年底巴黎气候变化大会上达成一个具有法律约束力的成果文件。2015 年 12 月巴黎气候变化大会如期举行,东道国法国顶着国内的暴恐压力,诚邀 140 多个国家领导人出席大会开幕式,发挥领导人与会对谈判的政治推动力,并最终达成一项凝聚所有 196 个缔约方共识的《巴黎协定》,为 2020 年后全球气候治理给出了较为明晰的制度安排。《巴黎协定》的通过,被认为是继 1992 年《联合国气候变化框架公约》和 1997 年《京都议定书》之后国际社会应对气候变化努力的又一里程碑事件。而译者(冯相昭)作为气候变化国家谈判代表团的一员,有幸在巴黎气候谈判现场亲历了这个重要时刻。最近两三年,国际社会对于气候变化问题的关注度有所下降,特别是美国总统特朗普宣布退出《巴黎协定》,对于全球气候治理进程产生了不小的负面影响。

在过去的几年里,中国在全球气候治理新秩序中的重要性不断彰显。习近平总书记曾明确指出应对气候变化是中国自身发展的需要,是我们自己要做,而不是别人要我们做。所以,在国际气候谈判进程中适时发声,结合自己的绿色发展实践倡议全世界积极向绿色低碳、气候适应型和可持续发展转型,已成为中国参与国际气候治理、开展环境外交的重要内容。而《巴黎协定》的达成,有力地见证了中国主动参与和适时引领国际气候变化新秩序构建的成功实践。正是由于从 2014 年以来的大国外交活动的长袖善舞,中国和几个主要发达国家、基础四国在核心谈判议题上凝聚了共识;在谈判期间,中国与东道国法国、美国、欧盟、基础四国以及立场相近国家等利益集团围绕分歧进行密集的双边磋商,寻求最大公约数。这些努力一方面推动了巴黎大会成果的最终达成,另一方面捍卫了中国的发展中国家定位和发展空间,维护了大多数发展中国家的广泛利益,同时也彰显了中国顺势而为、主动参与国际治理的积极形象。

此外,这期间译者也见证了国内环保部门的应对气候变化工作从不断边缘化到骤然主流化的"逆转"。2018 年 3 月前,原环境保护部在气候变化方面的职能分工是负责开展有利于应对气候变化的环境保护工作。不过,由于职能定位相对模糊、授权有限,环保部门在监测、统计、监管、宣教、环评和履约等方面的诸多优势资源得不到有效利用,在国内应对气候变化整体工作安排中日益被边缘化。今年 3 月国务院机构改革,气候变化问题回归环境属性,从发改委划转至新组建的生态环境部,我国在管理体制上像世界上绝大多数国家一样,实现了大气污染防治和气候变化的协同应对,机制上保证了一氧化碳和二氧化碳管控的打通。此次职能调整直接将应对气候变化工作融入生态环境保护主战场,有利于健全和完善生态环境保护一体化协同管控新机制,推动中国应对气候变化工作更上一层楼。

谨以此书的出版,纪念这一重要时期。

殷培红 冯相昭

2018 年 8 月于北京

图书在版编目(CIP)数据

政治理论与全球气候变化/(美)史蒂夫·范德海登
主编;殷培红等译. —南京:江苏人民出版社,
2018.1
(同一颗星球)
书名原文:Political Theory and Global Climate Change
ISBN 978-7-214-20128-7

Ⅰ.①政… Ⅱ.①史… ②殷…… Ⅲ.①政治理论一关
系-气候变化-研究-世界 Ⅳ.①P467

中国版本图书馆 CIP 数据核字(2018)第 148836 号

江苏省版权局著作权合同登记:图字 10-2018-476

书 名	政治理论与全球气候变化	
主 编	[美]史蒂夫·范德海登	
译 者	殷培红 冯相昭等	
项 目 统 筹	戴宁宁	
责 任 编 辑	戴亦梁	
责 任 校 对	胡天阳	
责 任 监 制	陈晓明	
装 帧 设 计	刘莘莘	
出 版 发 行	江苏人民出版社	
出 版 社 地 址	南京市湖南路 1 号 A 楼,邮编:210009	
出 版 社 网 址	http://www.jspph.com	
照 排	江苏凤凰制版有限公司	
印 刷	江苏凤凰通达印刷有限公司	
开 本	652 毫米×960 毫米 1/16	
印 张	18 插页 2	
字 数	255 千字	
版 次	2019 年 1 月第 1 版 2019 年 1 月第 1 次印刷	
标 准 书 号	ISBN 978-7-214-20128-7	
定 价	46.00 元	

(江苏人民出版社图书凡印装错误可向承印厂调换)